ARBEITSGEMEINSCHAFT FÜR FORSCHUNG
DES LANDES NORDRHEIN-WESTFALEN

GEISTESWISSENSCHAFTEN

63. Sitzung
am 18. März 1959
in Düsseldorf

ARBEITSGEMEINSCHAFT FÜR FORSCHUNG
DES LANDES NORDRHEIN-WESTFALEN

GEISTESWISSENSCHAFTEN

HEFT 86

Harald von Petrikovits

Das römische Rheinland

Archäologische Forschungen seit 1945

Springer Fachmedien Wiesbaden GmbH

ISBN 978-3-663-00238-3 ISBN 978-3-663-02151-3 (eBook)
DOI 10.1007/978-3-663-02151-3

Ursprünglich erschienen bei Westdeutscher Verlag, Köln und Opladen 1960.

RUDOLF EGGER

ZUGEEIGNET

VORWORT

Schon öfters wurde von Fachkollegen, allgemein Interessierten, Studenten und Verlegern der Wunsch geäußert, daß ein Buch über Geschichte und Kultur der römischen Rheinzone geschrieben würde, da die Schrift „Die Römer in Deutschland“ von F. Koepp bereits veraltet ist. Die Bücher von A. W. Byvanck, R. G. Collingwood, A. Grenier und F. Staehelin über die römische Epoche ihrer Länder zeigen, welch großen Nutzen der Forscher und alle, die Geschichte als Bildungsinhalt bewegt, aus solchen Studien zu gewinnen vermögen. Wir meinen aber, daß die archäologischen Untersuchungen, die nach dem zweiten Weltkrieg an vielen Stellen Deutschlands begonnen wurden, unser Bild von der römischen Epoche der Rheinzone so tiefgreifend verändern, daß man die gewünschte Gesamtdarstellung auf eine Zeit verschieben sollte, in der die Ergebnisse der laufenden Untersuchungen besser zu übersehen sind. Das wird noch einige Jahre voller Arbeit dauern. Um aber schon jetzt einen Überblick zu geben, welche Fragestellungen uns bei den archäologischen Grabungen im Rheinland beschäftigen, hielten wir es für nützlich, einen Vortrag über archäologische Forschungen im Rheinland seit dem zweiten Weltkrieg zu diesem Bericht zu erweitern und mit ausreichend vielen Plänen, Abbildungen und Belegen auszustatten. Ich danke der Arbeitsgemeinschaft für Forschung des Landes Nordrhein-Westfalen und dem Westdeutschen Verlag für das Entgegenkommen, das sie mir bei der Herausgabe dieser Schrift erwiesen haben.

An der Diskussion, die sich an meinen Vortrag anschloß, beteiligten sich die Herren: L. Brandt, Th. Kraus, Prälat G. Schreiber, H. E. Stier, J. Trier und L. Weisgerber. Ich habe die Anregungen, die ich durch sie gewonnen habe, dankbar verwertet.

Bei der Abfassung der Arbeit durfte ich mich des Rates und der Hilfe der Damen und Herren H. Borger, O. Doppelfeld, E. Ettlinger, H. Kenner, P. La Baume und G. Müller erfreuen. H. G. Pflaum (Paris) las das Manuskript. Ihm verdanke ich zahlreiche Bemerkungen, Ergänzungen und

Hinweise. Die Zeichnungen haben die Herren Th. Müller (Beilage, Abb. 2–4, 6–8, 14, 17, 28, 36, 37, 41), P. J. Tholen (Taf. 17, Abb. 27, 29), F. Zack (Abb. 22, 24, 26, 38) und P. Wieland (Taf. 1, 2, 3, 4, Abb. 1, 5, 9–11, 13, 15, 16 18–21, 23, 25, 34, 39) ausgeführt. Dem Greven Verlag in Köln danke ich für die bereitwillige Überlassung von Klischees. Besonderen Dank schulde ich Fräulein A. Bruckner und Herrn M. Friedenthal, die mir unentbehrliche Helfer bei der Abfassung des Manuskriptes und beim Lesen der Druckbogen waren. Herr Friedenthal fertigte auch die Register an.

Diese Schrift ist Rudolf Egger gewidmet, demjenigen meiner Lehrer an der Alma Mater Rudolphina in Wien, dem ich für meine besondere Wissenschaftsrichtung den stärksten Anstoß verdanke.

Bonn, im September 1959

Harald von Petrikovits

INHALT

Das römische Rheinland
Archäologische Forschungen seit 1945

Von Dr. phil. *Harald von Petrikovits,* Bonn

I. Einleitung

Die römische Reichs-Archäologie ist eine Methode der Geschichtswissenschaft. Ihre Notwendigkeit erhellt aus der Art der Quellen zur Geschichte des Imperium Romanum. Das Interesse der antiken Geschichtsschreiber galt vor allem dem hervorragenden Individuum, das man als bewegende Kraft der Geschichte schlechthin ansah. Wenn auch die Bedeutung außer- und überindividueller Kräfte dem antiken Geschichtsdenken bewußt war – man sah das Walten der Götter oder der Τύχη-Fortuna, biologische Alternsvorgänge oder die Bestrafung von Sünde –, so blieben doch die anonymen Kräfte der Geschichte, die unser heutiges Geschichts- und Menschenbild bestimmen, weitgehend außer Betracht. Daher konnte die antike Geschichtsschreibung das komplizierte Gewebe des römischen Reiches analytisch nicht ausreichend begreifen. Zudem sind diese einseitig orientierten Schriftquellen größtenteils nur durch den Filter des christlichen Mittelalters auf uns gelangt. So kann der moderne Historiker das nicht Überlieferte und das Verlorene nicht mehr ergänzen. Darum sucht er andere Quellengruppen zu erschließen und neue Methoden zur Interpretation der Quellen zu gewinnen. Solche Quellen sind die archäologischen Bodenbefunde und die Sprachreste (vor allem Personennamen und geographische Namen). Die entsprechenden Methoden sind die der Archäologie, der Sprachwissenschaft und der vergleichenden kulturhistorischen Forschung verschiedener Disziplinen. Archäologie ist also, soweit sie nicht Kunstwissenschaft ist, eine Methode der Geschichtsforschung.

Als Rheinland bezeichnen wir in dieser Schrift den Verwaltungsbereich des Landschaftsverbandes Rheinland, der die Regierungsbezirke Düsseldorf, Köln und Aachen umfaßt. Die archäologische Erforschung dieses Gebietes obliegt dem Rheinischen Landesmuseum Bonn, das dem genannten Landschaftsverband untersteht, und im Stadtgebiet Köln dem Römisch-

Germanischen Museum der Stadt Köln. Die Direktoren dieser Museen sind ‚Staatliche Vertrauensmänner für kulturgeschichtliche Bodenaltertümer' im Sinne des Ausgrabungsgesetzes [1]. Die genannten Museen erfüllen ihre Aufgaben im Rahmen der gesetzlichen Bestimmungen und mit den ihnen vom Landschaftsverband Rheinland und der Stadt Köln zur Verfügung gestellten Mitteln. Darüber hinaus werden sie unterstützt von Vereinen, Kreisen, Städten, Wirtschaftsverbänden oder einzelnen Werken, ganz besonders von der Deutschen Forschungsgemeinschaft. Die Rheinische Friedrich-Wilhelms-Universität Bonn hat einen Lehrauftrag für „Provinzial-Archäologie und Geschichte der Rheinlande in römischer Zeit" erteilt.

Der Wiederaufbau der im Krieg zerstörten Städte, Dörfer und Werke, der Bau neuer Siedlungen und Fabriken und die großflächigen Eingriffe in die Erdoberfläche durch Tieftagebaue der Braunkohle und durch Kiesgruben machten eine Verstärkung der archäologischen Ausgrabungstätigkeit notwendig. Sie mußte nicht nur erweitert, sondern auch verfeinert werden, um mit den methodischen Fortschritten, insbesondere der englischen Archäologie, Schritt halten zu können. Der Mangel an Provinzialarchäologen, der sich in Deutschland nach dem Kriege zeigte, ist ein großes Hemmnis [2]. Um die personellen und materiellen Kräfte nicht zu verzetteln, hat das Rheinische Landesmuseum (Landschaftsverband Rheinland) aus der Fülle der gefährdeten Untersuchungsobjekte einige ausgewählt, deren intensive Bearbeitung lohnend erschien. Der folgende kurze Bericht soll die Gesichtspunkte darlegen, die unsere Wahl bestimmt haben, die natürlich nicht die einzig mögliche ist.

Das größte und kostspieligste Untersuchungsfeld ist Novaesium-Neuß. Der Bau neuer Stadtteile im Südosten der Altstadt wurde zum Anlaß unserer Grabungen. Sie werden vom Verfasser und G. Müller geleitet [3]. Im Siedlungsraum Xanten und Birten wurde durch kombinierte Untersuchungen die Lage der Legionsfestung Vetera II ermittelt, und in der Colonia

[1] Ausgrabungsgesetz vom 26. März 1914 (Preußische Gesetzsammlung 1914 Nr. 10, 41 ff.) und Ausführungsbestimmungen vom 30. Juli 1920, Ministerialblatt für die Preußische innere Verwaltung Nr. 12 (Berlin 15. 8. 1920) 81. Jahrg., 304 ff. – Zu den Verwaltungsgrenzen des Rheinlandes und den in dieser Schrift erwähnten Städten und Orten vgl. Tafel 17.

[2] *Verf.*, Rheinisches Jahrb. 1, 1956, 80 ff. Vgl. *W. Krämer* in: Neue Ausgr. 175 f.

[3] An der Grabung und der Fundbearbeitung sind zahlreiche Wissenschaftler und Studenten beteiligt. Die Mittel stellten die Deutsche Forschungsgemeinschaft, die Stadt Neuß und der Landschaftsverband Rheinland zur Verfügung. Förderung wird auch der Römisch-Germanischen Kommission des Deutschen Archäologischen Institutes verdankt. Berichte: *Verf.*, Novaesium und *ders.*, in: Neue Ausgr. 286 ff.

Traiana werden Grabungen durchgeführt. Diese leitet H. Hinz. Kiesbagger und Industrieneubauten zwangen uns zu diesen Arbeiten[4]. Im Bereich der dritten rheinländischen Legionsfestung, Bonna-Bonn, wurden wegen des Baues von Wohnhäusern ebenfalls archäologische Ausgrabungen nötig. Sie werden von E. Gersbach geleitet[5]. Ferner wurden in den Auxiliarlagern Asciburgium (Moers-Asberg und Rheinhausen) und Gelduba (Krefeld-Gellep) planmäßige Untersuchungen veranstaltet. Beide Kastelle sind durch Kiesgrubenbetriebe gefährdet. Die Grabung in Asciburgium wird von F. Tischler geleitet, diejenige in Gelduba, die früher von A. Steeger und W. Piepers wahrgenommen wurde, leitete zuletzt G. Müller[6]. Außerdem führte der Verfasser Ausgrabungen zum Studium der ländlichen Besiedlung und des Bergbauwesens römischer Zeit südlich Berg vor Nideggen (Kreis Düren) durch[7]. Die Stadt Köln hat nicht nur die Durchführung mehrerer großer Grabungen ermöglicht, sondern hat auch die beträchtlichen Mehrkosten für die vorbildliche Konservierung des Statthalterpalastes unter dem Rathaus der Stadt getragen. Die Kosten der Ausgrabungen im Kölner Dom trugen die Hohe Domkirche und die Stadt Köln gemeinsam. Die Untersuchungen in Kölner Kirchen wurden auch von der Kunstdenkmäleraufnahme Rheinland (Landschaftsverband Rheinland), die von W. Zimmermann geleitet wird, unterstützt[8]. Die 1933 von W. Bader begonnenen Grabungen im Xantener Dom wurden seit 1954 hier und in der Immunität von der Kunstdenkmäleraufnahme Rheinland (Landschaftsverband Rheinland) fortgesetzt. Die gleiche Einrichtung führt die Ausgrabungen an St. Quirin in Neuß durch[9]. Diese Aufzählung enthält nur die großen Untersuchungsobjekte. Ich danke auch hier allen Einrichtungen der öffentlichen und privaten Hand für die Unterstützung, die sie unseren Forschungen gewährt

[4] Die Grabungen des Rheinischen Landesmuseums Bonn in der Colonia Traiana wurden vom Landschaftsverband Rheinland und von der Deutschen Forschungsgemeinschaft getragen. Ihre Fortsetzung ermöglichte eine Beihilfe des Kultusministeriums Nordrhein-Westfalen.

[5] Grabungen und Fundbeobachtungen des Rheinischen Landesmuseums Bonn mit Mitteln des Landschaftsverbandes Rheinland und des Kultusministeriums Nordrhein-Westfalen.

[6] Die Mittel für das Unternehmen Asciburgium stellten die Deutsche Forschungsgemeinschaft, der Kreis Moers, die Stadt Duisburg und der Landschaftsverband Rheinland zur Verfügung. Die Zeche ‚Rheinpreußen' unterstützte gleichfalls die Grabung. Erster Bericht: *F. Tischler*, Duisburger Forschungen 2, 1959, 162 ff. – Die Arbeiten in Gelduba wurden von der Stadt Krefeld und vom Landschaftsverband Rheinland finanziert.

[7] Diese Grabungen des Rheinischen Landesmuseums Bonn wurden von der Deutschen Forschungsgemeinschaft und dem Kreis Düren unterstützt.

[8] Einzelheiten in der Anm. 154 ff. und 230 genannten Literatur.

[9] Beide Grabungen führt H. Borger durch.

haben. Ohne die tatkräftige und oft uneigennützige Hilfe zahlreicher Mitarbeiter und Freunde hätte aber alle finanzielle Förderung nicht zum Ziel geführt.

Der im folgenden vorgelegte Bericht soll nur die Hauptergebnisse unserer Arbeiten mitteilen und soll die wichtigeren Probleme darlegen, zu deren Lösung wir beitragen konnten. Er will nicht die Einzelvorlage von Grabungen und Funden ersetzen. Er berücksichtigt den Stand der Grabungen vom 15. 8. 1959. Bei der Auswahl der zu behandelnden Themen haben wir diejenigen weggelassen, zu denen die Ausgrabungen nicht viel Neues beitrugen. Deshalb blieben staatsrechtliche, verwaltungsgeschichtliche, aber auch sozialgeschichtliche Fragen ganz oder teilweise unberücksichtigt. Daß wir kein eigenes Kapitel über Stilgeschichte eingefügt haben, hat seinen Grund darin, daß die kunstgeschichtliche Entwicklung des Rheinlandes und der Nachbarprovinzen in römischer Zeit so eng verzahnt ist, daß sie nur in größerem Zusammenhang gewürdigt werden könnte.

Der Bericht wurde Ende August 1959 abgeschlossen.

II. Militärgeschichte

Die Rheinzone war Grenzland des römischen Reiches. Je mehr die Provinzen des Imperiums befriedet waren, um so mehr konnte das Gros der Kampftruppen an die Grenzen vorgeschoben werden. Da aber die Anhäufung von Truppen den Lebensstil einer Provinz stark beeinflußte, entstand ein besonderer Typus von Grenzlandschaft, eben die Grenzprovinzen, die sich von den mehr zivilen Binnenprovinzen in ihrem Habitus merklich unterschieden. Die Geschichte der römischen Rheinzone ist also besonders durch militärische Faktoren bestimmt.

Obwohl der Rhein seit 13 v. Chr. wahrscheinlich niemals Staatsgrenze war (S. 69 f.), so verlief doch entlang seinem linken Ufer der Romani memorandus adversus feras gentes murus imperii[10], so daß der Strom als mächtiges Annäherungshindernis vor der Hauptkampflinie lag. Die Geschichte der militärischen Anlagen im Bereich des ‚unteren Heeres', in der späteren Provinz Niedergermanien und ihrer Nachfolgerin Germania secunda[11] weist drei Epochen auf:

[10] Ambros. Exameron 2, 3, 12.

[11] Über die Verwaltungsgeschichte der römischen Rheinzone, die hier nicht behandelt wird, s. *Ritterling–Stein,* Beamte und Truppen.

1. die Okkupationszeit (von Caesars Gallienfeldzügen bis etwa 16 n. Chr.),
2. die Zeit der dauerhaften Einrichtung und Bewährung einer Militärgrenze, des niedergermanischen Limes, (etwa 16 n. Chr. bis vermutlich 276 n. Chr.) und
3. die spätrömische Epoche des Wiederaufbaues der Militärgrenze am Rhein (wohl von Konstantin d. Gr. bis in die 1. Hälfte des 5. Jahrhunderts n. Chr.).

Zur Erhellung jeder dieser drei Epochen hat die archäologische Forschung in der Berichtszeit folgendes Neue eingebracht.

1. Die Okkupationszeit

Die Rheinzone wurde von C. Iulius Caesar zugleich mit dem übrigen bis dahin freien Gallien erobert. Im Jahr 55 v. Chr. sah Caesar zum ersten Mal den Mittelrhein, vielleicht auch den Niederrhein. Durch die Kämpfe der folgenden Jahre, vor allem des Jahres 53 v. Chr., wurde das Rheinland gesichertes römisches Gebiet. Leider wurde bisher noch keine sichere Spur caesarischer Lager in der Rheinzone gefunden[12]. Auch aus den Aktionen römischer Truppen während der folgenden drei Jahrzehnte fehlen alle sicheren archäologischen Zeugnisse. Das wird vor allem daraus zu erklären sein, daß die meisten festen (Winter-)Lager der Zeit Caesars und der zweiten Triumviratszeit im Innern Galliens angelegt waren und daß in der Nähe des Rheins nur Marschlager gebaut waren, die schwer aufzufinden sind und nur durch sorgfältige und schwierige Grabungen aufgedeckt werden können.

Als Augustus seine groß angelegte Offensive zur Eroberung des germanischen Gebietes zwischen Rhein, Main und Elbe begann, standen die gallischen Legionen am Rhein (Abb. 1). Zur Beantwortung der Frage, wann diese Truppen aus dem Innern Galliens an den Rhein vorverlegt wurden, sind wir auf die ältesten Funde aus den Truppenlagern Vetera, Novaesium und Mogontiacum angewiesen. Leider ist die genaue Datierung dieser Funde

[12] Das größere der beiden frührömischen Lager bei Urmitz (richtig Kärlich und Mülheim, Landkr. Koblenz) datierte H. Lehner „in die Zeit der Feldzüge Caesars oder der Operationen Agrippas" (*Lehner*, Führer 85 f.). Die Datierung beider Lager hängt von der absoluten Chronologie eines Gräberfeldes und von der Beurteilung einiger Funde aus dem Graben des größeren Lagers ab (Bonner Jahrb. 114/115, 1906, 477 f.). Nach unseren jetzigen Kenntnissen können die Funde aus dem Gräberfeld in tiberische Zeit gehören. Dann aber gehört das ältere der beiden Lager auch erst der mittleren oder späteren Zeit des Augustus an.

sehr schwierig, weil weder die absolute Chronologie der italischen Terra sigillata noch die der augustischen Münzen in erforderlichem Maße erarbeitet ist[13]. Es ist aber nach unseren jetzigen Kenntnissen wahrscheinlich, daß die frühesten Fundstücke der genannten Lager nicht älter als das 2. Jahrzehnt v. Chr. sind[14]. Wenn sich dieser Zeitansatz als richtig erweist, dann müßte man noch zu entscheiden versuchen, ob die ältesten Funde schon aus dem Jahr 19 v. Chr. oder erst aus den Jahren zwischen 16 und 13 v. Chr. stammen. Im ersten Fall wäre am ehesten M. Vipsanius Agrippa der Initiator der augustischen Germanienpolitik, im anderen Fall Augustus selbst oder auch Drusus[15].

Drusus stellte für die Offensive gegen Germanien Legionen und Hilfstruppen am linken Rheinufer bereit (Abb. 1). Da diese Lager längs des Rheines dauerhaft, nicht nur Winterlager waren, dürften sie auch den Zweck gehabt haben, als Auffanglinie und als Versorgungsbasis zu dienen. Von diesen Lagern wurden Vetera und Novaesium zum Teil ausgegraben. Da wir vorläufig noch nicht die Lagerbauten der augustischen und tiberischen Zeit voneinander scheiden können, fassen wir die Lager beider Regierungszeiten zusammen[16].

[13] *H. Comfort,* RE. Suppl. 7, 1306 ff. 'Terra sigillata', besonders 1315, 54 ff. *K. Kraft,* Bonner Jahrb. 155/156, 1955/56, 95 ff. *Ders.,* Mainzer Zs. 46/47, 1951/52, 28 ff. *Ders.,* Jahrb. f. Numismatik u. Geldgesch. 7, 1956, 9 ff., besonders 64.

[14] Frau E. Ettlinger (Zürich) bearbeitet die italische Terra sigillata der Ausgrabungen Novaesium und Asciburgium. Die Münzen werden von den Herren H. Chantraine (Mainz) und P. Berghaus (Münster) bearbeitet. Unsere Datierung stützt sich auf die Angaben der genannten Sachkenner. Nach Mitteilung von E. Ettlinger kommen in Novaesium und Vetera italische Sigillaten vor, die älter sind als die in Oberaden belegten.

[15] Trotz der Studien von *H. Dessau,* Geschichte der römischen Kaiserzeit 1 (Berlin 1924) 406 ff., *R. Daniel,* M. Vipsanius Agrippa (Diss. Breslau 1933), *M. Reinhold,* Marcus Agrippa (Geneva NY. 1933), *F. A. Wright,* Marcus Agrippa (London 1936) und mancher anderer, zuletzt *Schmitz,* Stadt und Imperium 47 ff. und *ders.,* CCAA 22 ff., sind noch immer keine klaren Gesichtspunkte gewonnen, um festzulegen, welche der überlieferten Leistungen der 1. und welche der 2. Statthalterschaft Agrippas zuzuweisen sind. – Das Argument, das H. Schmitz zugunsten der Annahme anführt, daß die Ubier schon während der 1. Statthalterschaft des Agrippa den Rhein überschritten hätten, nämlich Lucan. Phars. 1, 463–465, wurde von *R. Nierhaus,* Bonner Jahrb. 153, 1953, 46 ff., besonders 48 f. widerlegt. Trotzdem ist die Frage, wann die Ubier auf dem linken Rheinufer eine neue Heimat erhielten, noch ungeklärt. Vgl. *H. Nissen,* Bonner Jahrb. 104, 1899, 28 f. *C. Jullian,* Histoire de la Gaule 4 (Paris 1921) 102 ff. u. ö. *H. Dessau* a. O. 407 u. a. – Zur Frage, wann die Legionen aus dem Innern Galliens an den Rhein vorverlegt wurden, *Ritterling-Stein,* Beamte und Truppen 87, mit weiterer Literatur.

[16] Die Bearbeitung der Kleinfunde von Novaesium wird auch die absolute Chronologie der Lager klären. Mit ihr beschäftigen sich zur Zeit die Damen und Herren A. Bruckner, L. und Ph. Filtzinger, G. Mary und M. Vegas. Dazu kommen die in Anm. 14 aufgezählten Mitarbeiter und Herr H. Schönberger (Bad Homburg).

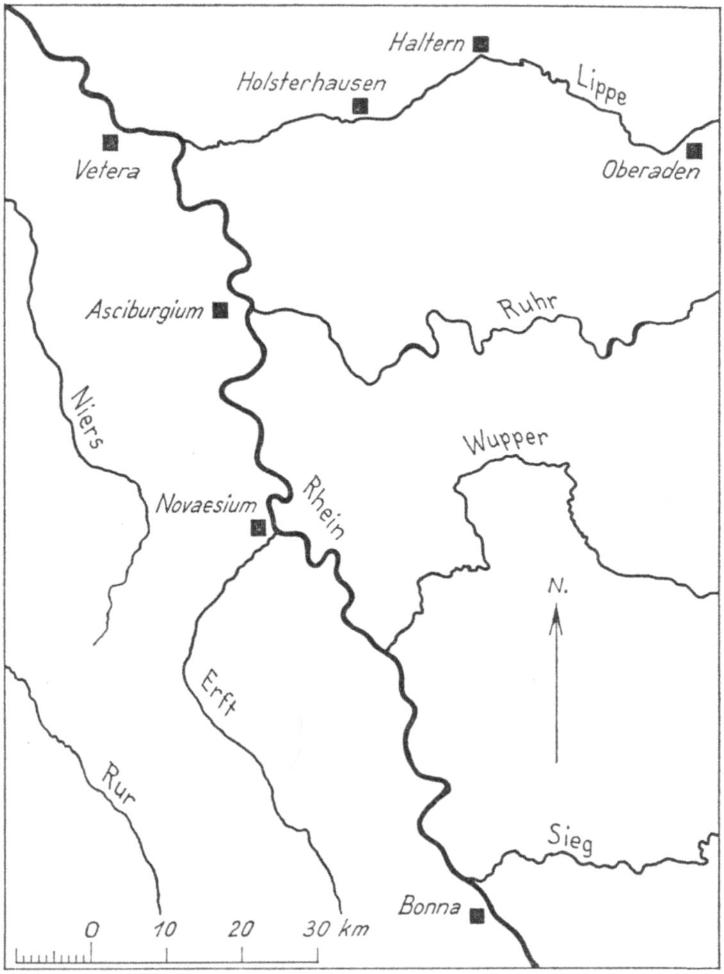

Abb. 1: Durch Ausgrabungen bekannte Lager augustischer Zeit. 1 : 1 000 000

In Novaesium wurden bisher acht Lager gefunden, von denen sechs der Zeit des Augustus und Tiberius angehören (Abb. 2 und Beilage)[17]. Die Reihenfolge der ältesten zwei Lager ist aus Mangel an stratigraphischen Überschneidungen, der durch die moderne Bebauung bedingt ist, noch nicht völlig

[17] In einigen Fällen haben wir auch noch Befunde erwähnt, die erst bekannt wurden, als die Abbildungen dieser Schrift schon klischiert waren. – Berichte über die Nachkriegsgrabungen in Novaesium s. Anm. 3. Vgl. S. 49 f., 56 ff. und 105 f.

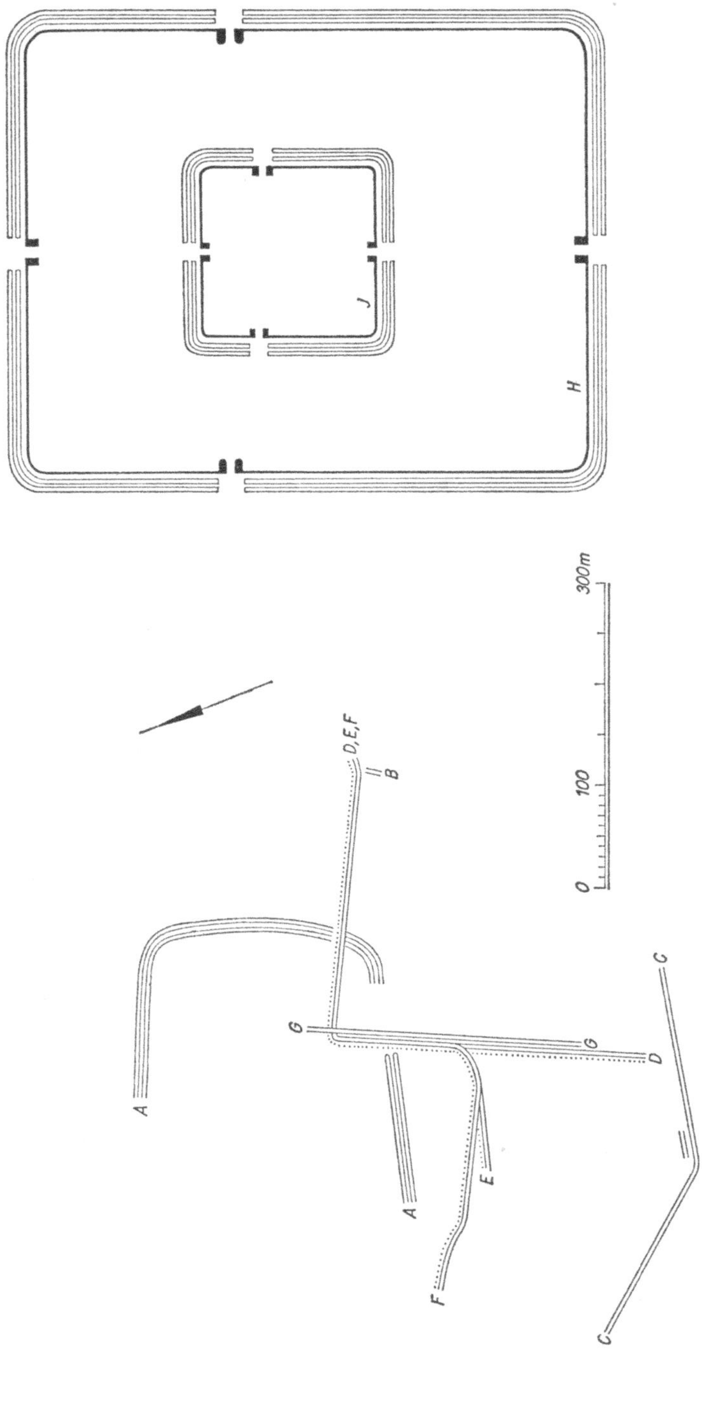

Abb. 2: Die Lagerumwehrungen von Novaesium-Neuß. Übersicht. 1:7 500

gesichert. Allem Anschein nach beginnt die militärische Belegung des Platzes mit dem von einem Doppelgraben geschützten Lager A (Abb. 2, 3 und Beilage). Bisher wurden weder von der Umwehrungsmauer noch von Innenbauten Spuren gefunden. Ein Durchlaß durch den südostwärtigen Doppelgraben des Kastells liegt nahe der abgerundeten Südecke (Beilage 133/134-e). Für die seitliche Verschiebung eines Tores aus der Mitte in die Nähe einer Lagerecke bieten Haltern und andere augustisch-tiberische Lager Parallelen (Abb. 5).

Wegen seiner geringen NO-SW-Erstreckung (rund 250 m) kann das Lager A nur einer kleineren Einheit, sei es einer Hilfstruppe, sei es einer Vexillatio einer Legion Platz geboten haben. Das Grabenstück B (Beilage 136-g) ist nach neueren Feststellungen ein Teil der Ostfront des Lagers C. Das Lager C ist allem Anschein nach jünger als das Lager A (Abb. 2, 3). Es hatte einen polygonalen Grundriß mit mindestens fünf Ecken. Von diesen wurde die Südwestecke aufgedeckt (Beilage 131-i und Abb. 5). Sie bildet einen Winkel von 160 Neugrad. Von der Südostseite des Lagers sind das erwähnte Grabenstück B (Beilage 136-g) und ein weiteres Stück nahe dem römischen Rheinlauf bekannt (Lage: Beilage 138-c). Die Nordostfront des Lagers ist also entlang des römischen Rheinlaufes anzunehmen. Der Verlauf der Nordwestseite des Lagers ist dagegen noch nicht geklärt. In NO-SW-Richtung erstreckt sich das Lager C demnach auf etwa 680 m, in SO-NW-Richtung auf mindestens 700 m. Nach seiner Größe muß es zwei Legionen aufgenommen haben. Der etwa 8 m breite und etwa 2,8 m tiefe Lagergraben hat eine etwa 3 m breit ausgehobene Sohle. Er weicht mit dieser Querschnittform von dem üblichen V-förmigen Querschnitt sonstiger früh- und mittelkaiserzeitlicher Festungsgräben stark ab. Wir kennen nur eine – wohl republikanische – Parallele zu ihm[18]. Innerhalb des Festungsgrabens verläuft in einem Abstand von rund 5 m ein Graben, der vielleicht die vordere Holzverkleidung eines Erdwalles aufgenommen hat. Wahrscheinlich gehört mindestens eine Periode der aufgedeckten Lagerinnenbauten dem Lager C an (Beilage). Ehe wir auf diese Innenbauten eingehen, seien noch die übrigen Lagerumwehrungen aufgezählt. Das nächstjüngere Lager D besitzt ebenfalls einen polygonalen Grundriß, aber mit einem tief einspringenden Win-

[18] *Napoléon III.*, Histoire de Jules César (Paris 1865) 2, 271 ff. Deutsche Übersetzung, Geschichte Julius Cäsars (Wien–Berlin 1867) 309 und Taf. 28. A. Noché, Ogam 10, 1958, 108 ff. Danach hatte die Circumvallation in der Ebene von Alise–Sainte–Reine einen Sohlgraben (Taf. 28, fossé ff). – Allerdings scheint die Lokalisierung von Alesia nach Alise-Sainte–Reine noch immer umstritten zu sein: *J. Carcopino,* Alésia et les ruses de César (Paris 1958). Dagegen *E. Thevenot,* Annales de Bourgogne 31, 1959, 25 ff.

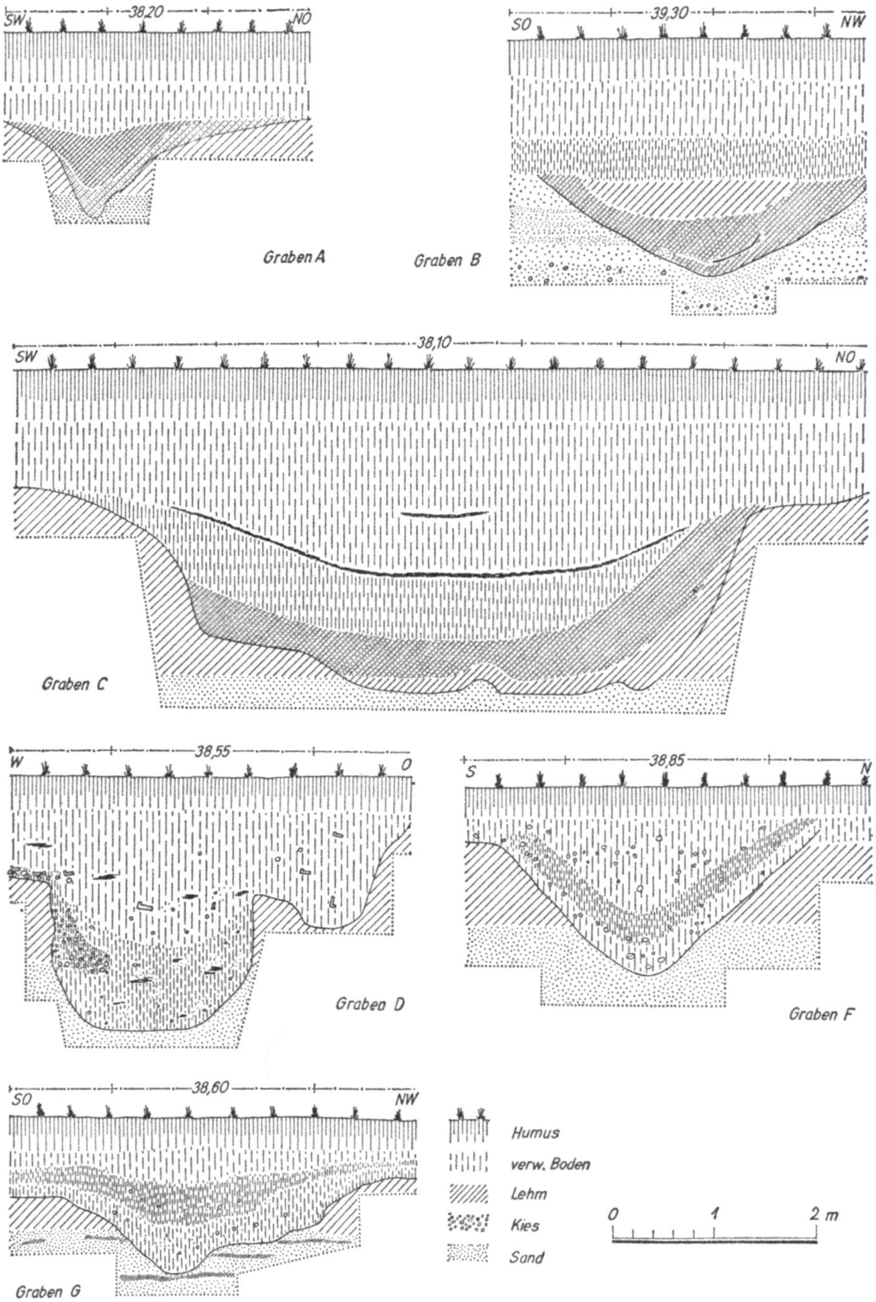

Abb. 3: Querschnitte durch die Lagergräben A, B, C, D, F und G von Novaesium-Neuß. 1:75

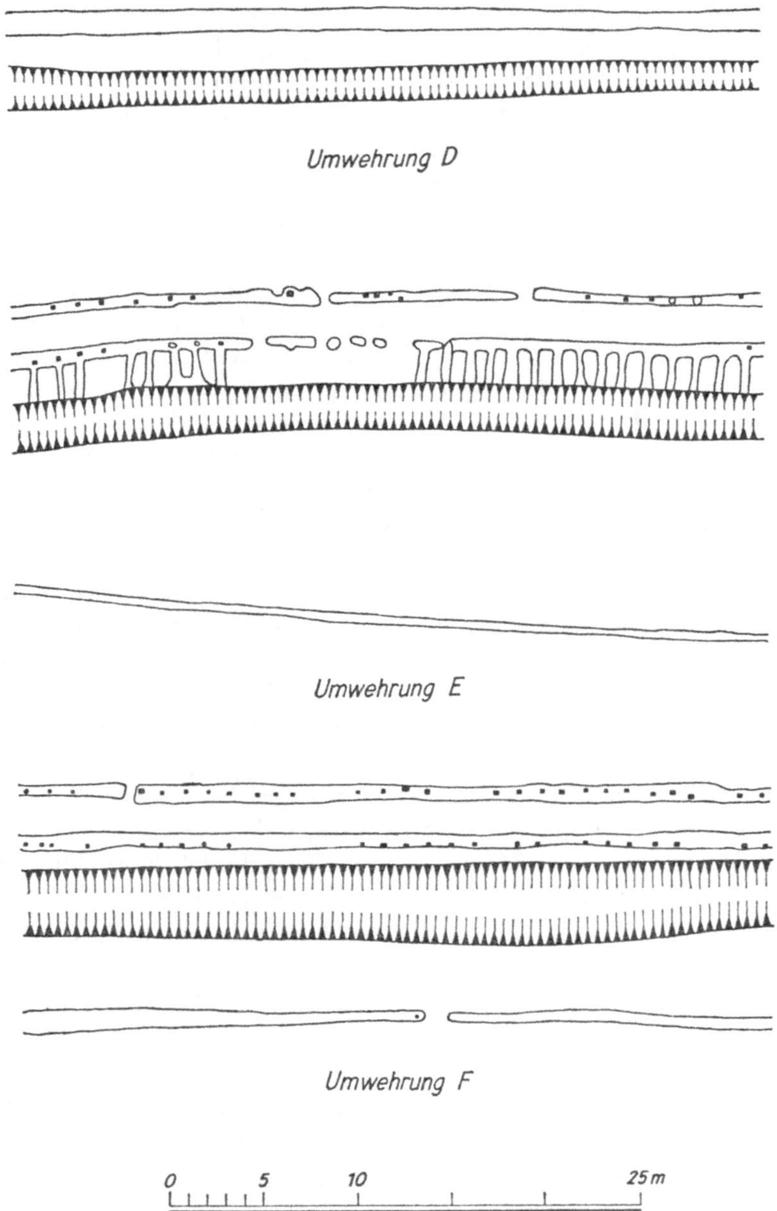

Abb. 4: Grundrisse der Lagerumwehungen D, E und F von Novaesium-Neuß. 1:400

kel an seiner Südseite (Abb. 2, 3). Der 115 m lange, SO-NW verlaufende Grabenschenkel ist von den späteren Umfassungen E und F überlagert. Der sich NO-SW erstreckende Grabenabschnitt ist bisher auf 310 m Länge verfolgt worden. Da er auf der NW-Seite von einem parallel verlaufenden Fundamentgräbchen begleitet wird, das wohl eine Wallversteifung aufgenommen hat, muß er ein Lager an der SO-Seite begrenzen (Abb. 4). Ob die jüngsten Lagerinnenbauten zu diesem oder einem späteren Lager gehören, ist noch nicht entschieden. Das nachfolgende Lager E erstreckt sich in SO-NW-Richtung über mindestens 520 m und in NO-SW-Richtung über mindestens 340 m (Abb. 2–4). Es steht also außer Zweifel, daß dieses Lager, wie auch wohl schon das Lager D, mindestens eine Legion aufgenommen hat. Von der SW-Flanke des Lagers wurden nicht nur der Spitzgraben auf über 520 m Länge aufgedeckt, sondern auch umfangreiche Spuren der Holzerdemauer. Diese besteht aus zwei Holzwänden, die in 2,5 m Abstand errichtet sind. Die Außenwände bestanden aus etwa 0,2 m starken, quadratischen Pfosten, die mit einem Zwischenraum von 1,8 m in je ein Gräbchen eingelassen waren. An die Pfosten waren wohl Bohlen (oder Spaltholz) genagelt, oder es waren Faschinen oder Zweige um die Pfostenzeilen geflochten. Wenn die Wände gleich hoch waren und der Zwischenraum zwischen ihnen mit Erde verfüllt war, müßten sie durch Querbalken miteinander verbunden gewesen sein. Auf der 1,5 m tiefen Berme wurden aber noch Balkengräbchen gefunden, die im rechten Winkel zur feindseitigen Wand der Holzerdemauer verliefen. In diese eingegrabenen Balken waren vermutlich schräge Stützen eingezapft, um der Außenwand der Holzerdemauer einen weiteren Halt gegen den Erddruck zu geben. Die gleiche Konstruktion der Mauer ist vom Flottenkastell Köln-Alteburg bekannt, ferner eine ähnliche vom Kastell Rigomagus-Remagen[19]. 10 m vor dem Spitzgraben verläuft ein Annäherungshindernis, eine Reihe dichtgestellter Pfähle, die entweder oben zugespitzt oder aber zu einer Wand verbunden waren[20]. Mehr ist von der Gesamtgestalt des folgenden Lagers F bekannt,

[19] *H. Lehner,* Bonner Jahrb. 114/115, 1906, 248 f. (Köln–Alteburg), ebenda 226 ff. (Rigomagus). Dagegen scheint die Parallele *H. Lehner,* Vetera (Berlin–Leipzig 1930) 13 f. sehr unsicher zu sein. Vgl. ebenda 30 f. Zum Unterschied von Lehner möchte ich die Schrägstützen viel flacher rekonstruieren und in der Höhe von Querzügen der Holzerdemauer enden lassen. Vgl. *Verf.,* Vetera 1819, 60 ff.

[20] Vor der neronischen Doppellegionsfestung Vetera wurden zwei ähnliche Annäherungshindernisse gefunden. *H. Lehner,* Vetera (Anm. 19) 28 f. u. Abb. 19, meint, daß sie Astverhaue aufgenommen haben *(Verf.* Vetera 1820). Im Annäherungshindernis des Lagers F von Novaesium wurden Pfosten beobachtet. Auch *H. Schönberger* fand Pfähle in zwei im Vorfeld des mittelkaiserzeitlichen Kastells Quintana-Künzing gelegenen Gräben: Bayer,

das ungefähr die gleiche Mindestausdehnung und auch Lage wie das Lager E besitzt (Abb. 2–4). Wir kennen von ihm den SW-Teil der Umwehrung auf eine Strecke von 520 m. Die aufgedeckte Grabenlänge beträgt etwa 700 m. Das Lager hat an der Südfront den rund 150 m tief einspringenden Winkel des Lagers E übernommen, diesen aber, wie es scheint, durch einen Innenturm gesichert (Beilage 134-e). Die durchgehenden Verteidigungsanlagen bestehen aus einem Spitzgraben von etwa 4,8 m ursprünglicher Breite und etwa 1,8 m ursprünglicher Tiefe, einer 0,3 m tiefen Berme und einer rund 3 m dicken Holzerdemauer. Ein Annäherungshindernis verläuft 4 m vor dem Spitzgraben. Die Holzerdemauer glich im Aussehen und in den Maßen der des Lagers E, nur fehlten ihr die Stützen auf der Berme. Vermutlich war sie gegen den Erddruck durch genügend viele Querriegel im Innern ausreichend gesichert. Auf dieses Lager folgt ein Lager G, von dessen Ostumwehrung nur ein Graben erhalten ist. Er ist auf rund 280 m in NO-SW-Richtung festgestellt (Abb. 2, 3). Über die folgenden Lagerbauten s. S. 41 f. und 49 f.

Vergleicht man die Umwehrungen der augustischen und tiberischen Lager von Novaesium, so fällt ihre Verschiedenartigkeit auf (Abb. 2–4). Doppelte (Lager A) und einfache Spitzgräben (Lager D, E, F) kommen neben einem Sohlgraben (Lager B/C) und einem Graben mit sehr unregelmäßiger Sohle (Lager G) vor. Zwei der Festungsgräben (Lager E und F) sind zusätzlich durch ein vorgelegtes Annäherungshindernis gesichert. Außerdem sind Bauweise und Gestalt des Vallums sehr verschieden. Vielleicht hatten die Lager C und D nur eine Holzwand auf der Feindseite, gegen die auf der Innenseite ein Wall angeschüttet war. Die Holzerdemauern der Lager E und F besaßen zwei Holzschalen. Es bedarf allerdings noch weiterer Überlegungen und Vergleiche, ob die beiden Holzwände gleich hoch waren, so daß das Vallum wie eine aus Ziegeln oder Steinen gebaute Mauer aussah, oder ob die feindseitige Wand höher war als die innere[21]. Die Außenwand

Vorgeschichtsblätter 24, 1959, 125. Zu den zugespitzten Pfählen vgl. die Wolfsgruben von Alise–Sainte–Reine (Anm. 18 und *H. Schönberger* a. O.) und von Rough Castle am Antoninswall: *M. Buchanan*, Proceedings of the Society of Antiquaries of Scotland 4. Ser., 3, 1905, 456 ff. *F. Haverfield* ebenda 5. Ser., 4, 1918, 176 f. *G. Macdonald* ebenda 5. Ser., 11, 1925, 285 ff. *Ders.* ebenda 6. Ser., 7, 1933, 243 ff. *Ders.*, The Roman Wall in Scotland[2] (Oxford 1934) 64, 234 ff. Für eine Flechtwand als Annäherungshindernis bieten die Flechtzäune des rätischen und des frühesten Wetteraulimes eine Parallele (*E. Fabricius*, RE. 13, 601 und 613 f. ‚Limes', Limesblatt 29, 1898, 803 ff. ORL A 4 und 5, 31 ff. A 13, 13 f. A 14, 24 ff. A 15, 17).

[21] Vgl. *W. Schleiermacher*, RE. 8 A, 290 f. ‚Vallum', ferner Lindum–Lincoln: *G. Webster*, Journ. of Rom. Stud. 39, 1949, 63 f.

des Vallums E hatte die oben beschriebenen Außenstützen, während solche am Vallum F fehlten.

Leider können wir noch nicht alle Lagergrundrisse miteinander vergleichen (Abb. 5). Die Legionslager D, E und F weisen einen tief einspringenden Winkel auf, so daß sie nicht der rechteckigen Idealform der Vermessungstechniker entsprechen. Da der einspringende Winkel nicht durch Rücksichten auf das Gelände bedingt ist, könnte man zur Erklärung an einen Anbau oder eine besondere Zusammensetzung der Truppe (Legion mit Hilfstruppe) oder ein festungsbauliches Prinzip denken. Der klare archäologische Befund scheidet die Möglichkeit aus, einen Anbau an ein ursprünglich kleineres Lager anzunehmen. Ohne die zweite Erklärung auszuschließen, sei die dritte erörtert. Von den uns bisher bekannten Lagern der augustisch-tiberischen Zeit hat nur das ‚große Lager' von Haltern die uns von den jüngeren festen Lagern her bekannte rechteckige Gestalt. Alle übrigen zeigen einspringende Winkel und polygonale Grundrisse wie auch das Lager C in Neuß (Abb. 5): Vetera A und C, Haltern ‚Feldlager', Haltern Uferkastelle, Oberaden, Holsterhausen, vielleicht auch Bonn Rathaus, Vindonissa und Carnuntum[22]. Mag die eine oder die andere Unregelmäßigkeit der Umwehrungsführung auf Meß- oder Baufehler zurückgehen, im ganzen sind einspringende Winkel und Grundrisse mit mehr als vier Ecken zu häufig, um als unwichtig abgetan zu werden. Mehrmals liegen Tore im Scheitel eines einspringenden Winkels[23]. Wir vermuten, daß man die langen Strek-

[22] *Verf.*, Vetera 1815. – *H. Dragendorff* u. a., Mitt. d. Altert.-Komm. f. Westfalen 4, 1905, 33 ff. *F. Koepp*, ebenda 5, 1909, 2 f. (Haltern). – *Chr. Albrecht*, Das Römerlager von Oberaden 1 (Dortmund 1938) Plan 1. – *A. Stieren*, Germania 32, 1954, 165 ff. (Holsterhausen). – Zu Bonn s. S. 34 f. – *R. Laur-Belart*, Vindonissa (Berlin–Leipzig 1935) 19, Gesamtplan Taf. 2. Letzter Gesamtplan *Fellmann*, Principia 6, Abb. 1. Dabei bin ich mir der Schwierigkeit bewußt, daß von der Umfassung der Holzerdemauer von Vindonissa sehr wenig erhalten ist, so daß man von der Gestalt des klaudischen Lagers nur unsicher auf das tiberische Lager zurückschließen kann. – Noch unsicherer ist es, von der Gestalt des Steinlagers Carnuntum, so wie es durch die Ausgrabungen seit den achtziger Jahren des vorigen Jahrhunderts bekannt ist, auf die tiberische Gestalt zurückzuschließen. Nach allem aber, was wir von der Geschichte römischer Lager wissen, wäre es recht auffallend, wenn die Lagermauer von Carnuntum schon unter Tiberius in Stein errichtet worden wäre. *E. Nowotny* hat im Anzeiger d. Akad. Wiss. Wien, phil.-hist. Kl. 51, 1914, 133 eine Holzerdemauer des Carnuntiner Lagers veröffentlicht. Sie ist freilich undatiert. Bevor nicht überzeugende Gründe beigebracht werden, wird man nicht annehmen wollen, daß der Bau von Legionsfestungen in Stein an der Donau so viel früher einsetzte als am Rhein. Anders *E. Swoboda*, Carnuntum[3] (Graz–Köln 1958) 31 und Plan Abb. 2, ferner 206 f. mit Anm. 4.

[23] Weder das Aussehen von Vetera A noch die Lage des Nordtores von Vindonissa noch des Westtores von Carnuntum sind aus besonderen Geländeverhältnissen zu erklären.

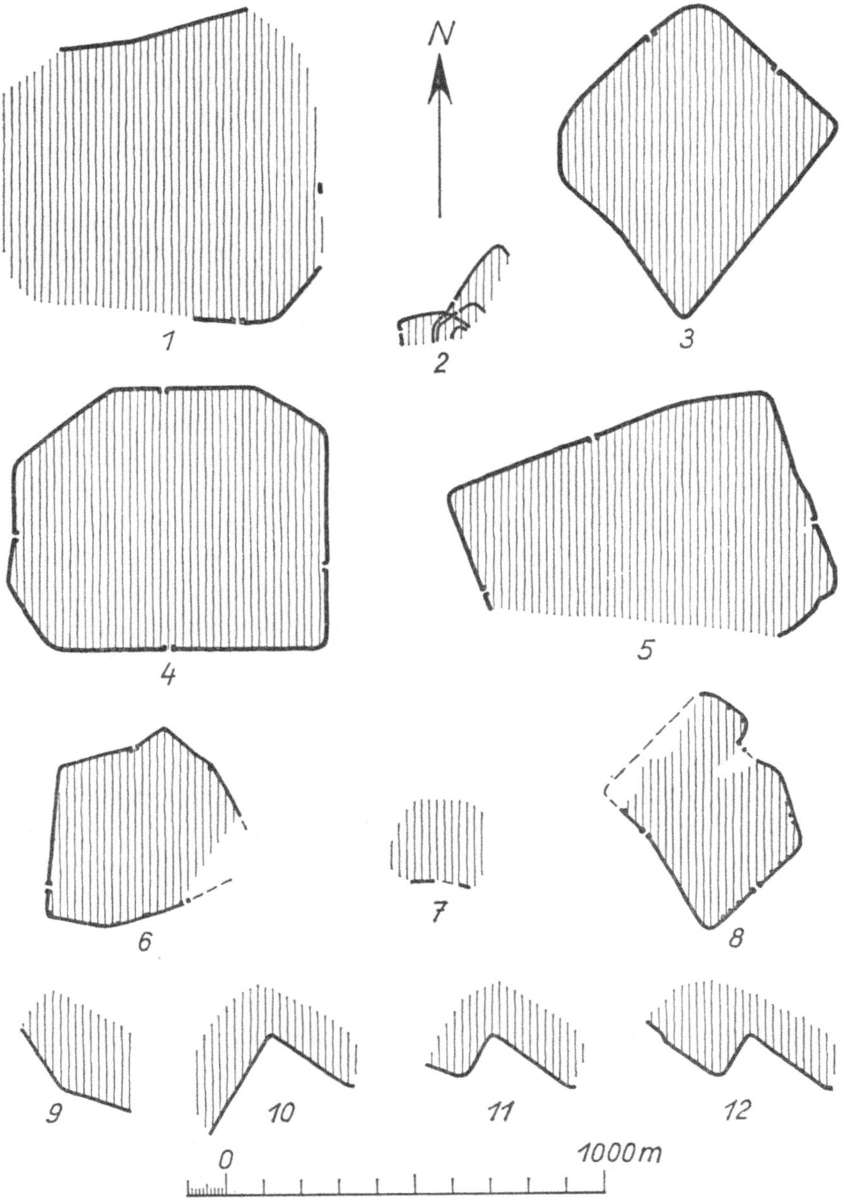

Abb. 5: Grundrißformen augustisch-tiberischer Lager. 1 : 20 000

1. Vetera, Lager A/C.
2. Haltern, Uferkastelle.
3. Haltern, Feldlager.
4. Oberaden.
5. Holsterhausen.
6. Vindonissa.
7. Bonn, Rathaus.
8. Carnuntum.
9. Novaesium, Lager B/C.
10. Novaesium, Lager D.
11. Novaesium, Lager E.
12. Novaesium, Lager F.

ken von Wehrmauern deshalb nach innen knickte, um die Außenseite der Mauer mit Geschossen bestreichen und besser beobachten zu können.

Von der Innenbebauung der Lager in Neuß wurden größere zusammenhängende Flächen aufgedeckt, soweit das die moderne Bautätigkeit zuließ (Beilage). Fast überall wurden mindestens drei Bauperioden festgestellt, die zeitlich aufeinander folgten. Leider lagen die Bodenverfärbungsspuren, die die Bauten hinterlassen haben, nicht in getrennten Schichten übereinander, vielmehr waren sie in einer einzigen Schicht enthalten und können nur durch genaues Studium der Höhen und Überschneidungen von Spuren analysiert werden. Da aber diese Arbeit noch nicht durchgeführt ist, müssen wir uns auf einige wenige Angaben beschränken. Es ist merkwürdig, daß wir bisher keine Bauspuren des ältesten Lagers A gefunden oder erkannt haben. Wenn in diesem Lager feste Bauten in der Art derjenigen der späteren Lager gestanden hätten, dann hätten wir sie finden müssen, es sei denn, daß die Erbauer eines späteren Lagers bedeutende Erdabtragungen vorgenommen haben. Andernfalls wird man Zelte annehmen dürfen, deren Pfosten und Pfähle wir in dem Gewirr der jüngeren Bauspuren nur nicht erkennen [24].

Die aufgedeckten Grundrisse von Lagerinnenbauten müssen noch, wie schon betont wurde, nach Perioden getrennt werden (Beilage). Solange diese Arbeit, die ein sorgfältiges Studium aller Überschneidungen von Wandgräben und Gruben erfordert, nicht beendet ist, sind die Deutungen einzelner Bauten noch unsicher. Die Feststellung der Grundrisse wird noch durch den Umstand erschwert, daß die antiken Bauspuren im Westen und Südwesten des Grabungsgeländes durch Abgrabungen in römischer und moderner Zeit zerstört wurden. Soviel dürfte aber doch schon feststehen, daß die meisten aufgedeckten Bauten zur Gruppe der zentralen Lagergebäude gehören und nicht Kasernen sind. Wir beschreiben kurz drei solcher Bauten. Der eine liegt westlich der heutigen Konradschule und ist vollständig ausgegraben (Beilage 133–d/e und Abb. 6). Er ist 68 m lang und 54 m breit. Er umschließt mit zahlreichen Räumen einen allseits von Porticus umgebenen Hof von 31 × 22 m Umfang. Im rückwärtigen Teil des Hofes befindet sich ein rechteckiges, 14 × 7 m großes Holzpodium. Der Eingang zum Gebäude lag in der Symmetrie-Längsachse an einer großen Straße. Ob dieser Bau ein Peristylhaus, also ein Praetorium oder ein anderes Offizierswohnhaus, oder aber ein Principiabau war, können wir nicht entscheiden, solange

[24] *J. Mc. Intyre* and *I. A. Richmond,* Tents of the Roman Army and Leather from Birdoswald: Transactions of the Cumberland and Westmoreland Antiquarian and Archaeological Societies N. S. 34, 1934, 62 ff. (Hinweis: W. Schleiermacher).

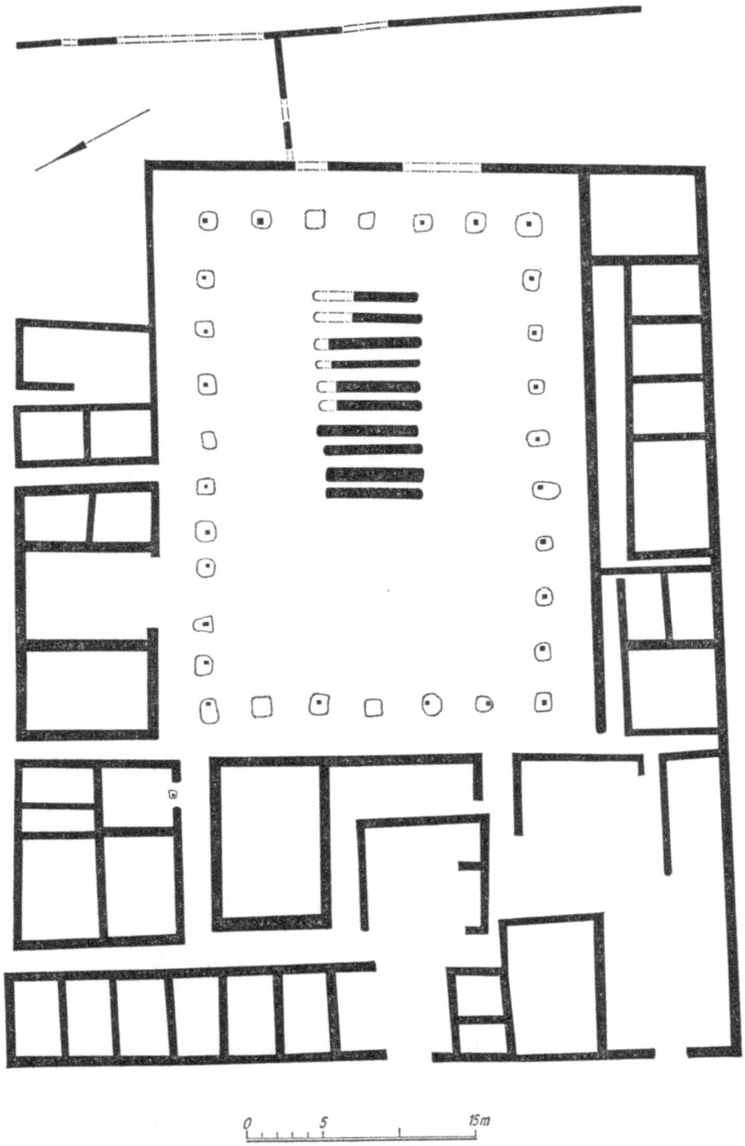

Abb. 6. Eines der Mittelgebäude eines augustisch-tiberischen Lagers von Novaesium-Neuß.
1:500

wir nicht die gleichzeitigen Nachbargebäude kennen. Ein weiteres großes Gebäude, das einer älteren Bauperiode als das eben beschriebene anzugehören scheint, liegt ostwärts der Konradschule (Beilage 134/135-f/g und

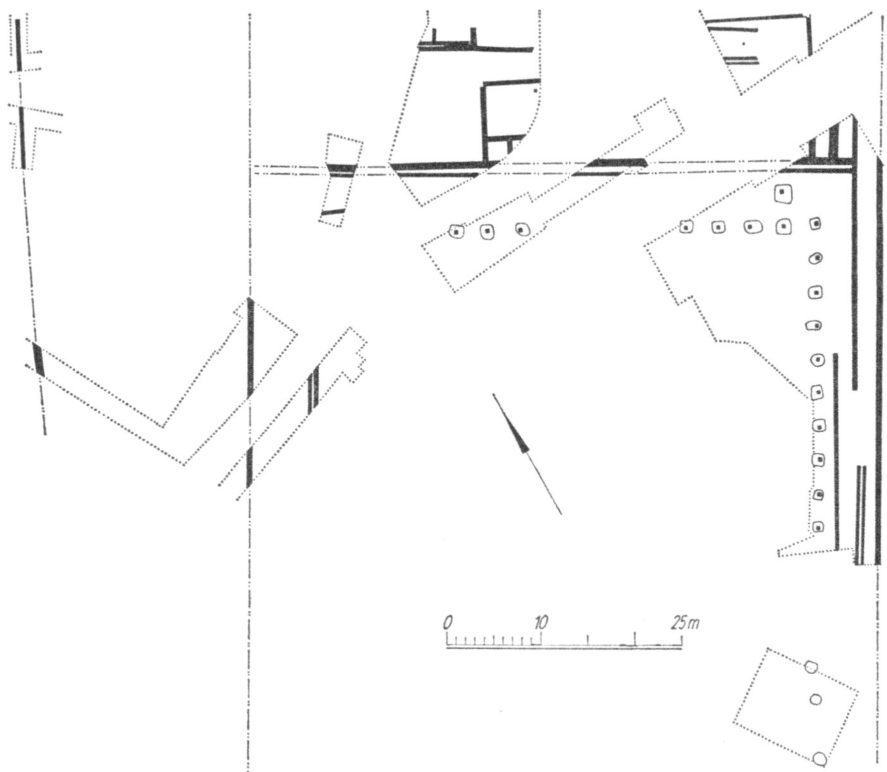

Abb. 7: Eines der Mittelgebäude (Principia?) eines augustischen Lagers von Novaesium-Neuß. 1:800

Abb. 7). Es hat einen rechteckigen Gesamtgrundriß. Seine Mitte nimmt ein mindestens 50 m langer und 50 m breiter Hof ein, der auf wenigstens drei Seiten von einer Holzporticus eingefaßt ist. Leider konnte der Südwestteil des Gebäudes nicht ausgegraben werden. Unserer Deutung des Baues als Principia hat R. Fellmann inzwischen zugestimmt. Da aber bisher nur eine Straße gefunden wurde, die an der Nordostseite des Gebäudes vorbeiführt, und noch keine Straße im Südwesten desselben bekannt ist, ist die Gesamtorientierung der vermutlichen Principia unsicher[25]. Sollte die Erklärung des Baues als Principia durch weitere Funde bestätigt werden, dann wird man ihn wegen seiner Gesamtlage wohl dem Lager C zuweisen müssen. Ein drittes größeres Gebäude mit einem Binnenhof wurde westlich der Konradschule aufgedeckt (Beilage 133-d und Abb. 8). Seine Gesamtausdehnung ist

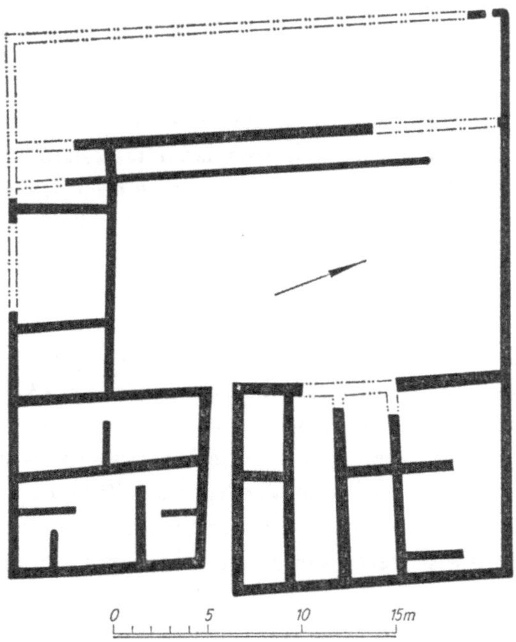

Abb. 8: Eines der Mittelgebäude eines augustisch-tiberischen Lagers von Novaesium-Neuß. 1 : 400

noch nicht bekannt. Der Ostteil liegt jedenfalls unter dem zuerst beschriebenen Bau. Wenn auch seine Zweckbestimmung noch nicht ermittelt ist, wird man es doch der Gruppe von Zentralgebäuden eines Lagers zuweisen dürfen.

Die Zahl und Anordnung der Mannschaftsunterkünfte steht noch nicht fest. Soweit ihre Grundrisse bisher erkannt sind, ähneln sie mehr denen in den meisten Auxiliarlagern als denen der Manipelkasernen in den meisten bekannten Legionslagern. Es fehlen ihnen nämlich die vergrößerten Bauteile,

[25] Als *Fellmann*, Principia 103 ff., einen Rekonstruktionsversuch dieser Principia machte, waren die Schwierigkeiten der Orientierung des Gebäudes noch nicht bekannt. Deshalb sind die von ihm gezogenen Folgerungen noch ganz unsicher.

in denen die Centurionen und vielleicht auch noch andere gehobene Dienstgrade wohnten. Für diese müssen also eigene Unterkünfte gebaut worden sein. Es ist bezeichnend, daß in Haltern zwar die Centurionenunterkünfte schon am Kopf der Mannschaftsunterkünfte angeordnet sind, daß sie hier aber noch getrennte Baukörper sind [26].

Da die Deutung der aufgedeckten Bauten noch unsicher ist, wird man noch eine weitere Aufhellung der Befunde abwarten müssen, ehe man aus ihnen Folgerungen auf die Gesamteinteilung der Lager zieht. Diese Zurückhaltung ist um so mehr am Platz, als einerseits die Zuordnung von Bauperioden zu Lagerumwehrungen, andererseits die Periodisierung der vorgefundenen Lagerstraßen noch zu klären ist. Die feststellbaren Straßen der Lager hatten entweder gar keine Straßendecke oder waren bloß mit Sand bestreut. Häufig wurden in der Mitte der Straßen Kanalisationsgräben gefunden, die Holzrohre enthalten haben werden. Auffallend oft wurden Kastengruben zur Aufbewahrung von Vorräten in die Straßen eingetieft, was freilich nur möglich war, wenn die Gruben mit festen, flachen Deckeln verschlossen waren [27]. Eine fast 5 m breite Straße führte an der Nordwestseite des zuerst beschriebenen Gebäudes vorbei (Beilage 132/133-d/e/f). Wenn es sich bestätigt, daß dieses Principia waren, dann müßte die Straße die Via principalis eines Lagers sein. Da die Via principalis zu einem Tor geführt haben wird, käme nach den vorliegenden Befunden nur das Lager D in Betracht [28]. Der zu erwartende Grabendurchlaß vor der Porta decumana wäre dann durch die späteren Gräben E und F vollkommen zerstört. Eine andere Straße führt an der Nordostseite der an zweiter Stelle besprochenen vermutlichen Principia vorbei (Beilage 134/135-f/g). Es wird noch zu prüfen sein, ob sie die Via principalis eines anderen Lagers ist.

Eine baugeschichtliche Auswertung der augustisch-tiberischen Befunde von Novaesium wird ebenfalls erst dann möglich sein, wenn die Grabungsunterlagen durchgearbeitet sind. Schon jetzt aber ist zu erkennen, daß alle vorgefundenen Lagerinnenbauten Fachwerkhäuser waren, die ohne Stein und Ziegel nur aus Holz und Lehm gebaut waren. Pfostenbauten mit Schwellriegeln und Ständerbauten auf Schwellbalken scheinen nebeneinander vor-

[26] *A. Stieren*, Germania 16, 1932, 37.

[27] Die gleiche Beobachtung wurde in dem frühkaiserzeitlichen Dorf oder Weiler gemacht, aus dem später die Colonia Traiana nordwestlich von Xanten entstand: s. S. 103 f. Zu solchen Gruben und deren Holzdeckeln vgl. *F. Koepp*, Mitt. d. Altert.-Komm. f. Westfalen 5, 1909, 40 ff.

[28] Vgl. Anm. 25.

zukommen[29]. Vorausgesetzt, daß die Deutung eines oder zweier Bauten als Principia zutrifft, stünde es fest, daß auch schon im augustisch-tiberischen Novaesium Principia und Praetorium getrennte Bauten waren. Es wäre aber unzutreffend formuliert, wenn man sagte, daß die ‚Trennung' der beiden Bauten vollzogen war[30]. Schon in der Lagerbeschreibung des Polybios wird neben dem Feldherrnzelt ein Forum beschrieben (6, 31 ἀγορά). Da nun die vergleichende Untersuchung von Principia römischer Lager durch R. Fellmann den engen Zusammenhang zwischen der Baugestalt von Principia und der von Fora deutlich gemacht hat, wird man annehmen dürfen, daß in der Zeit zwischen Polybios und den Principia von Haltern und Novaesium der Platz des Lagerforums und des Praetoriums vertauscht wurden und daß das Praetorium auf die reine Funktion des Wohn- und Empfangshauses für den Kommandeur beschränkt wurde, während den Signa ein Platz in dem neuen Mittelgebäude, den Principia, zugewiesen wurde[31]. Schließlich zeigt der Befund von Novaesium, daß das Peristylhaus schon im Lager der augustisch-tiberischen Zeit vorkommt (wie auch in Haltern)[32].

Die beschriebenen Lagerinnenbauten sind so gut und mit so viel Arbeitsaufwand gebaut und scheinen auch gelegentlich umgebaut worden zu sein, daß man die Lager mit erhaltenen Innenbauten nicht als vorübergehende Anlagen betrachten kann. Vielmehr scheinen diese Lager langdauernd belegt gewesen zu sein. Sie waren Hiberna, die aber nicht wie die caesarischen Hiberna in Gallien wirklich nur im Winter belegt waren und zu Beginn der beweglichen Kriegführung im Sommer wieder abgerissen wurden, sondern sie hatten auch während der guten Jahreszeit, wenn sich die Kampftruppe im rechtsrheinischen Germanien aufhielt, noch militärische Funktionen als Auffang- und Versorgungslager (s. S. 16). Sie waren also durchaus schon Standlager im Sinne der späteren Grenzfestungen[33]. Vom Frühling bis zum Herbst wird ein Wachkommando im Lager geblieben sein, und Versorgungs-

[29] *A. Zippelius,* Bonner Jahrb. 152, 1952, 81 ff. und 105. *Ders.* bei *W. Krämer,* Cambodunumforschungen 1953–I (Kallmünz 1957) 37 ff.

[30] *D. Atkinson,* zitiert nach *Fellmann,* Principia 156 f.

[31] Insofern bedarf *Fellmann,* a. O. (Anm. 30) 156 ff. einer Ergänzung. – Praetorium und Principia als getrennte Gebäude deutlich in der Inschrift aus Birdoswald: *R. G. Collingwood,* Journ. of Rom. Stud. 21, 1931, 60 und Taf. 5.

[32] Vgl. Anm. 26. In den republikanischen Lagern Spaniens, die A. Schulten veröffentlicht hat, scheinen Peristylhäuser noch zu fehlen.

[33] Die Standlager sind aus ortsfest gewordenen Winterlagern hervorgegangen. Deshalb heißen auch sie castra hiberna (*Verf.,* Vetera 1815 f.). Ich glaube nicht, daß man Marsch- und Standlager allzu scharf voneinander trennen kann. Keinesfalls wird ein grundsätzlicher Unterschied zwischen Winterlagern und den frühen Standlagern an den Reichsgrenzen bestanden haben.

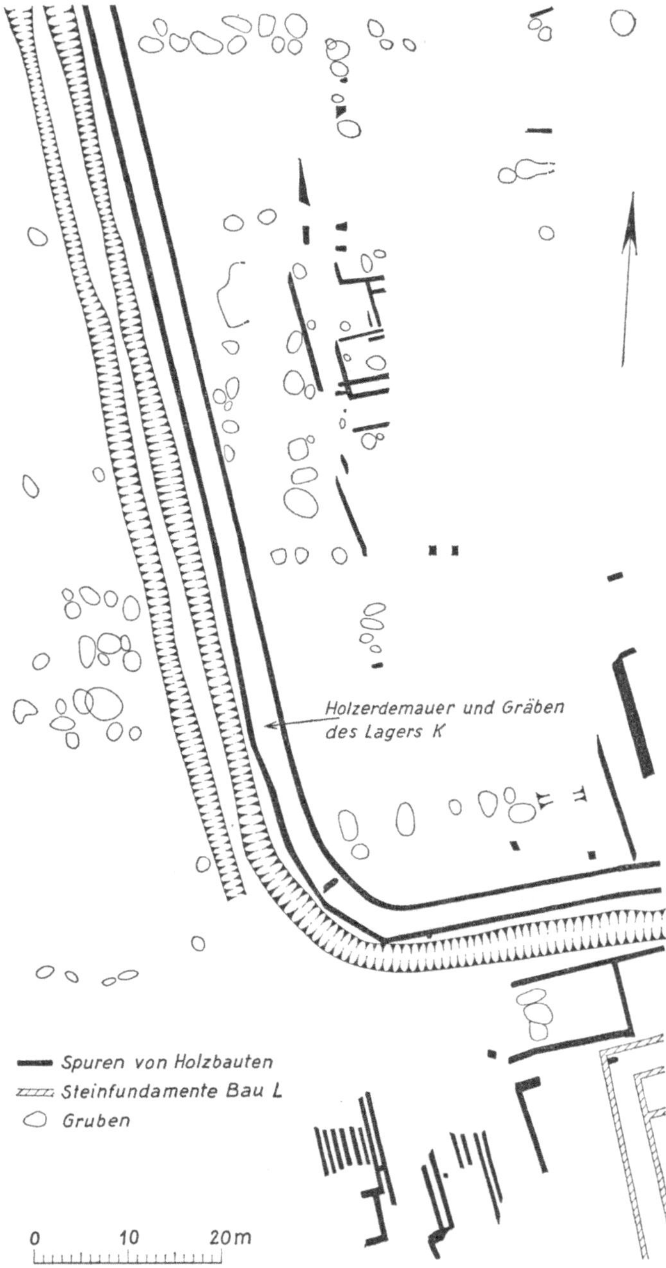

Abb. 9: Augustisch-tiberische Holzbauten und Lagerumwehrung K von Vetera I (Fürstenberg bei Birten). 1:800

dienste werden ihre Arbeit verrichtet haben. So lange hat man wohl dem Praefectus castrorum das Lager und den Rest der Truppe anvertraut[34].

Auch auf dem Fürstenberg bei Birten wurden Legionslager gleicher Zeit und ähnlichen Aussehens wie die novaesischen angegraben (Taf. 1 und Abb. 1). Leider richtete sich das Hauptinteresse dieser Grabungen, die vom Rheinischen Landesmuseum Bonn von 1905 bis 1914 und von 1925 bis 1934 durchgeführt wurden, auf die Steinbauten der neronischen Doppellegionsfestung. Die Spuren älterer Lager sind zwar aufgemessen und gezeichnet worden, aber gewissermaßen nur nebenbei. Weder wurden sie im Zusammenhang dargestellt noch im Gelände verfolgt. Auf Grund der alten Skizzenbücher der Vetera-Grabung konnten wir immerhin die Ähnlichkeit der Lagerinnenbauten in den augustisch-tiberischen Holzlagern von Vetera und Novaesium feststellen (Abb. 9). Es wurde schon S. 24 darauf hingewiesen, daß auch die Grundrißgestalt und die Umwehrungen der frühen Lager von Vetera Verwandtschaft mit Novaesium aufweisen[35].

Das dritte linksrheinische Legionslager im Bereich des Exercitus inferior lag irgendwo auf Kölner Stadtgebiet. Aus Tac. ann 1,39 ergibt sich, daß dieses Lager nicht weit von der Ara Ubiorum entfernt gelegen haben kann[36]. Bisher wurden auf Kölner Boden noch keine Spuren dieses Zweilegionenlagers entdeckt oder erkannt, das, wie Tac. ann. 1,37 (reduxit) zeigt, länger als einen Winter bestanden haben muß[37].

Nach Florus (2, 30, 26) hat Drusus „praesidia atque custodias" vielerorts an Maas, Weser und Elbe verteilt. „in Rheni quidem ripa quinquaginta amplius castella direxit." Allzuoft wird die zweite Nachricht, daß Drusus am Rhein über 50 Kastelle angelegt habe, isoliert zitiert oder nur mit dem darauffolgenden Satz verbunden, in dem mitgeteilt wird, daß der gleiche Feldherr bei zwei Orten unbekannter Lage, Borma und Gesoriacum, Brücken habe schlagen und Flottenstützpunkte anlegen lassen. Im Textzusammenhang gelesen, müssen diese Nachrichten – wenn sie auf eine gute Quelle zurückgehen – so verstanden werden, daß Drusus die Rheinzone von der Maas ab ostwärts militärisch sicherte und natürlich auch die neu eroberten Gebiete

[34] *R. Syme*, Germania 16, 1932, 109 ff.

[35] *Verf.*, Vetera 1802 und 1815 ff.

[36] Soll man wirklich aus der Nachricht, daß Plancus in die ‚castra primae legionis' floh, folgern, daß die beiden Legionen, die erste und die zwanzigste, getrennte Lager hatten, wie *Schmitz*, Stadt und Imperium 112, meint? Eher wird sich Tacitus nur abgekürzt ausgedrückt haben.

[37] Können keine der von *Fremersdorf*, Topographie 2 ff. und Taf. 1, beschriebenen augustischen Bauspuren, die alle dem Oppidum Ubiorum zugewiesen werden (s. S. 85 ff.), zu diesem Lager gehören?

jenseits des Rheins. Das ist nicht das Bild einer linearen Verteidigung, sondern entspricht der flächigen militärischen Besetzung eines neu eroberten Landes mit einer tiefgestaffelten Bereitstellung, die auch nach dem Beginn der Offensive noch wichtige Funktionen hatte (S. 16 und 31)[38]. Die Forschung hat sich seit Jahrzehnten bemüht, die 50 „Drusus-Kastelle" am Rhein ausfindig zu machen. Man hat nicht immer kritische Gesichtspunkte bei der Aufstellung dieser Kastellreihe walten lassen[39]. Bisher konnte aber kein einziges Drususkastell mit Sicherheit festgestellt werden. Die meiste Aussicht auf Erfolg versprach die Kartierung augustischer Terra sigillata. Es ist jedoch zweifelhaft, ob italische Tera sigillata in jener Zeit wirklich nur an militärische Anlagen geliefert wurde. In Köln und Trier ist arretinische Keramik wahrscheinlich auch von Zivilisten benutzt worden – dieselbe Möglichkeit besteht auch für andere Orte[40]. Am sichersten sind noch immer Grabungsbefunde. In Bonn liegt seit 1952 ein solcher vor (Abb. 1).

Auf dem Minoritenplatz und unter dem Rathaus von Bonn wurde die Umwehrung eines Kastells gefunden, das, wie es scheint, schon im

[38] Der Verbesserungsversuch von Th. Bergk, ‚Mosam' in ‚Amisiam' zu verändern, ist unnötig. Neben ‚Bormã' bieten zwei Handschriften ‚Bonnam'. Diese Lesart widerspräche vielleicht auch nicht dem archäologischen Befund (s. S. 34 f.). Gesoriacum als den Ort gleichen Namens an der Kanalküste aufzufassen (Boulogne), verbietet der Zusammenhang. Dieses Gesoriacum muß doch wohl am Rhein gelegen haben. Vgl. aber *J. Heurgon*, Revue des Études Anciennes 51, 1949, 324 ff.

[39] Die Liste, die *E. Ritterling*, Bonner Jahrb. 114/115, 1906, 177 aufgestellt hat, übernahmen die folgenden Autoren bis *Staehelin*, Schweiz, 118 f. Hinzugefügt wurde Basel (*Staehelin*, a. O., *R. Laur-Belart*, Jahrb. der SGU. 44, 1954/55, 120, *R. Fellmann*, Basel in römischer Zeit [Basel 1955]). Wir fragen allerdings, ob die über 50 Kastelle, die Drusus anlegen ließ, so weit nach Süden reichten. Die Feldzüge des Drusus und seiner Nachfolger galten doch dem Gebiet zwischen Rhein, Main und Elbe. Da die Terra sigillata von Basel und vom Lindenhof in Zürich zu einer frühesten Zeitstufe gehören, die noch vor der von Oberaden liegt (Mitteilung von E. Ettlinger), kann man das augustische Basel auch in einen anderen Zusammenhang als den der Drususkastelle stellen.

[40] Leider besitzen wir nur eine Arbeit über die reliefverzierte italische Terra sigillata des Rheinlandes, aber nicht auch über die glattwandige, nämlich *A. Oxé*, Arretinische Reliefkeramik vom Rhein (Frankfurt/M. 1933). Einen Schritt weiter werden wir getan haben, wenn *A. Oxé–H. Comfort*, Catalogue of Signatures on Italian Terra Sigillata erschienen ist. – Zu der angeschnittenen methodischen Frage vgl. O. *Bohn*, Germania 10, 1926, 27 u. *H. Koethe*, Germania 21, 1937, 104, beide mit unseren Bedenken. Es müßte in diesem Zusammenhang überprüft werden, ob die italische Terra sigillata, die auf dem Titelberg (zwischen Rollingen und Differdingen im Großherzogtum Luxemburg) gefunden wurde, bloß das Fortbestehen des Spätlatène-Oppidums bis in die augustische Zeit – nach Art des Mt. Beuvray – bezeugt oder ob dort ein römisches Kastell lag: *J. Steinhausen*, Archäologische Siedlungskunde des Trierer Landes (Trier 1936) 275 f. *H. Koethe*, Germania 21, 1937, 104. *A. Oxé*, Germania 22, 1938, 236. – Für die grundsätzliche Frage ist wichtig: *E. Ettlinger* in: Limes-Studien (Basel 1959) 45 ff.

2. Jahrzehnt v. Chr. angelegt wurde (Abb.19). Parallel zum Lagergraben verläuft ein Gräbchen mit Pfosten. Da wir keine Spur einer zweiten Wand gefunden haben, kann angenommen werden, daß die erhaltene Wand eine feindseitige Verkleidung des Vallums war, wie sie auch die Lager C und D von Novaesium aufwiesen (S. 23). Auf eine Berme von nur etwa 30 cm folgte der 2,5 m tiefe Spitzgraben, der teilweise durch einen späteren Graben zerstört war. Er muß rund 5 m breit gewesen sein. Diese Umwehrung ist auf etwa 150 m Länge der Westfront des Lagers bekannt. Es scheint so, als ob auch dieses Kastell einen einspringenden stumpfen Winkel statt einer geraden Mauerflucht aufwies, was wir als Kennzeichen für die Festungstechnik der augustisch-tiberischen Epoche ansehen (s. S. 24 f. und Abb. 5) [41].

Ein zweites augustisches Auxiliarkastell, von dem wenigstens ein Teil durch neuere Ausgrabungen bekannt wurde, ist Asciburgium (Rheinhausen und Moers-Asberg). F. Tischler grub zwei größere Flächen aus, in denen vorwiegend Mittelgebäude eines Kastells liegen. Nach den zahlreichen Keramikresten, darunter vieler italischer Terra sigillata, und Münzen scheint dieses Kastell allerdings erst in spätaugustischer Zeit, jedenfalls erheblich später als das älteste Lager von Novaesium angelegt worden zu sein. Wenn es also auch nicht eines der „Drususkastelle“ war, so ist es für uns doch das älteste Beispiel eines Auxiliarlagers, dessen Innenbauten aufgedeckt werden können (s. S. 48) [42].

2. Der niedergermanische Limes von Tiberius bis zu den Frankeneinfällen

Als Tiberius im Jahre 16 n. Chr. Germanicus von der Rheinfront abberief und darauf verzichtete, Germanien zwischen Rhein und Elbe als römische Provinz einzurichten, blieben die Truppen in ihren Stammlagern am linken Rheinufer. So entstand aus der militärischen Konzeption einer Bereitstellungslinie, die dann auch als Auffanglinie und Versorgungsbasis diente, der Rheinlimes, der allerdings eine andere militärische Funktion hatte als sein Vorgänger. So wie der norische und pannonische Donauabschnitt

[41] Kurzer Hinweis: *Verf.*, Beobachtungen am NL 9. – E. Ettlinger hatte die Freundlichkeit, die italische Terra sigillata vom Minoritenplatz zu bestimmen. Von den sieben Scherben gehören zwei wohl dem 2. Jahrzehnt v. Chr., eine wahrscheinlich dem 1. Jahrzehnt v. Chr. an, während die übrigen vier Scherben spätaugustisch oder frühtiberisch datiert werden.

[42] S. Anm. 6.

unter Tiberius militärisch besetzt wurde, so vertraute man die Sicherung Galliens und seiner Rheinzone den Legionsfestungen und Auxiliarkastellen an, die am linken Rheinufer lagen. Während die Militärgrenze im Bereich des oberen Heeres, in der späteren Provinz Obergermanien, mehrmals nach Osten vorverlegt wurde, blieb sie im Bereich des unteren Heeres während der ganzen römischen Epoche in derselben Linie bestehen, die ihr schon Drusus zugewiesen hatte. Wenn wir diese Grenzbefestigungsanlagen als niedergermanischen Limes (NL) bezeichnen, folgen wir damit einem lateinischen Sprachgebrauch, der allerdings erst im 4. Jahrhundert n. Chr. bezeugt ist[43].

Es ist merkwürdig, daß man sich mit einer linearen Verteidigung der niedergermanischen Reichsgrenze in einer Hauptkampflinie begnügte und daß man hier wie an der Donau auf ein tiefgestaffeltes Hauptkampffeld verzichtete (Taf. 2). Das Rückgrat des NL war die Limesstraße, die durch Legionsfestungen, Auxiliarkastelle, Kleinkastelle und vielleicht auch Türme geschützt und überwacht wurde. Der Rhein war ein mächtiges Annäherungshindernis und Glacis. Im militärisch geschützten Grenzstreifen war, wie noch gezeigt wird (S. 61), der Provinzialboden scharf zwischen Militär und Zivil geschieden. Das Militär scheint auch im Hinterland Besitz oder wenigstens Nutzungsrechte gehabt zu haben.

Von der Abberufung des Germanicus bis in die letzten Regierungsjahre des Domitian (16 bis 92/96 n. Chr.) standen vier Legionen in der unteren Rheinzone. Sie waren bis zum Ende des Bataveraufstandes (70 n. Chr.) auf die Legionsfestungen Vetera (2 Legionen), Novaesium und Bonna (je 1 Legion) verteilt. Nach dem Bataveraufstand setzte man die Garnison von Vetera auf eine Legion herab und baute für die dadurch frei gewordene Legion eine neue Festung im Aufstandsgebiet, nämlich Noviomagus-Nijmegen. Domitian verringerte das niedergermanische Heer um eine Legion auf drei Legionen. Dabei wurde die Legionsfestung Novaesium in ein Auxiliarkastell umgewandelt (s. S. 49 f.). Trajan schienen sogar zwei Legionen auszureichen[44]. Deshalb wurde die Legionsfestung Noviomagus ganz aufgege-

[43] Paneg. Lat. 12 (9), 21, 5: ... ad inferiorem Germaniae limitem ... Der Rheinlimes des 4. Jahrh. wird von den Panegyrikern öfters als limes bezeichnet. Vgl. noch Gregor. Tur., hist. Franc. 2,9. – Die Bezeichnung ‚limes' mit der Provinz-(Landschafts-)bezeichnung: limes Raetiae (CIL 6, 2086 = Dessau 451), limes Tripolitanus (CIL 8, 22765 = Dessau 8923) u. a. Vgl. *E. Fabricius*, RE. 13, 574 ‚Limes'. – Wegen dieser Nomenklatur wird man in *Nesselhauf*, Nr. 186 auch nicht l(imitis) rip(a)e Rheni ergänzen dürfen.

[44] *Ritterling–Stein*, Beamte und Truppen 105 f. Zum Datum der Verlegung der Legio XXII Primigenia von Vetera nach Mogontiacum vgl. *E. Ritterling*, RE. 12, 1803 ‚Legio' und *Verf.*, Vetera 1826 (hier 1811, 49 falsch Vindonissa statt Mogontiacum!).

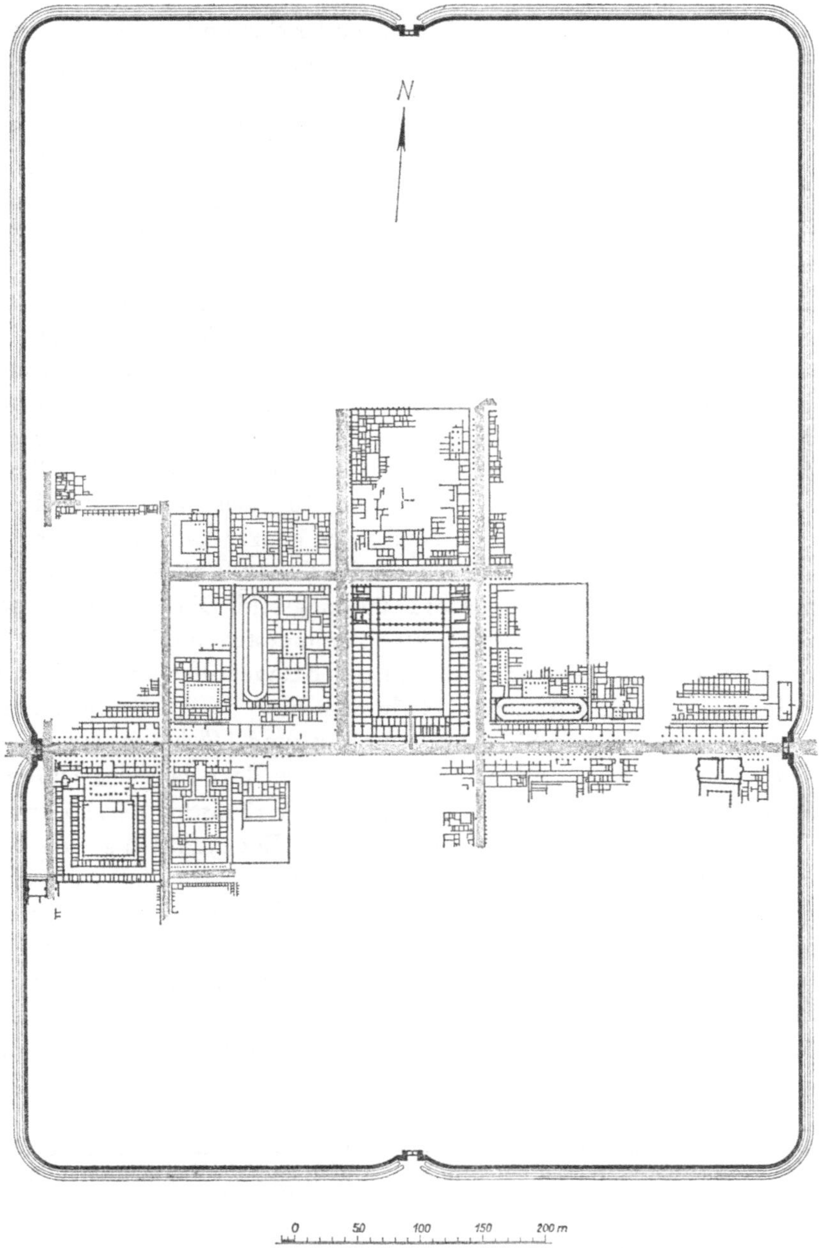

Abb. 10: Die Doppellegionsfestung Vetera I neronischer Zeit (Fürstenberg bei Birten).
1 : 6000

ben. Zu der Geschichte und dem Aussehen aller drei im Rheinland gelegenen Legionsfestungen haben wir nach dem Krieg neue Einsichten gewonnen [45].

In den Legionsfestungen mit dem einheimischen Namen Vetera, die auf dem Fürstenberg bei Birten bis zum Bataveraufstand bestanden haben (Vetera I), wurden seit dem zweiten Weltkrieg keine Grabungen durchgeführt (Taf. 1). Die Zusammenstellung, Neubearbeitung und Kartierung der verstreuten älteren Nachrichten über römische Funde im Xantener und Birtener Raum haben aber auch für Vetera I einige Ergebnisse sowie neue Fragen erbracht [46]. Die Chronologie der Holzerdelager, die bisher angeschnitten wurden, müßte weiter geklärt werden. Das älteste Lager mit Innenbauten aus Stein wurde unter Claudius erbaut. Wir kennen von ihm bisher allerdings nur ein Lazarett und eine weitere Mauer, aber nicht seine Umwehrung. Da dieses erste Steinlager einige Zeit bestanden haben wird, kann das am besten bekannte Steinlager erst in der Spätzeit des Claudius oder unter Nero gebaut worden sein (Abb. 10). Der Baueifer der Truppe, der sich bis Claudius in häufigen Neubauten ganzer Lager auswirkte, fand später in zahlreichen Umbauten sowohl der Gebäude als auch der Umwehrung mitsamt ihren Toren ein neues Betätigungsfeld. Die Festungsmauer der neronischen Doppellegionsfestung war zumindesten im Westen aus luftgetrockneten Ziegeln erbaut. Während des Bataveraufstandes wurde diese Zweilegionenfestung verbrannt. Nach dem Sieg des Q. Petillius Cerialis wurde eine neue Festung für nur eine Legion rund 1½ km weiter ostwärts, das ist näher am Rhein, erbaut (Abb. 11). Der Platz derselben wurde erst 1954 durch Kiesbaggereifunde bekannt. Er lag in römischer Zeit hochwasserfrei. Während des Mittelalters wurde diese Bodenerhebung von einem Rheinarm unterspült, so daß die Festungsruinen in den Fluß stürzten. Sie liegen deshalb jetzt sub primo situ in einer Tiefe bis zu 10 m unter der heutigen Bodenoberfläche in Kies und Sand. Nachdem die ersten Funde durch Kiesbagger ans Tageslicht gebracht worden waren, suchten wir das Ruinenfeld durch Taucher systematisch ab. Da aber die Mauern alle nur in Versturzlage aufgefunden wurden, besteht keine Aussicht, einen Plan der Legionsfestung gewinnen zu können [47]. Bisher kennen wir vom Ruinenfeld

[45] Die Bezeichnung ‚Legionsfestung‘ gebrauchen wir lieber als Legionslager, weil der Ausdruck ‚Lager‘ zu stark den vorübergehenden Charakter der Anlage betont. Am treffendsten wäre die altösterreichische Bezeichnung ‚fortificiertes Casernement‘.

[46] *Verf.*, Vetera 1815 ff.

[47] Erster Bericht *Verf.*, Vetera 1802, 19 ff. und 1827 ff. Ein archäologischer Bericht des Verf. wird in den Bonner Jahrb. erscheinen. *H. Scheller* hat die Frage der Wasserläufe und der Veränderung der Oberflächengestalt der Bislicher Insel geklärt: Bonner Jahrb. 157,

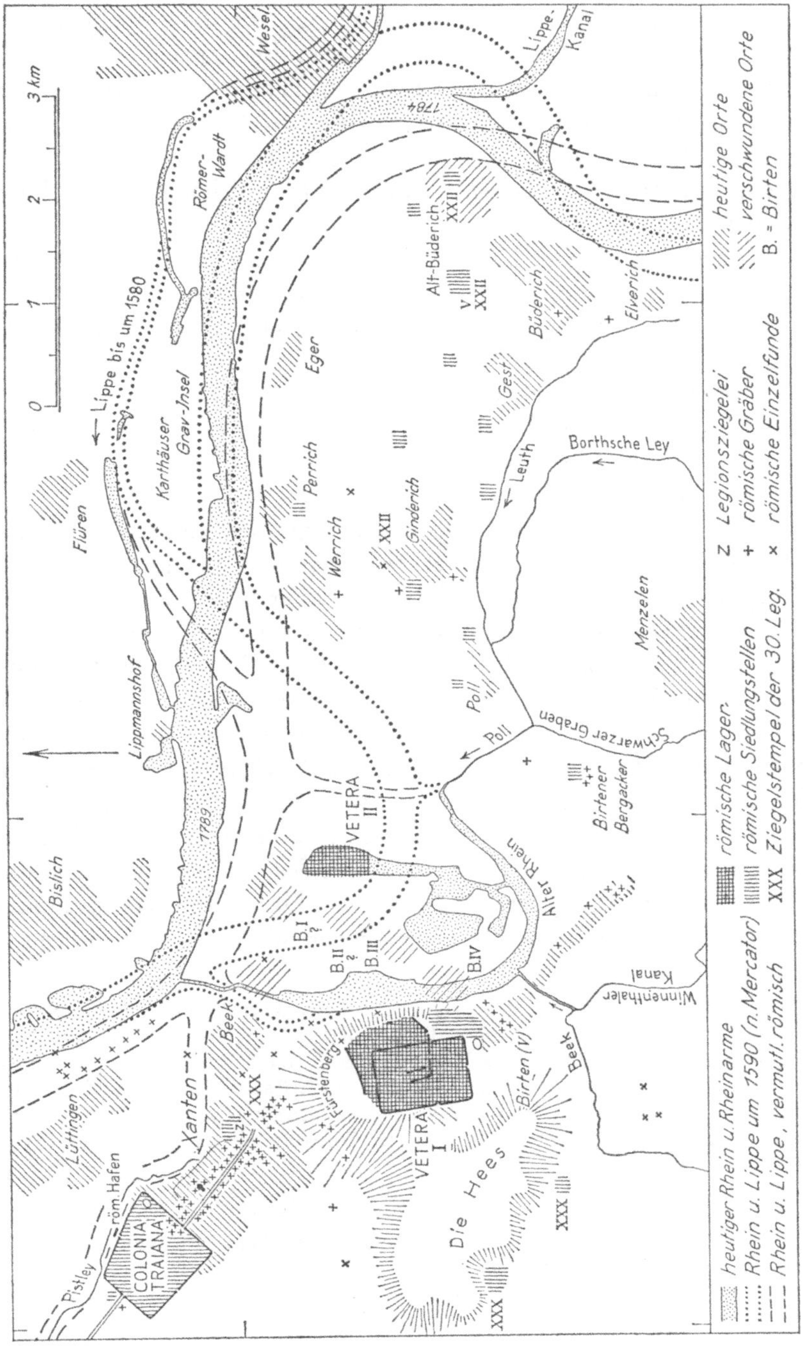

Abb. 11: Das Militärterritorium von Vetera und die Colonia Traiana (bei Xanten und Birten). Der Rhein und seine Arme seit der römischen Zeit. 1:75 000

eine Fläche von etwa 600 × 220 m Ausdehnung. Allerdings stammen nicht alle Ruinen aus römischer Zeit (es dürften auch solche mittelalterlicher Dörfer dabei sein), und nicht alle römischen Ruinen müssen von der Legionsfestung selbst herrühren (sie können auch Reste der Canabae legionis sein). Wiesen schon Estrichbrocken mit reichem Ziegelkleinschlag und die Verwendung von Tuff auf römischen Ursprung hin, so behoben andere Funde jeden Zweifel.

Außer Ziegelstempeln der Legio XXII Primigenia, der Legio VI victrix und der Legio XXX Ulpia victrix wurden drei Platten eines Statuettensockels aus einer Kupferlegierung gefunden, deren vorderste folgende Inschrift trug (Taf. 5)[48]:

genio signif(erorum)
leg(ionis) XXX U(lpiae) v(ictricis)
P(ublius) Aelius Seve-
rinus t(estamento) p(oni) i(ussit).

Ein ähnlicher Sockel aus einer Kupferlegierung, der aber noch die Statuette trägt, wurde in Niederbieber gefunden und befindet sich in der Sammlung des Fürsten zu Wied. Die Inschrift der Vorderseite besagt, daß Angehörige der Truppe das Geniusbildnis für das ‚collegium Victoriensium signiferorum' im Jahre 246 n. Chr. fertigen ließen[49]. Die Platten des Sockels von der Bislicher Insel waren nicht zerkratzt, ebensowenig wie die übrigen dort geborgenen Funde, sie sind also nicht durch das Wasser von weither transportiert worden. Die zahlreichen sonstigen Kleinfunde – ein Kandelaberfuß und ein Wasserspeier (Taf. 5) aus Kupferlegierungen, Keramik, Münzen und anderes – gehören ausnahmslos der Zeit nach dem Bataveraufstand an. Die späteste Münze ist ein Sesterz des Postumus aus der Münzstätte Köln vom Ende des Jahres 260 n. Chr.[50]. Diese Funde erlauben außer anderen, hier nicht angeführten Argumenten den Schluß, daß die Einlegions-

1957, 272 ff. Vgl. auch *Verf.*, Mitt. der Geolog. Ges. Essen 3, 1959 und *F. J. Braun*, Fortschritte in der Geologie von Rheinland und Westfalen 4, 1959, 247 ff., besonders 252. – In den Jahren 1954 und 1955 tauchte Herr W. Flesch vom Rheinischen Landesmuseum Bonn, in den Jahren 1957 und 1958 Herr Dr. med. J. P. Reusch mit seinen Mitarbeitern von der Lebensrettungsgesellschaft Trier. Vielfache Unterstützung verdanken wir dem Grundbesitzer, Herrn G. van Dreveldt, und der Direktion der Wasserschutzpolizei in Duisburg.

[48] *Verf.*, Vetera 1827, 57 ff.

[49] CIL 13, 7754. *E. Espérandieu*, Recueil général des Bas-Reliefs, Statues et Bustes de la Germanie Romaine (Paris 1931) Nr. 1. Werdendes Abendland[4] (Katalog Essen 1956) Nr. 49 und Taf. 7. Ein weiteres Beispiel: CIL 12, 2370.

[50] *Verf.*, Vetera 1829, 42 ff. – Der Wasserspeier: *Verf.*, Gymnasium 64, 1957, 353 f.

festung, die nach 70 n. Chr. angelegt wurde und ebenso wie ihre Vorgängerin den Namen Vetera führte, auf der heutigen Bislicher Insel zwischen dem Rhein und Vetera I lag und daß sich die oben genannte 22., 6. und 30. Legion dort ablösten. Das Ende kann nicht vor 260 n. Chr. gekommen sein. Vielleicht brachte es der Frankensturm von 276 n. Chr.

Die Legionsfestung Novaesium, die C. Koenen in den Jahren 1888–1900 ausgegraben hat, wurde vielleicht von der Legio XX Valeria victrix am

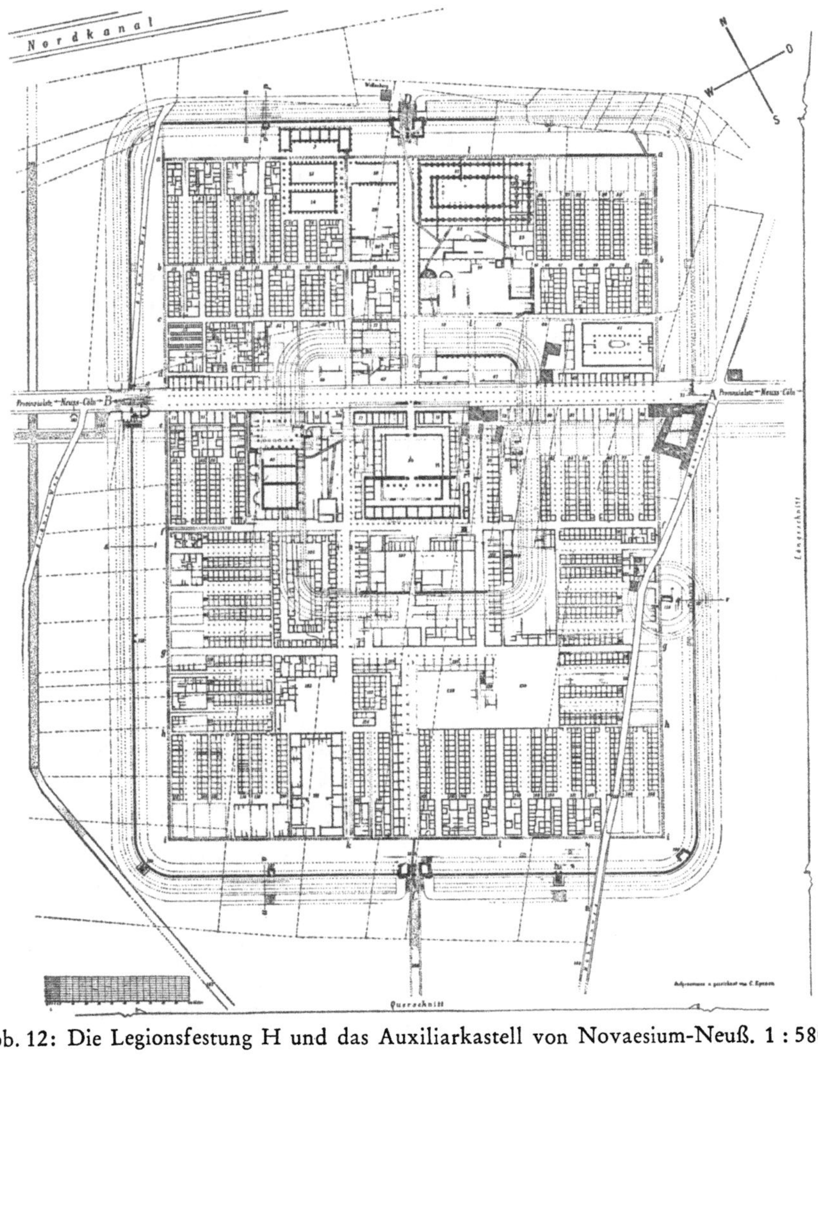

Abb. 12: Die Legionsfestung H und das Auxiliarkastell von Novaesium-Neuß. 1 : 5800

Ende der dreißiger Jahre des 1. Jahrhunderts n. Chr. erbaut (Abb. 12)[51]. Das älteste Lager an diesem Platz war nach Angaben des Ausgräbers ein Holzlager mit einer Holzerde-Umwehrungsmauer[52]. Wann das erste Lager mit Steinbauten errichtet wurde, müßte noch geklärt werden. Erheblichen Zweifeln unterliegt auch noch die Chronologie der Festungsinnenbauten (S. 81 f.).

Das Ende der frühkaiserzeitlichen Legionsfestung setzte man auf Grund von Münzfunden in die Zeit Trajans. Dem widersprechen aber die Ziegelstempel der letzten dort garnisonierten Legion, der Legio VI victrix. Wir meinen Hinweise dafür zu besitzen, daß diese Legion schon zwischen 92 und 96 n. Chr. Novaesium verlassen hat und nach Vetera versetzt wurde[53]. Wie S. 50 gezeigt werden wird, ist es durch unsere Grabungen wahrscheinlich geworden, daß die 6. Legion in Novaesium durch eine Hilfstruppeneinheit abgelöst wurde.

Die ersten systematischen Ausgrabungen in der Legionsfestung Bonna-Bonn begannen im Jahre 1818 auf Veranlassung des Oberpräsidenten der Provinz Jülich-Kleve-Berg, des Grafen von Solms-Laubach, unter der Oberleitung W. Dorows. Weitere systematische Grabungen in den Jahren 1876 bis 1888 hatten ‚die Bloßlegung des Lagers' zum Ziel. Nach dem zweiten Weltkrieg bemühte sich der im Jahre 1954 allzu früh verstorbene Direktor des Rheinischen Landesmuseums Bonn E. Neuffer, unterstützt von P. Wieland, um planmäßige Ausgrabungen in den Principia und in der Westumwehrung. 1954 grub das Landesmuseum das Valetudinarium aus. Im Jahre 1959 wurden größere Flächen in der Praetentura des Lagers untersucht[54].

[51] *H. Nissen, C. Koenen, H. Lehner* und *L. Strack*, Bonner Jahrb. 111/112, 1904. *E. Ritterling*, RE. 12, 1772, 5 ff. ‚Legio'. *Verf.*, Novaesium 15 ff.

[52] *C. Koenen*, Bonner Jahrb. 111/112, 1904, 203 f. und 228 f.

[53] Zu den Münzen *H. Lehner*, Bonner Jahrb. 111/112, 1904, 250 f. Diesen Zeitansatz für das Ende der Legionsfestung Novaesium übernahmen *E. Ritterling*, RE. 12, 1603, 31 ff. ‚Legio' und *Ritterling–Stein*, Beamte und Truppen 105. Wäre dies richtig, dann müßte die Garnison Vetera einige Jahre, vielleicht fast ein Jahrzehnt ohne Legion gewesen sein. Da anderseits nur vier von den Ziegelstempeln der 6. Legion in Novaesium den im Jahr 89 erworbenen Ehrennamen pia fidelis tragen, liegt es nahe anzunehmen, daß die 22. Legion in Vetera unmittelbar von der 6. Legion abgelöst wurde (*Verf.*, Vetera 1826, 43 ff.). Über das numismatische Argument Lehners s. S. 49 f.

[54] Zu den älteren Grabungen: *C. v. Veith*, Das römische Lager in Bonn (Bonner Winckelmannsschrift 1888). *P. Clemen*, Die Kunstdenkmäler der Rheinprovinz 5/3 (Stadt und Kreis Bonn) (Düsseldorf 1905) 334ff. *E. Sadée*, Das römische Bonn (Bonn 1925). *J. Nießen*, Geschichte der Stadt Bonn 1 (Bonn 1955). – Zu den neueren Grabungen s. S. 43 ff. und Anm. 5. Vgl. *Verf.*, Beobachtungen am NL 7 ff.

Der vervollständigte Übersichtsplan der Legionsfestung Bonna, den wir als Tafel 3 vorlegen, entspricht wie so mancher andere Plan antiker Siedlungen oder Festungen insofern nicht der Wirklichkeit, als er Bauten und Bauzustände verschiedener Zeitstufen zeigt, die vermutlich nie gleichzeitig bestanden haben. Er ist nur ein nicht analysierter Ruinenplan. Allerdings fehlt uns meistens die Möglichkeit, die Befunde der älteren Ausgrabungen zu periodisieren und zu datieren. Nur die neueren Grabungen lassen eine historische Analyse und Auswertung zu [55].

Die Legionsfestung hat einen fast genau quadratischen Grundriß mit rund 528 × 524 m Seitenlänge [56]. Die Via principalis verläuft parallel zum Rhein, so daß die Praetentura des Lagers feindseitig liegt. Wie bei kaiserzeitlichen Legionslagern üblich, liegen die Infanteriekasernen wie ein Rahmen um die übrigen Gebäude herum. Sie sind durch das Intervallum vom Vallum getrennt. Am Nordende des Scamnums, in dem die Principia und das Valetudinarium liegen, ist allerdings die Reihe der Kasernen durch andere Bauten unterbrochen [57]. Die Gesamtzahl der Manipelkasernen – im Regelfall 30 – kann beim gegenwärtigen Stand unserer Kenntnisse nicht angegeben werden. Eine Kaserne im Nordwestwinkel der Festung hat 13 contubernia, zwei andere in der Nähe der Porta praetoria haben 11 und 12 contubernia. Während die meisten Kasernen, deren Grundriß gut erkennbar ist, einen einzigen Kopfteil als Unterkunft für die Offiziere der Centurie haben, sind zwei Manipelkasernen südlich der Porta praetoria mit zwei derartigen vergrößerten Wohnteilen versehen [58].

Die Principia liegen an der üblichen Stelle in der Retentura gegenüber der Einmündung der Via praetoria in die Via principalis [59]. Innerhalb der

[55] Der Plan Taf. 3 ist vom Technischen Grabungsleiter am Rhein. Landesmuseum Bonn Herrn P. Wieland auf Grund älterer Pläne, fremder und eigener Aufmessungen gezeichnet worden. Für die neuesten Grabungsflächen im Nordost-Quadranten wurden die Grabungspläne von E. Gersbach benutzt.

[56] Vgl. den ebenfalls annähernd quadratischen Grundriß der Legionsfestungen von Isca Silurum–Caerleon: *A. Fox*, Arch. Cambr. 95, 1940, Abb. 1 gegenüber S. 101, Inchtuthill: *I. A. Richmond* in: Limes-Studien (Basel 1959) 155, und Lauriacum (s. nächste Anmerkung).

[57] Ebenso in den Legionsfestungen Carnuntum und Lauriacum. *E. Swoboda*, Carnuntum ^{3} (Graz–Köln 1958). *E. Nowotny*, Ber. RGK. 15, 1923/24, 157, Abb. 9. Germania Romana 1 ^{2} (Bamberg 1924) Taf. 5, 1. (Carnuntum). – Der letzte Plan der Legionsfestung Lauriacum RLÖ. 15, 1925, Abb. 51. Dazu *R. Noll*, RLÖ. 21, 1958, 48.

[58] Parallelen in Lambaesis: *R. Cagnat*, Les deux camps de la légion IIIe Auguste à Lambèse: Mém. de l'acad. des inscr. et belles-lettres 38/1, 1908, 49 Abb. 3. *Ders.*, L'armée romaine d'Afrique et l'occupation militaire de l'Afrique sous les empereurs ^{2} (Paris 1912) zwischen S. 456 und 457.

[59] *Fellmann*, Principia 127 f., Abb. 52.

zahlreichen Bauperioden des Gebäudes sind drei Hauptbauzustände zu unterscheiden. Im ersten Bauzustand waren die Principia kürzer, als auf Taf. 3 wiedergegeben. Im zweiten Bauzustand wurden die Principia nach Westen erweitert. Dabei entstand das große Sacellum mit dem üblichen Keller. Im dritten Bauzustand wurde der Bau wieder verkürzt, vielleicht wieder bis auf die Rückwand des ersten Bauzustandes. Eine Querhalle (crosshall) kann nur der zweite Bauzustand gehabt haben. Hinter den Principia liegt in fast allen Legionsfestungen ein Gebäude, das nach republikanischer Tradition Quaestorium genannt wird[60]. In Bonna war nur zur Zeit des 1. und 3. Bauzustandes der Principia Platz für ein Quaestorium im Scamnum hinter dem Mittelgebäude. Während des dritten Bauzustandes der Principia lag tatsächlich das Quaestorium an der traditionellen Stelle. Wo das Praetorium, das Wohngebäude des Legionskommandeurs, lag, ist noch nicht klar. Unter den bekannten Gebäuden kommt der Bau im nördlichen Winkel der Via principalis und der Via praetoria in Frage oder das Gebäude südlich der Principia. Die Wohnhäuser der sechs Tribuni militum liegen in fast allen Legionsfestungen in einem geschlossenen Scamnum tribunorum in der Praetentura unmittelbar an der Via principalis[61]. In Bonna sehen aber eher die Bauten im Quaestorium-Scamnum nach Tribunenbauten aus. Diese Gleichsetzung ist jedoch noch fraglich. Sicher festgestellt ist das große Valetudinarium, das um 180 n. Chr. in kleinerem Umfang mit nur einem Rahmen an Räumen – dem inneren – gebaut wurde und, wohl im 3. Jahrhundert, durch einen zweiten Rahmen an Zimmern erweitert wurde[62]. Nördlich des Westteils des Valetudinariums liegt ein Gebäude, das auch in anderen Legionsfestungen in gleicher Form vorkommt[63]. Nach

[60] Sc. tentorium quaestorium. Ps.-Hygin, De mun. castr. 18 v. Dom. Vgl. Polyb. 6, 31, 1. Liv. 10, 32, 8 f. *W. Fischer*, Das römische Lager insbesondere nach Livius (Leipzig–Berlin 1914) 58 f.

[61] So ist es in Inchtuthill (*I. A. Richmond* a. O. [Anm. 56], Novaesium, Vindonissa, Lauriacum (?), Carnuntum und Lambaesis. Vetera bildet eine Ausnahme. Vgl. S. 37.

[62] Die Erbauungszeit ergibt die Hercules-Weihung des Legionslegaten L. Calpurnius Proculus CIL 13, 8009 = Lehner, Steindenkmäler 135 = Dessau 2458. *M. Siebourg* vermutete Bonner Jahrb. 138, 1933, 118, daß der Bonner Lazarettbau und diese Weihung eine Folge der Pest des 7. Jahrzehnts des 2. Jahrhunderts seien (SHA M. Ant. phil. 13). Calpurnius Proculus war wohl um 179 n. Chr. Statthalter der Belgica, vorher in Achaia und davor unter Antoninus Pius Kommandeur der Legio I Minervia in Bonna: *E. Ritterling*, Fasti des römischen Deutschland unter dem Prinzipat (Wien 1932) 94 ff. und 127. *E. Groag*, Die römischen Reichsbeamten von Achaia bis auf Diokletian (Wien–Leipzig 1939) 72 f. *A. Stein*, Die Reichsbeamten von Dazien (Diss. Pann. 1/12 Budapest 1944) 36. PIR 2² (Berlin–Leipzig 1936) C 303.

[63] Ähnliche Bauten kommen noch in Carnuntum und Novaesium vor. *C. Koenen* erklärte das Gebäude (Bau 141) in Novaesium als fabrica: Bonner Jahrb. 111/112, 1904, 184. Mir

Pseudo-Hygin 4 hatte jede Legion im Marschlager ihr Valetudinarium, ihr Veterinarium und ihre Fabrica. Fabricae des zweiten Holz- und des ersten Steinlagers Bonna wurden beiderseits der Via praetoria aufgedeckt. Später scheinen die Handwerker in den Canabae legionis gearbeitet zu haben. Da wir ferner das Valetudinarium der Legionsfestung kennen, fehlt noch – nach Pseudo-Hygin – das Veterinarium. Der Grundriß des hier behandelten Baues ähnelt dem eines Valetudinariums, er hat nur größere Einzelräume und ist im ganzen kleiner als das Lazarett. Wir halten es darum für wahrscheinlich, daß dieser Bau ein Veterinarium, ein Pferdelazarett, war. Südlich der Via praetoria ist der Carcer zu identifizieren[64]. Hart nördlich der Via praetoria wurde eine größere Fläche aufgedeckt. Bei der sorgfältigen Abdeckung der Schichten wurden zuunterst zwei Schichten mit Holzgebäuden, darüber vier Schichten mit Steinbauten freigelegt. In der ältesten Steinbauperiode wurde die Via praetoria zumindest im Norden von großen offenen Hallen begleitet, vor denen Laubengänge lagen. An diese Hallen stieß ein vielräumiger Bau unbekannter Zweckbestimmung an. In einer der offenen Hallen und einem anderen gleichfalls nach einer Seite offenen Raum des erwähnten Gebäudes wurden fünf Schmelzöfen für Eisen- und wohl auch Kupfererze gefunden. An der gleichen Stelle scheinen sich schon in der vorangehenden zweiten Holzbautenperiode Schmelzöfen befunden zu haben. Sicher befanden sich solche südlich der Via praetoria. Leider sind die Schlacken der Öfen noch nicht analysiert. Als Heizmaterial wurde außer Holz auch Steinkohle verwendet (S. 115)[65]. Diese erste Steinbauperiode dürfte der Zeit nach dem Bataveraufstand angehören. Nach 84 n. Chr. wurden die Hallen an der Via praetoria abgerissen. Der vielräumige Bau wurde belassen (Taf. 3). Auf dem freien Platz zwischen ihm und dem Intervallum wurden zwei Pfeilerhorrea gebaut, die außen (ohne Pfeiler) mindestens 28 m lang und 12 m breit waren (Abb. 13 und Taf. 3). Diese Speicher liegen wie in der Koenen-Legionsfestung von Novaesium nahe dem Rheintor der Festung[66]. In der nächsten Periode wurde der vielräumige Bau abgerissen. An seiner Stelle wurde ein dritter Speicher erbaut –

scheint auch das ‚Storehause' von Corstopitum-Corbridge ein Veterinarium gewesen zu sein. Vgl. *Bruce*, Handbook 76 und 231. Man wollte dieses Gebäude bisher als Lagerhaus, als ein Forum nach Art der Anm. 94 behandelten Militärmärkte oder als unfertige Principia erklären. Vgl. *E. Birley*, Arch. Ael. 4. Ser., 37, 1959, 12 ff.

[64] Carceres sind auch in Vetera und Novaesium nachgewiesen.

[65] Vgl. das Werkstattviertel im Holzkastell Hofheim: *E. Ritterling*, Das frührömische Lager bei Hofheim i. T.: Annalen d. Ver. f. nassauische Altertumskunde 40, 1912, 59 ff. Vgl. ferner Anm. 127.

[66] S. S. 92 und Anm. 164, ferner S. 123 und Anm. 209.

die beiden anderen blieben bestehen. In der letzten erkennbaren Steinbauperiode des 3. oder 4. Jahrhunderts wurde westlich der beschriebenen Speicher ein großes Gebäude errichtet, dessen Gesamtgestalt und Ausdehnung noch unbekannt ist. Die absolute Datierung der Bauperioden wird erst durch

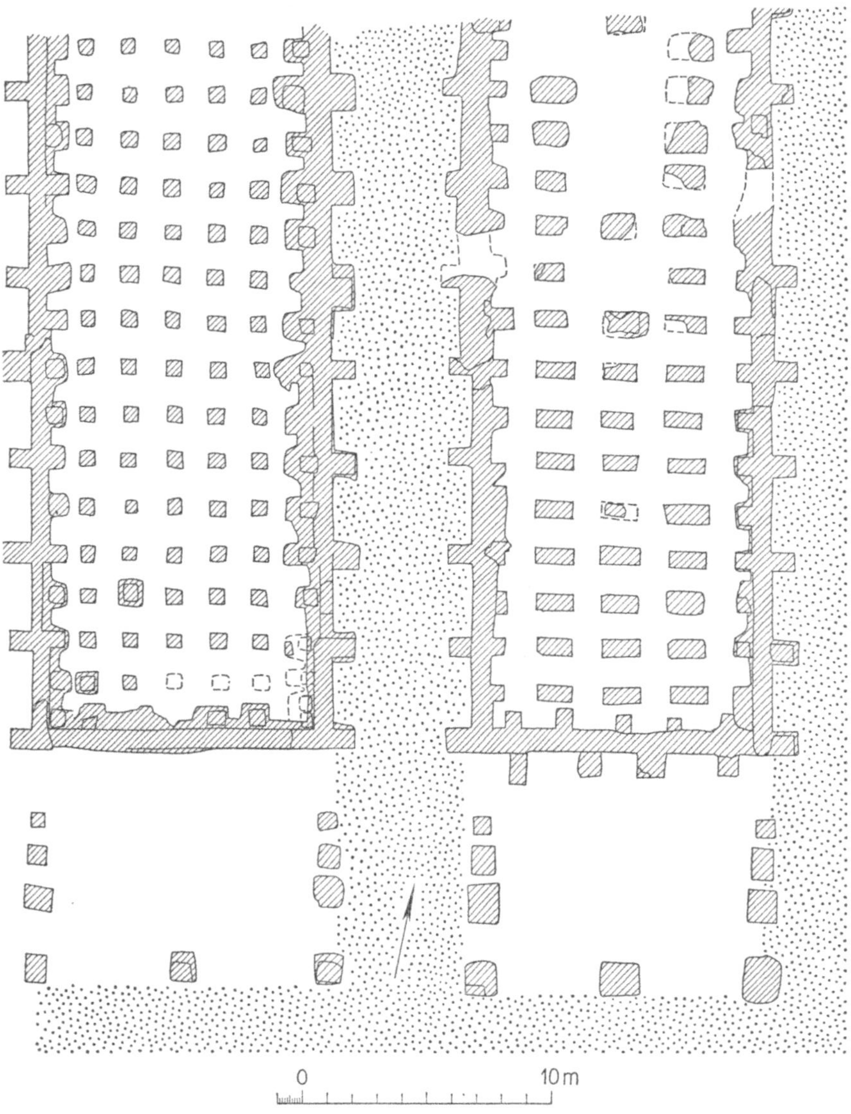

Abb. 13: Pfeilerhorrea in der Legionsfestung Bonna-Bonn. 1:300

die Bearbeitung der Kleinfunde ermittelt werden können. Schließlich seien charakteristische Bauten im nördlichen und westlichen Intervallum erwähnt, die man als ‚Artillerieschuppen' gedeutet hat[67].

Die allgemeine Geschichte der Legionsfestung Bonna wird erst dann klarer sein, wenn die zahlreichen Kleinfunde der neueren Ausgrabungen durchgearbeitet sind. Vorläufig sind wir hauptsächlich auf inschriftliche Zeugnisse angewiesen. Die Legionsfestung dürfte erst zu Ende der dreißiger Jahre oder noch etwas später gegründet worden sein, als die Legio I von Köln hierher verlegt wurde[68]. Auch die Keramik scheint dem nicht zu widersprechen. Eine Bauinschrift aus den Jahren 52–54 n. Chr., die nahe der Westmauer der Festung gefunden ist, wurde von uns auf den Umbau des Lagers in Stein bezogen[69]. Wahrscheinlich ist dies falsch. Die Inschrift könnte die zweite Holzbauperiode datieren. Vermutlich wurde die Legionsfestung erst nach dem Bataveraufstand in Stein erbaut. Eine weitere Bauinschrift bezeugt irgendeinen Umbau unter Maximinus Thrax[70]. Wie S. 81 dargelegt wird, bestand die Legionsfestung bis in die Spätantike.

In den letzten Jahren haben wir uns zum ersten Mal bemüht, auch die Zahl, die Zwischenräume und das Aussehen der Auxiliarkastelle des NL genauer festzustellen (Taf. 2)[71]. Außer den schon vorher im Rheinland bekannten (Köln-Alteburg, Novaesium-Neuß, Gelduba-Krefeld-Gellep, Asciburgium-Moers-Asberg, Burginatium-Altkalkar) und den vermuteten (Durnomagus-Dormagen, Quadriburgium-Qualburg) entdeckten wir neue (Wesseling, weitere in Gelduba-Krefeld-Gellep, Asciburgium-Moers-Asberg und Rheinhausen sowie vermutlich Niel). Die Kastelle vom Süden bis Burginatium liegen am Rande der Niederterrasse, also im allgemeinen hochwasserfrei. Quadriburgium-Qualburg, Rindern und Niel scheinen dagegen Wurtenkastelle zu sein, wie die von A. E. van Giffen und anderen Archäologen untersuchten Kastelle in den Niederlanden[72]. Die Zwischenräume zwischen

[67] *Verf.*, Vetera 1821, 7 ff. In der letzten Zeit wurde ein solcher Bau auch in der Legionsfestung Noviomagus-Nijmegen gefunden, wie mir H. Brunsting freundlicherweise mitteilt.

[68] *E. Ritterling*, RE. 12, 1378, 16 ff. ‚Legio'. *Ritterling-Stein*, Beamte und Truppen 92 f.

[69] *Verf.*, Germania 21, 1937, 233 ff. *Nesselhauf*, Nr. 213.

[70] *H. Lehner*, Bonner Jahrb. 135, 1930, 5 f. Nr. 2. Fehlt bei *Nesselhauf*.

[71] *Verf.*, Beobachtungen am NL. 7 ff. *Ders.*, Novaesium 31, Abb. 10. *Ders.* in: Neue Ausgr. 292, Abb. 3. *Ders.* in: Limes-Studien (Basel 1959) 88 ff.

[72] Zu den niederländischen Kastellen vgl. *J. E. Bogaers* in: Honderd eeuwen Nederland (= Antiquity and Survival 2, Nr. 5–6, s'Gravenhage 1959) 145 ff. (mit Literatur). – Zu Rindern (Harenatium?) vgl. *Verf.*, Beobachtungen am NL. 11. In Niel wurden bei unsachgemäßen Grabungen Kieselfundamente gefunden, aber nicht erkannt. Ein Ziegel-

den Kastellen einschließlich der Legionsfestungen sind aus geographischen Gründen nicht gleichmäßig. Soviel wir bisher archäologisch und aus den Angaben der Itinerare ermitteln konnten, lagen die Festungen 5–9 Leugen auseinander, das sind 11–20 km.

Die vollständige Innenbebauung von Auxiliarkastellen kennen wir nur durch englische Ausgrabungen [73]. In Deutschland sind die Auxiliarkastelle Hofheim, Wiesbaden und Niederbieber am vollständigsten ausgegraben. Die Untersuchung ganzer Festungen klärt verschiedene Fragen, die durch kleinere Ausgrabungen nicht erhellt werden können. Vorläufig kennen wir die Entstehung des Auxiliarkastelltypus noch gar nicht, aber auch von seiner baugeschichtlichen und festungsbaukundlichen Entwicklung wissen wir noch zu wenig. Nur die Ausgrabung früher Auxiliarkastelle könnte die Frage klären, ob diese gleichsam eine Verkleinerung des Typus der Legionsfestungen waren, wofür manches spricht, oder ob sie eine Art Abspaltung oder Verselbständigung kombinierter Legions- und Auxiliarlager waren, wie sie für die Marschlager kennzeichnend sind, die Polybios und Pseudo-Hygin beschreiben. Für diese Fragen erhoffen wir von den Ausgrabungen in Asciburgium einige Aufklärung. Das Studium der Innenbebauung von Hilfstruppenfestungen ist aber auch für die Kenntnis der Stärke und Zusammensetzung der verschiedenen Gattungen von Auxilia notwendig. Es bestehen ja noch immer Zweifel an der genauen Sollstärke der zwei Gattungen von Kavallerieabteilungen (der Ala milliaria und quingenaria), der vier Gattungen von Infanteriebataillonen (Cohors milliaria und quingenaria sowie die entsprechenden Cohortes equitatae) und der verschiedenen Gattungen von Numeri [74].

Wir berichten über unsere Untersuchungen in rheinländischen Auxiliarkastellen von Süden nach Norden. Aus dem Bonner Kastell augustischer Zeit (S. 34 f.) entstanden nacheinander zwei weitere Hilfstruppenfestungen, deren ältere eine Holzerdemauer von 4 bis 4,5 m Dicke hatte, während die

stempel nennt die Legio I Minervia Antoniniana: *M. Friedenthal*, Bonner Jahrb. 159, 1959 (in Vorbereitung): Fundbericht Niel.

[73] Z. B. Borcovicium – Housesteads, Fendoch, Newstead, Birrens, Gellygaer. Das zu drei Vierteln ausgegrabene Auxiliarkastell Valkenburg (Zuid Holland) (s. Anm. 72) vertritt einen Sondertyp.

[74] Noch immer wichtig: *G. L. Cheesman*, The Auxilia of the Roman Imperial Army (Oxford 1914). Hier auch Diskussion der Inschrift aus Koptos CIL 3, 6627 = Dessau 2483, aus der *A. v. Domaszewski* die Stärke der einzelnen Gattungen von auxilia erschlossen hat: *A. v. D.*, Die Anlage der Limeskastelle (Heidelberg 1908) 6. *R. Marichal*, L'occupation Romaine de la basse Égypte (Paris 1945) 64 ff. (Hinweis H.-G. Pflaum.) Über Numeri-Stärken wissen wir so gut wie nichts. *H. T. Rowell*, RE. 17, 1337 ff. ‚Numerus'.

jüngere von einer 1 m dicken Steinmauer geschützt war. Die Gräben beider Kastelle müssen etwa 8 m breit gewesen sein. Das dritte Kastell wurde nicht vor dem Ende des 1. Jahrhunderts gebaut und hat bis in das 3. Jahrhundert bestanden[75]. – Etwa 10,5 km nördlich der Legionsfestung Bonna entdeckten wir im Jahre 1953 auf dem Gelände der Union-Kraftstoff-AG. in Wesseling einen römischen Lagergraben auf etwa 200 m Länge. Im folgenden Jahr wurde etwa 200 m nördlich die Umwehrung eines zweiten Lagers – Holzerdemauer und Doppelgraben – beobachtet. Leider lassen die wenigen Gefäßscherben keine genauere Datierung zu[76]. – Das Kastell Durnomagus-Dormagen haben wir bei Kanalisierungsarbeiten in der Hauptstraße vom südlichen Ortsausgang bis zur Pfarrkirche vergeblich gesucht[77]. – Auf indirektem Wege fanden wir Neues zur Datierung des Auxiliarkastells Novaesium (Abb. 12 und 14). Festgestellt wurde es schon von C. Koenen. H. Lehner datierte es aus numismatischen Gründen in die Zeit von 253 bis

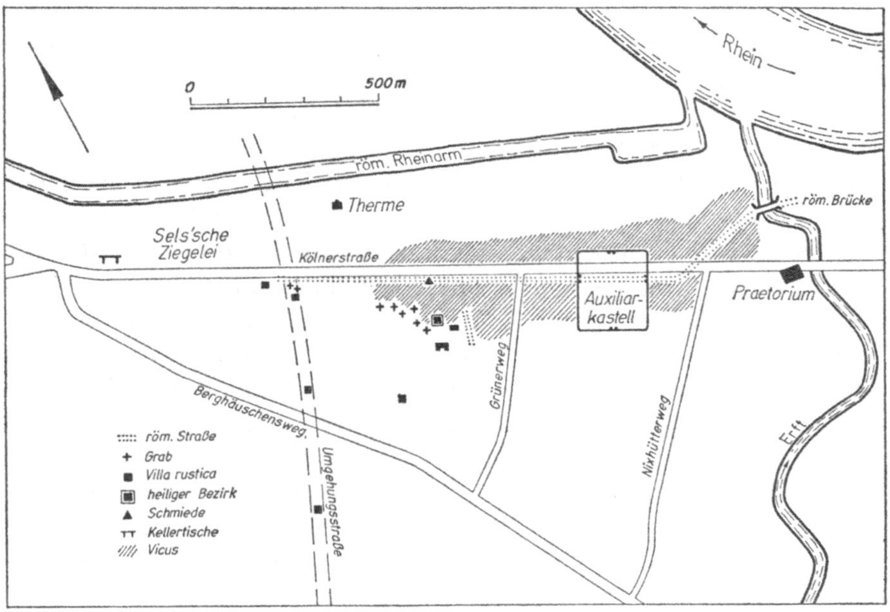

Abb. 14: Der Auxiliarvicus von Novaesium-Neuß und seine Umgebung. 1:20 000

75 *Verf.*, Beobachtungen am NL. 9.
76 Wie Anm. 75.
77 Wie Anm. 75.

270 n. Chr.[78]. Nach dem Kriege fanden wir nun die Festungsvorstadt dieses Auxiliarlagers. Sie lag beiderseits der westlichen Verlängerung der Via principalis (S. 58 f.) und ist rund auf das 2. und 3. Jahrhundert zu datieren. Daraus ergibt sich, daß das Kastell die zwischen 92 und 96 n. Chr. aufgegebene Legionsfestung (S. 42) unmittelbar ablöste. Die Häufigkeit von Münzen, die aus den Regierungsjahren des Gallienus bis zur Zeit des Claudius Gothicus und seines Bruders Quintillus stammen, erklären wir daraus, daß sich unter den Münzen aus der Grabung Koenens, deren Fundstellen nicht einzeln festgelegt wurden, ein verstreuter Schatzfund befand, der in der Zeit der Frankeneinfälle verborgen wurde, oder eine Truppenkasse. Durch unsere Neudatierung des Auxiliarkastells Novaesium ist auch die Schwierigkeit beseitigt, daß der Zwischenraum zwischen den beiden Nachbarkastellen Durnomagus und Gelduba im Vergleich zu sonstigen Kastellabständen in Niedergermanien zu groß wäre, wenn in Novaesium kein Kastell während des 2. und 3. Jahrhunderts bestanden hätte[79].

Vom Auxiliarkastell Gelduba scheinen mindestens 10 aufeinanderfolgende Lagerbauten festgestellt worden zu sein (Abb. 15). Während die Lager des frühen und mittleren 1. Jahrhunderts ihren Platz mehrfach wechselten, blieb das Kastell, das nach dem Bataveraufstand gebaut wurde, auf dem gleichen Platz. Hier am Südostrand des Dorfes Gellep, das ein Ortsteil von Krefeld ist, wurden bei unseren Ausgrabungen nach dem Kriege sechs bis sieben Bauperioden einer Auxiliarfestung festgestellt, die von etwa 70 n. Chr. bis an das Ende der römischen Epoche reichen. Da wir vordringlich ein Gelände untersuchen mußten, das von Kiesabbau bedroht war, hatten wir noch nicht die Zeit, die Umwehrungen der Kastelle zu suchen. Wir kennen darum nur einige Mittelgebäude und Kasernen verschiedener Perioden, ohne daß wir die Gesamtgliederung des Kastellinneren erkennen könnten (Abb. 16)[80]. – Von der Hilfstruppenfestung Asciburgium (Moers-Asberg und Rheinhausen) meinte man seit H. Boschheidgens Grabungen des Jahres 1898 wenigstens die Umwehrung zu kennen. Die archäologischen Untersuchungen nach dem 2. Weltkriege haben aber ergeben, daß Boschheidgen verschiedene nicht zusammengehörige Befunde zu rasch kombiniert hat. Immerhin hat er den

[78] *C. Koenen,* Bonner Jahrb. 111/112, 1904, 239 ff. *H. Lehner,* ebenda 251 f.

[79] Als Vergleich können drei Schatzfunde aus dem Kastell Niederbieber dienen: *E. Ritterling,* Bonner Jahrb. 107, 1901, 95 ff. und 120, 1911, 276 (Hinweis W. Hagen). Ferner Münzschatzfunde aus Kastellen der Hadriansmauer in Britannien: *Bruce,* Handbook 59 ff.

[80] S. S. 13 und Anm. 75. Über die Auxilia, die in Gelduba lagen, Verf., Bonner Jahrb. 154, 1954, 137 ff.

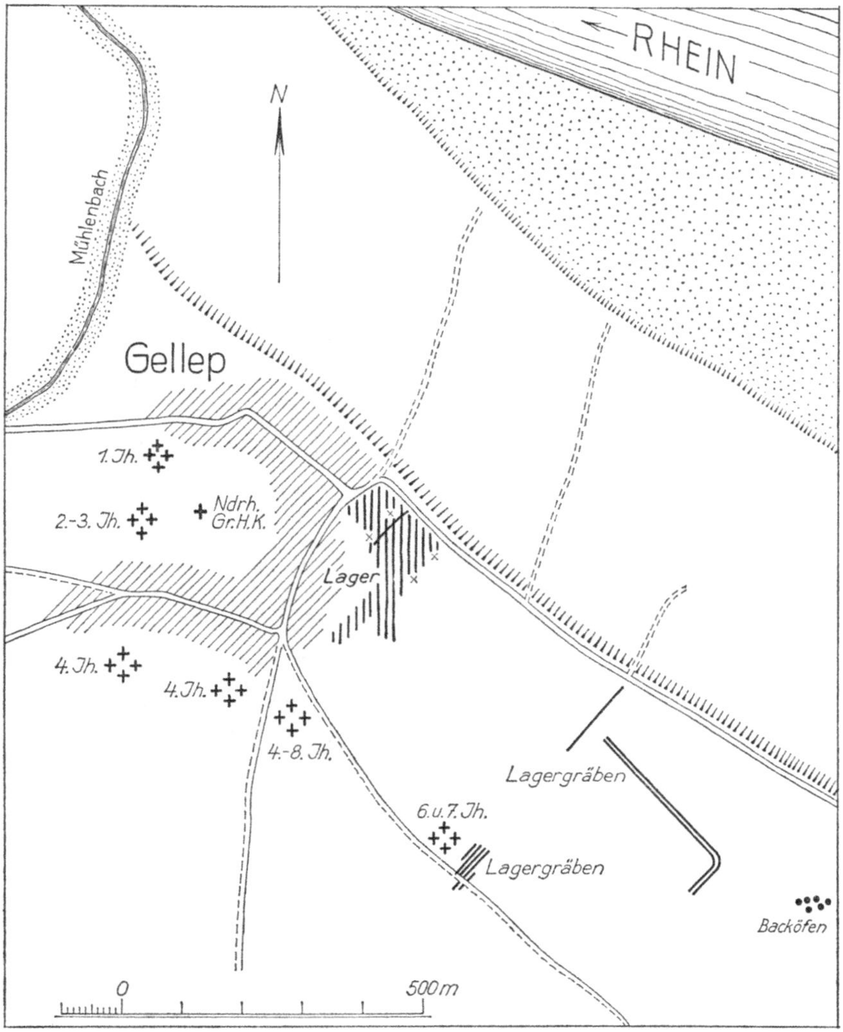

Abb. 15: Auxiliarkastelle und Gräber von Gelduba (Krefeld-Gellep). 1: 12 500

richtigen Platz erkannt. Durch unsere neuen Ausgrabungen steht nunmehr fest, daß auf das augustische Lager nahe dem Rande der Niederterrasse (S. 47) ein weiteres aus tiberischer Zeit folgte. Seine Bauten waren anders orientiert als die des Vorgängers. In klaudischer Zeit wurde wieder ein neues Lager gebaut. Die Auxiliarfestung der mittleren Kaiserzeit scheint weiter westlich gelegen zu haben. Eine steinerne Umwehrung eines der Ka-

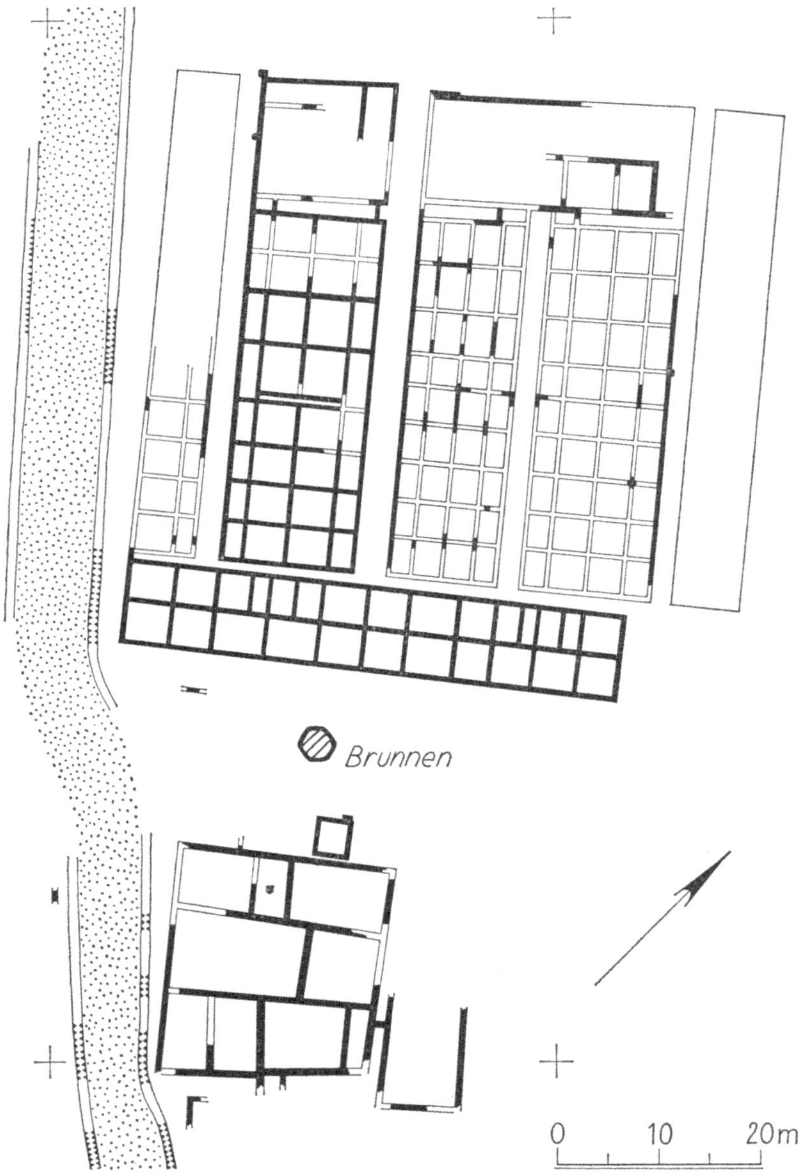

Abb. 16: Ausschnitt aus einer mittelkaiserzeitlichen Bauperiode des Auxiliarkastells Gel

stelle wurde, wie es scheint, bereits angeschnitten[81]. – In der Hilfstruppenfestung Burginatium-Altkalkar (Abb. 20) wurden zwar keine Grabungen ausgeführt, es wurden aber die dort geborgenen Kleinfunde durchgearbeitet. Dabei fanden wir Stücke, die zur Ausrüstung von Pferden gehörten. Das bestätigt die bisher nur aus Inschriften bekannte Tatsache, daß in Burginatium Kavallerie lag[82].

Leider kennen wir die Größe eines rheinländischen Auxiliarkastells noch immer nur von Novaesium. Dieses mißt 2,9 ha im Lichten. Aus diesem Flächenmaß kann man allerdings nicht mit Sicherheit auf die Stärke und Art der Garnison schließen. Offenbar bestehen beträchtliche Unterschiede zwischen den Größen britannischer und obergermanischer oder rätischer Kastelle. Wir kennen also noch keine reichseinheitlichen Kastellgrößen für die verschiedenen Gattungen von Auxilia[83]. Aus diesem Grunde können wir auch noch nicht vermuten, welche Kastelle Numeri aufnahmen. Dies genauer zu wissen, wäre nicht uninteressant, weil für Niedergermanien auffallend wenig Numeri im Vergleich zu Obergermanien bezeugt sind[84].

Zwischen den genannten größeren Festungen des NL lagen Kleinkastelle. Von solchen wurden bisher zwei bekannt, eines auf dem Reckberg ostsüdostwärts des Auxiliarkastells Novaesium und ein zweites in Rheinhausen, Ortsteil Werthausen. Beide sind etwa gleich groß (Reckberg im Lichten etwa 33 × 34 m, Werthausen etwa 38 × 44 m). Sie nahmen nur kleine Wachkommandos auf. Mit ihnen sind Kleinkastelle am ORL und an der Hadriansmauer zu vergleichen. Im Kleinkastell Werthausen fand F. Oelmann schon im Jahre 1924 Pfostenlöcher einer Holzbaracke, die offenbar parallel

[81] *H. Boschheidgen*, Bonner Jahrb. 104, 1899, 136 ff. Weitere Literatur, in der die Angaben Boschheidgens übernommen wurden, *Verf.* Beobachtungen am NL. 10. Zu den neuen Grabungen s. Anm. 6.

[82] Zu Ende des 1. Jahrhunderts stand die Ala Noricorum in Burginatium (*Ritterling-Stein*, Beamte und Truppen 144 f.). Auch zu Beginn des 3. Jahrhunderts ist eine Ala bezeugt durch das Itin. Anton. 256,2. Zur Datierung des Itinerars in das frühe 3. Jahrhundert vgl. *W. Kubitschek*, RE. 9, 2336 ff. ‚Itinerarien'. *D. van Berchem*, Mém. de la Soc. des Antiquaires de France 8. Ser., 10, 1937, 166 ff. – Die Kenntnis der Funde von Burginatium, auf Grund deren Abb. 20 gezeichnet wurde, verdanken wir Herrn Pfarrer G. Alsters.

[83] *E. Fabricius* RE 13, 578 'Limes'. Man vergleiche auch *A. Oxé*, Bonner Jahrb. 146, 1941, 107 ff. mit *V. E. Nash-Williams*, The Roman Frontier in Wales (Cardiff 1954) 113.

[84] Sieht man von den Divitienses und Ursarienses ab, die erst dem 3. Jahrhundert anzugehören scheinen, dann sind nur eine vexillatio Brittonum und ein numerus Batavorum für Niedergermanien bezeugt (*Ritterling-Stein*, Beamte und Truppen 258 und 262). Es ist allerdings zu berücksichtigen, daß nur verhältnismäßig wenige Militärinschriften aus der Germania inferior erhalten sind.

zu der einzigen in Feindrichtung verlaufenden Straße lag[85]. – Über die Türme am NL ist sehr wenig bekannt. Bisher haben wir im Rheinland nur von einem einzigen Turm nahe dem Reckbergkastell Nachricht[86].

Das ganze System militärischer Anlagen ist durch die Limesstraße verbunden. Ihr genauer Verlauf und die Zeit ihrer Anlage müßten trotz dem Buch von J. Hagen über die Römerstraßen der Rheinprovinz noch eingehend untersucht werden[87]. Die wichtigste Feststellung, die sich nach dem Krieg aus mehreren Einzelbeobachtungen ergab, besteht darin, daß die niedergermanische Limesstraße immer den Windungen des damaligen Niederterrassenrandes folgte, nicht etwa die Flußschlingen abschnitt. Daraus ergibt sich, daß diese Straße zu militärischen Zwecken gebaut war, nämlich um als Spähtruppweg zur Überwachung des Rheinstroms zu dienen[88]. Es steht bisher noch nicht fest, wann die Limesstraße im Bereich des unteren Heeres gebaut wurde. Da der NL vor der Anlage des OL bloß die Fortsetzung eines großen Rheinlimes war, der auch im Bereich des oberen Heeres lag, könnte man die ältesten Meilensteine von Confluentes-Koblenz als Zeugnis auch für den unteren Abschnitt der Limesstraße nutzen. Danach hat Claudius I. die Limesstraße bei Confluentes-Koblenz gebaut oder erneuert[89]. Da aber selbstverständlich schon vor Claudius eine Verbindungsstraße zwischen den militärischen Anlagen des gesamten Rheinlimes bestanden haben muß, wird man höchstens fragen dürfen, ob die klaudischen Meilensteine von Confluentes nicht nur aus Anlaß des Baues einer Straße mit Steinunterbau und fester Decke gesetzt wurden.

Dem NL wurde bis zu den Frankeneinfällen, um die Mitte des 3. Jahrhunderts, nur einmal, nämlich im Bataveraufstand der Jahre 69 und 70, militärischer Schaden zugefügt. Rund 200 Jahre erfüllte er unbeeinträchtigt seine Schutzaufgabe. Zerstörungsspuren des Bataveraufstandes wurden in Vetera, in der Vorgängersiedlung der Colonia Traiana bei Xanten, in Novaesium

[85] *Verf.*, Beobachtungen am NL. 9 f. Zu Kleinkastellen am ORL.: *W. Schleiermacher*, Der römische Limes in Deutschland (Berlin 1959) 41. Zu den Milecastles der Hadriansmauer: *Bruce*, Handbook 21 ff.

[86] *Verf.*, Beobachtungen am NL. 9.

[87] *Hagen*, Römerstraßen.

[88] Es ist bezeichnend, daß alle bekannten Abweichungen der Limesstraße von der heutigen Bundesstraße 9 ostwärts (rheinseitig) liegen. So ist es bei Köln–Langel, bei Uedesheim, Drüpt, Veen und Kehrum. Lange Strecken der Limesstraße am Niederrhein hat J. Hagen im Anschluß an F. W. und E. Schmidt auf seiner Römerstraßenkarte zu weit westlich eingetragen. Besonders gilt dies für die Strecke über Millingen nach Drüpt und Marienbaum–Altkalkar. Auf unserer Abb. 23 und Taf. 4 sind die römischen Straßen unverändert nach Hagen eingezeichnet.

[89] CIL 13, 9143 und 9145 = Dessau 5830.

und in Bonna festgestellt. Die Veränderungen in der Festungsbaukunst und in der Militärarchitektur haben verschiedene Ursachen. Teils berücksichtigen sie militärische Erfahrungen in anderen Provinzen, teils den zunehmenden Anspruch auf Bequemlichkeit der Truppe. Bisher sind aber gut datierte Befunde von militärischen Anlagen in allen Grenzprovinzen des römischen Reiches allzu selten, als daß wir uns ein Bild dieser Entwicklung im großen oder auch nur in den einzelnen Provinzen machen könnten. Es ist auch noch nicht entschieden, wann die reine Holzbauweise der Truppenfestungen und -unterkünfte in Niedergermanien von einer Steinbauweise abgelöst wurde. Epigraphische Zeugnisse und archäologische Beobachtungen scheinen auf die Zeit des Claudius I. hinzuweisen. Eine Reihe von Legionsfestungen, auch solchen des unteren Heeres, scheint damals Steinbauten erhalten zu haben[90]. Die Auxiliarfestungen mögen – nach unseren Grabungen in Gelduba und nach niederländischen Erfahrungen – erst zu Beginn des 2. Jahrhunderts Stein als Baumaterial verwendet haben. Die Festungsmauern waren zuerst Holzerdemauern. Das neronische Vetera erhielt eine Wehrmauer aus luftgetrockneten Ziegeln. Später, vielleicht erst im 2. Jahrhundert, treten vollmassive steinerne Festungsmauern auf, neben denen auch Steinerdemauern vorkommen (Vindonissa).

Untersuchungen in einem weiteren Umkreis der Truppenlager erbrachten uns neue Gesichtspunkte für die Gebietsgliederung und die Siedlungs- und Wirtschaftsgeschichte der Grenzprovinzen des römischen Reiches. Sowohl an Legionsfestungen wie an Festungen der Auxilia schlossen Vorstädte an, im ersten Fall Canabae legionis, im zweiten Vicus genannt[91]. Durch die Nachkriegsgrabungen beim obergermanischen Auxiliarkastell Butzbach (in der Wetterau) und in den Canabae legionis von Novaesium sind ältere Vorstellungen berichtigt worden. Seit F. Oelmann hielt man diese Festungsvor-

[90] *Verf.*, Vetera 1817 f. Bonna scheint nicht hierher zu gehören: s. S. 47.

[91] Zu den Canabae legionis: *A. Schulten*, RE. 3, 1451 ff. 'Canabae'. *D. Vaglieri*, Dizionario epigrafico 2, 59 ff. 'Canaba'. O. *Bohn*, Germania 10, 1926, 25 ff. *Mócsy*, Territorium legionis 179 ff. *L. Barkóczy*, Acta Archaeologica Acad. Scient. Hungaricae 3, 1953, 201 ff. *Verf.*, Vetera 1822 ff., 1829 f. *Verf.*, Novaesium 21 ff. Zu den Vici bei Auxiliarfestungen: *H. Schönberger*, Saalburg-Jahrb. 10, 1951, 55 ff. *Ders.*, ebenda 17, 1958, 96 ff. *W. Jorns*, Germania 33, 1955, 120 ff. *Ders.*, Saalburg-Jahrb. 14, 1955, 12 ff. *Birley*, Roman Army 69 ff. *Salway*, Civilians 227 ff. Mócsy, Territorium legionis 186. – Man sollte den Ausdruck Canabae nicht allein statt Canabae legionis verwenden, weil er isoliert einfach Barackensiedlung bedeutet. In diesem Sinn ist er für Lugudunum (CIL 13, 1954 [= Dessau 7030], 2016, 11179) und Ephesos (Österr. Jahresh. 24, 1928 Bbl. 32) bezeugt, und so ist auch der Vicus canabarum Straßburg-Königshofen zu verstehen, der die Zivilsiedlung und nicht die Festungsvorstadt von Argentorate war (CIL 13, 5967 = Dessau 7074). Das sah schon O. *Bohn* richtig: Germania 10, 1926, 30 f.

städte für Straßensiedlungen und leitete ihren Haustypus von Marktbuden ab. Man verglich sie mit Kaufmannssiedlungen des frühen Mittelalters[92]. Wir wissen jetzt aber, daß die Festungsvorstädte recht ausgedehnt sein und sogar als Oval die Festung von allen Seiten einschließen können. Sie waren durch die Ausfallstraßen der Lager, durch Fernstraßen, aber auch durch eigene, rechtwinklig aufeinanderstehende Straßen gegliedert. Ihre Häuser waren Langrechteckbauten, die gelegentlich bis zu 60 m lang waren. Im vorderen Teil, der gegen die Straße zu eine kleine Laube haben konnte, war der Wohnteil, der meistens unterkellert war. Der rückwärtige Teil war der Wirtschaftsteil. Dieser Haustypus weicht vom griechischen Peristylhaus wie vom etruskisch-römischen Atriumhaus völlig ab. Es ist eine bloße Vermutung von uns, wenn wir ihn genauso wie die Unterkünfte des römischen Lagers von den aneinandergereihten, leicht beweglichen Zelten der zivilen Truppenversorgung ableiten.

In Neuß suchen wir einen ersten Anhalt zur Beantwortung der Frage, seit wann es ortsfeste Festungsvorstädte aus Holzfachwerkhäusern gab, die im 2. Jahrhundert durch Fachwerkhäuser auf Steinsockeln abgelöst wurden. Die augustischen Truppen scheinen ihre Versorgungseinheiten noch ins Lager selbst aufgenommen zu haben. Den feuergefährlichen Betrieben der Schmiede, Ziegler und Töpfer wies man ein eigenes Viertel am Rande des Lagers in der Nähe von Nutzwasser an (Neuss, Bonn, Hofheim) (Abb. 17 und 18). Canabae legionis scheint es, wie S. 71 gezeigt werden wird, erst seit etwa klaudisch-neronischer Zeit gegeben zu haben. In ihnen arbeiteten die verschiedenen Rüstungsgewerbe, die vorher ihre Werkstätten innerhalb der Lager hatten[93]. Außerdem wohnten Händler aller Art in den Festungsvorstädten: solche, die an der Versorgung der Truppe mitwirkten, aber auch andere, die unter der Aufsicht der Garnison den Fernhandel mit den reichsunabhängigen Germanen betrieben. Deshalb kennen wir bei den Legionslagern von Carnuntum, Vindonissa und Aquincum eigene Forums-

[92] *F. Oelmann,* Bonner Jahrb. 128, 1923, 77 ff.

[93] Das auf Abb. 17 dargestellte Gewerbeviertel gehört wohl zu einem der frühen Lager von Novaesium, wahrscheinlich nicht zu den Canabae legionis. Diese Frage muß aber noch geklärt werden. Die feuergefährlichen Betriebe waren in die Nähe eines heute verlandeten Altwasserarmes angelegt, der in römischer Zeit Wasser geführt haben kann. Zu den Werkstätten innerhalb der Legionsfestung Bonna s. S. 45. Werkstätten außerhalb von Legionsfestungen: *Verf.* Vetera 1823. – Zum Werkstattviertel im Erdkastell Hofheim Anm. 65. – Handwerkerviertel in Auxiliarvici z. B. beim Kastell Pfünz: *F. Winkelmann,* Eichstätt (Frankfurt/M. 1926) 40 und beim Stanwix Fort an der Hadriansmauer: *Bruce,* Handbook 207 ff. – Zur Gestalt von Auxiliarvici richtig: *Birley,* Roman Army 78 f.

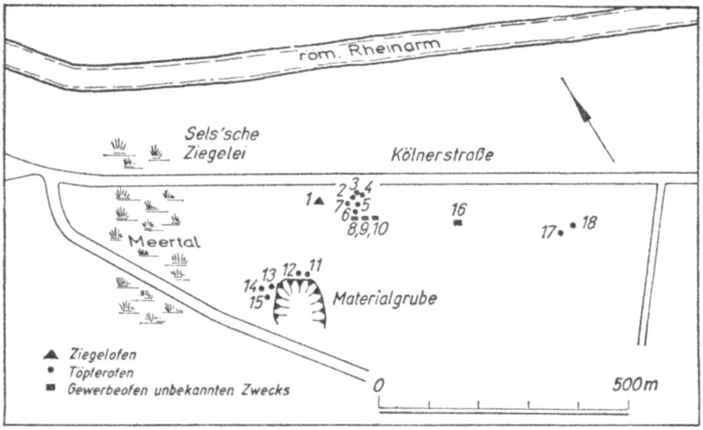

Abb. 17: Gewerbliche Anlagen der augustisch-tiberischen Lager von Novaesium-Neuß. 1:15 000

gebäude in den Canabae legionis[94]. Leute aller Art boten hier der Truppe ihre Dienste an, sie wohnten da mit ihrer Familie. So fanden die Soldaten in den Festungsvorstädten auch Frauen, die später oft ihre rechtmäßigen Ehefrauen wurden. Man sollte aber das Milieu von „Wallensteins Lager“ nicht unbesehen auf diese römischen Siedlungen übertragen[95].

Zu den Festungsvorstädten gehörte ein Bad für die Truppe wie für die Zivilisten. In Neuß ist eines von rund 50 m Länge gefunden worden (Abb. 14). In einem Amphitheater fanden Soldaten und Bewohner der Canabae Unterhaltung. Natürlich gehörten auch verschiedenartige Heiligtümer zum Lebenskreis eines Truppenlagers. Ein solcher Heiliger Bezirk ist im Auxiliarvicus von Novaesium gefunden worden (s. S. 127). In ihm wurden Iuppiter optimus maximus, die einheimischen Matronen und die kleinasiatische Große Göttermutter verehrt. Am Rande der Festungsvorstadt wurden die Toten der Garnison und der Canabae gemeinsam bestattet.

[94] *F. Drexel*, Anz. Schw. Alt. N. F. 23, 1921, 31. *R. Laur-Belart*, Vindonissa (Berlin–Leipzig 1935) 74 ff. *Egger*, Territorium pannonischer Festungen 222 ff. *J. Szilágyi*, Aquincum (Budapest–Berlin 1956) 27. Zum Versuch, ein Gebäude von Corstopitum – Corbridge ebenso zu erklären ('Site XI'): *E. Birley*, Arch. Ael. 4. Ser., 37, 1959, 12 ff. und unsere Anm. 63. – Zu Märkten an Kastellen: *W. Schleiermacher*, Germania 32, 1954, 326 ff.

[95] Man beachte, daß sich die Verkaufsräume für die Soldaten innerhalb der Festungen befanden (*Verf.*, Vetera 1821, 2 ff.). Überdies haben die Canabae der Festungsvorstädte andere Grundrisse als die zahlreichen uns bekannten römischen Restaurants und Wirtschaften. Man vergleiche die Grundrisse bei *G. Girri*, La taberna nel quadro urbanistico e sociale di Ostia (Rom 1956) und *T. Kleberg*, Hôtels, restaurants et cabarets dans l'antiquité romaine (Uppsala 1957).

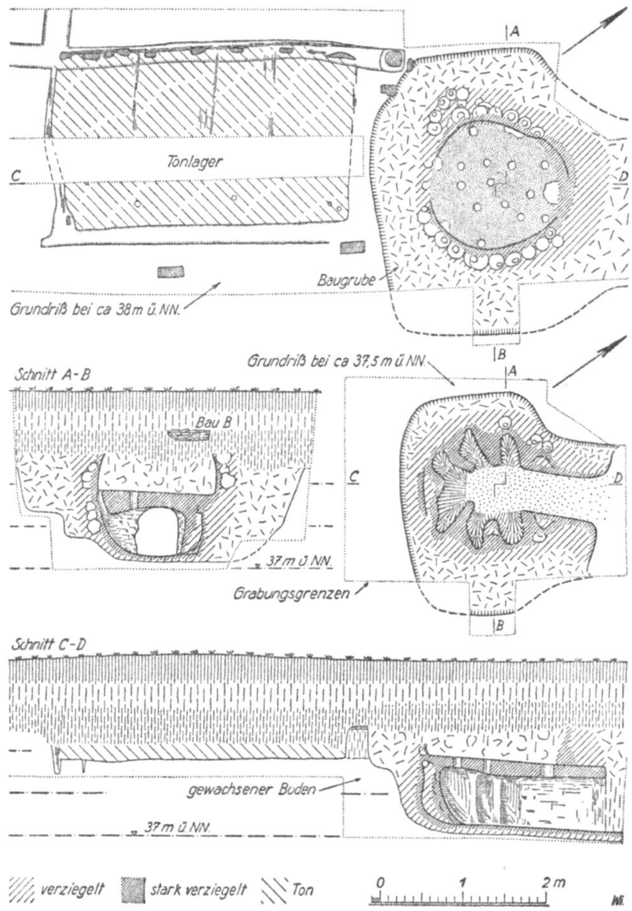

Abb. 18: Ein Töpferofen klaudischer Zeit aus Novaesium-Neuß. Etwa 1:90

Über die Gesamtausdehnung der Neußer Legionscanabae wird erst dann Endgültiges ausgesagt werden können, wenn die datierenden Kleinfunde bearbeitet sind. Sie dehnen sich vielleicht über 1 km nach Westen und rund 400 m nach Osten aus. Das Bad, das wohl schon zu den Legionscanabae gehörte, aber auch noch zur Zeit des Auxiliarkastells benutzt wurde, zeigt die Mindestausdehnung der Canabae legionis nach Westen an (Beilage 134/135–b und Abb. 14)[96]. Nachdem die Legionsfestung aufgegeben und das Auxiliar-

[96] *Verf.*, Novaesium 22 ff. Mehrere der hier gemachten Angaben sind durch die neueren Ausgrabungen in Neuß berichtigt worden.

kastell gebaut worden war, entstand eine neue Festungsvorstadt, die aber wesentlich kleiner war als ihre Vorgängerin. In dieser Zeit wurde das erwähnte Bad weiter benutzt (Abb. 14).

Die Canabae der Legionsfestung Vetera I sind schon von H. Lehner lokalisiert worden (Abb. 11). Die von Vetera II können nur aus dem Platz der zugehörigen Gräberfelder und dem Fundort einiger Weihesteine erschlossen werden. Die Canabae scheinen an die Legionsfestung Vetera II im Norden und im Westen angeschlossen zu haben[97]. Die Canabae legionis von Bonna glaubte man bisher immer in den Gebäuden erkennen zu dürfen, die sich südlich des Lagers bis zum Bertha-von-Suttner-Platz hin erstreckten (Abb. 19)[98]. Sowohl die Grundrißgestalt der Häuser als auch ihre Ausstattung weicht aber so sehr von den sonst bekannten Canabae legionis oder Auxiliarvici ab, daß wir diese Siedlung als eine zivile ansehen müssen (s. S. 106 ff.). Wirkliche Spuren dieser Canabae legionis scheinen dagegen westlich der Festung (zwischen Nordstraße und Kaiser-Karl-Ring) aufgedeckt worden zu sein. Hier lagen auch Gewerbebetriebe. Noch weiter westlich schloß sich das Festungsgräberfeld an[99].

In keinem der rheinischen Auxiliarvici außer in Novaesium wurden größere archäologische Untersuchungen angestellt. Immerhin konnte die Lage und Ausdehnung einiger Vici dadurch ermittelt werden, daß wir die Gräberfelder und Einzelfunde kartierten. Sowohl in Gelduba (Abb. 15) als auch in Burginatium (Abb. 20) liegen die Gräberfelder in zeitlicher Abfolge wie ein Halbbogen um das Kastell, lassen aber einen beträchtlichen Zwi-

[97] *Verf.*, Vetera 1822 ff., 1829 f.

[98] *R. Schultze*, Bonner Jahrb. 106, 1901, 91 ff. *E. Sadée*, Das römische Bonn (Bonn 1925) 51 ff.

[99] *Verf.*, Beobachtungen am NL. 7 f. Zu den Werkstätten *Lehner*, Führer 97 und 106 f. Die kanabae Bonnenses sind inschriftlich durch einen Pelvisstempel bezeugt: Atticus fec(it) / kanabis Bon(nensibus). Dessau 9450. *Lehner* a. O. 105. *M. Siebourg*, Bonner Jahrb. 116, 1907, 5. *J. H. Holwerda*, Arentsburg, een romeinsch militair vlootstation bij Voorburg (Leiden 1923), 129 Ka 6. *Verf.*, Bonner Jahrb. 154, 1954, 144 Anm. 29. Den nach dem Krieg in Bonn gefundenen Amphorenstempel L. I. M. A lösen wir versuchsweise als l(egionis) I M(inerviae) A(ntoninianae) auf, obwohl es nach Mitteilung von A. Bruckner in Rom einen Amphorenstempel L. I. M gibt: *Ch. P. L. Mc Dowell*, Mem. Americ. Acad. Rome 15, 1938, 13 Nr. 108 und CIL 15, 2932 c. *A. Bruckner* verweist außerdem auf den unvollständigen Stempel CIL 13, 10002, 559: L. I./// aus Fectio – Vechten. Als Parallelen zum Bonner Amphorenstempel, d. h. dafür, daß nicht nur Ziegel, sondern auch Gefäße mit Legionsstempeln versehen wurden, könnten die Stempel der Legio X gemina aus Holdeurn und der Legio XI Claudia aus Vindonissa angeführt werden. *J. H. Holwerda* und *W. C. Braat*, Suppl. zu Oudh. Meded. 26, 1946, 38, 47, 50, Taf. 20, 2 und Taf. 27 unten. *E. Ettlinger*, Römische Keramik aus dem Schutthügel von Vindonissa (Basel 1952) 57 und 61 f.

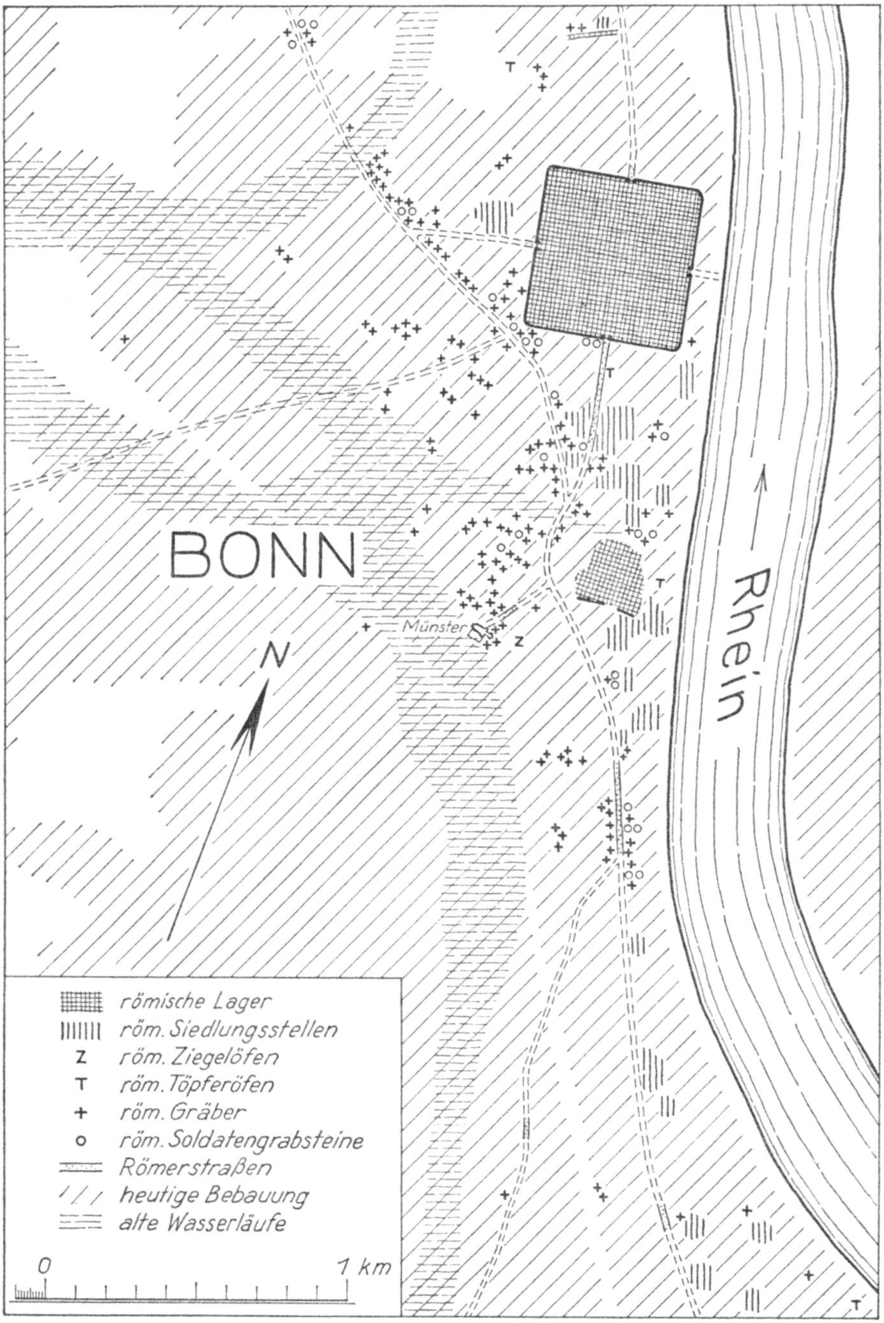

Abb. 19: Bonna-Bonn. 1:25 000

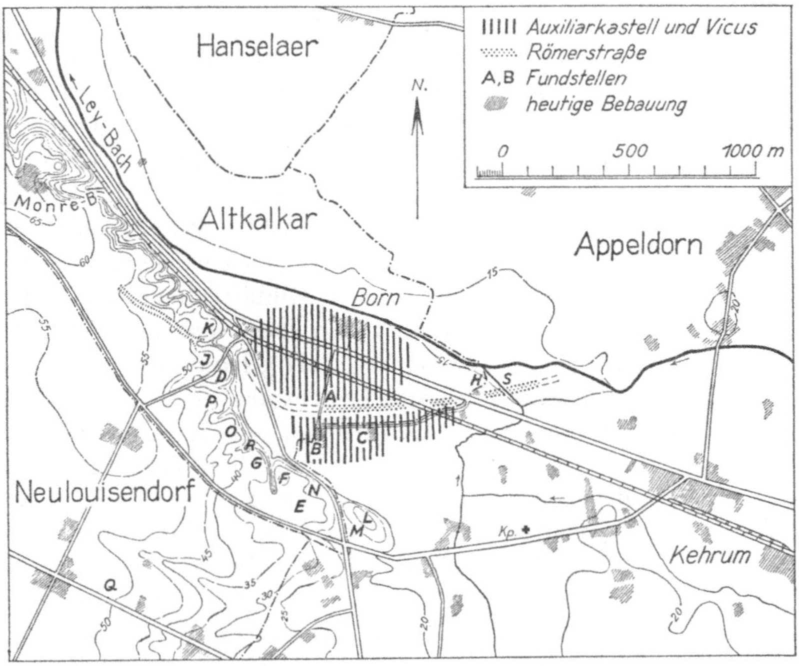

Abb. 20: Auxiliarkastelle, Vicus und Gräber von Burginatium-Altkalkar. 1:30 000

schenraum zwischen sich und jenem frei. Auf Grund unserer Erfahrungen am ORL vermuten wir in diesem Zwischenraum den Vicus. Einige Einzelbeobachtungen bestätigen diese Annahme.

Die Canabae legionis (ebenso die Auxiliarvici) liegen auf militärischem Territorium (s. S. 63 ff.). Jene sind darum von benachbarten zivilen Siedlungen räumlich und eigentumsrechtlich scharf getrennt. Durch die Verwechslung beider Gruppen ist viel Verwirrung entstanden, obwohl schon O. Bohn das Richtige erkannt hat[100]. Bei sämtlichen Legionsfestungen, die wir genauer

[100] S. Anm. 91. Trotz dem Aufsatz von O. Bohn wird bis in die jüngste Zeit hinein behauptet, aus den Legionscanabae seien Städte, ‚Lagerstädte' entstanden. Vgl. z. B. *Rostovtzeff*, Gesellschaft und Wirtschaft 1, 197 f. *F. Vittinghoff*, Römische Kolonisation und Bürgerrechtspolitik unter Caesar und Augustus (Akad. Wiss. u. Lit. Mainz, Abh. geistes- u. sozialw. Kl., 1951 Nr. 14) 39 f. *Birley*, Roman Army 64 ff. Richtig jetzt *E. Eennen* in: Settimane di studio del centro italiano di studi sull'alto medioevo 6 (Spoleto 1959) 423 ff. und 519 ff. H. G. Pflaum weist mich dankenswerterweise darauf hin, daß Ausdrücke wie ‚militärisches Eigentum' oder ‚militäreigenes Territorium' bedenklich, vielleicht unzutreffend seien, weil das römische Heer keine juristische Person war und deshalb nicht Eigentümer von Grund und Boden sein konnte. Die Legionsterritorien und andere militärische Territorien könnten als kaiserliches Eigentum dem Fiscus unterstan-

kennen, liegt eine zivile Siedlung getrennt von den Canabae legionis. Bei Auxiliarfestungen scheint dagegen diese Zweiteilung nicht vorzukommen. Die Trennung ist in vielen Fällen – man möchte meinen, absichtlich – durch Gräber betont, oft so, daß die zivilen und militärischen Gräberfelder in dem unbesiedelten Raum zwischen den Legionscanabae und der zivilen Siedlung aufeinanderzu wachsen[101]. Das ist in Xanten der Fall (Abb. 11). Solange Vetera I bestand (S. 37), entwickelte sich etwa 2 km weiter rheinabwärts ein Dorf oder Weiler (S. 103 ff.). Die Gräber der Canabae legionis von Vetera I befanden sich, wie es scheint, südlich der Militärsiedlung, die Gräber der gleichzeitigen Zivilsiedlung südöstlich derselben, also auf Vetera zu. Als nach 70 n. Chr. die Legionsfestung Vetera II gebaut wurde, legte man die Militärgräber nordwestlich der neuen Legionscanabae an. Zwischen 98 und 107 n. Chr. wurde die erwähnte Zivilsiedlung zum Rang einer Colonia erhoben (S. 96). Ihre Gräberfelder schlossen an die ihrer Vorgängersiedlung an und wuchsen so denen der Legionsfestung entgegen, bis sich beide Gruppen auf dem Boden der heutigen Stadt Xanten trafen. So kam es schließlich, daß die ganze Strecke der Limesstraße zwischen Vetera II und der Colonia Ulpia Traiana von Gräbern gesäumt war[102]. In Novaesium lagen die Gräber der augustisch-tiberischen Lager in östlicher Richtung. Die Koenensche Legionsfestung wurde über diesem frühen Gräberfeld erbaut. Die neue Festung hatte ihre Gräber vor allem vor dem Dekumantor, aber wohl auch vor der Porta principalis dextra[103]. Als dann die Auxiliarfestung die Legionsfestung ablöste und die Vorstadt entsprechend kleiner wurde, legte man Gräber in Richtung auf die Zivilsiedlung hin an (Abb. 14). Diese bestattete ihre Toten allerdings bis in das 3. Jahrhundert an der Straße, die aus

den haben. Sie wären dann in höherer Instanz von den zuständigen Provinzialprokuratoren verwaltet worden. Da ich mich mit dieser Vorstellung noch nicht recht vertraut machen kann, habe ich erwogen, ob nicht das Aerarium militare der Eigentümer militärischer Territorien war. Da aber keine eigenen Beamten desselben etwa nach Art der Provinzialprokuratoren bekannt sind, müßte man annehmen, daß die Verwaltung der Territorien in den Händen des Militärs selbst lag, was auch wieder Schwierigkeiten hätte. Ich habe mir also damit geholfen, nur von militärischem ‚Besitz‘ zu sprechen.

[101] Hier ist nicht der Platz, diese Behauptung durch die bekannten Fälle anderer Reichsgrenzen zu stützen. Es sei aber an Argentorate – Straßburg, Lauriacum – Lorch, Carnuntum und Aquincum wenigstens erinnert.

[102] *Verf.*, Vetera 1824 und 1830. Daß ein Gräberfeld einer Garnison mit der Zeit in einer Richtung entlang einer Straße immer weiterwächst, ist ebenso in Argentorate, Carnuntum und Poetovio beobachtet worden: *Mócsy*, Territorium legionis 181.

[103] *C. Koenen*, Bonner Jahrb. 111/112, 1904, 237. *E. Neuffer*, Bonner Jahrb. 151, 1951, 192 f. *Verf.*, Novaesium 41 und Abb. 11. *Ders.* in: Neue Ausgr. Beilage 1 gegenüber S. 288.

der Siedlung nach Norden führte. Aber wieder lagen Gräber zwischen Zivilsiedlung und Festungsvorstadt.

Es muß einen Unterschied zwischen den Funktionen oder Lebensbedingungen der so nahe benachbarten und doch so sichtlich von einander getrennten Zivil- und Militärsiedlungen gegeben haben. Die Funktionen der Canabae legionis waren klar umrissen, sie betrafen die Versorgung der Truppe. Die Canabae legionis unterstanden so sehr militärischer Verwaltung, daß in jedem fünften Jahr ein Primipilus eine Bestandsaufnahme in ihnen machte[104]. Auch die Bauweise und Form der Bauten war vorgeschrieben. Darum ist wohl auch der Lebensstil in den Canabae legionis strenger und gröber anzunehmen als in einer Zivilsiedlung, schon gar, wenn diese städtischen Zuschnitt hatte. Wer also frei Handel treiben und den Ertrag seines Handwerks frei verkaufen wollte, der mußte sich in einer Zivilsiedlung niederlassen, ebenso wer nach Belieben bauen wollte. Unsere Ausgrabungen in Neuß und Xanten haben erwiesen, daß die Haustypen der Zivilsiedlungen und der Canabae legionis verschiedene waren (S. 103 ff.). Auf Grund dieser Verhältnisse konnten nur die Zivilsiedlungen zu Bürgerstädten heranwachsen, nicht aber die Canabae legionis[105].

Die Legionen besaßen ein großes Territorium legionis um ihre Festung herum. Durch Grenzsteine wissen wir, daß das Territorium legionis IV Macedonicae in der nördlichen Hispania Tarraconensis außerordentlich ausgedehnt war[106]. Vielleicht ist es uns gelungen, die Ausdehnung der Legionsterritorien im Rheinland durch die Kartierung von Ziegeln, die vom Militär gestempelt wurden, festzustellen (Taf. 4). Es fiel uns nämlich auf, daß in der näheren und weiteren Umgebung von Vetera engbegrenzte Fundstellen

[104] *Mócsy*, Territorium legionis 189 ff.

[105] Auch bei Burnum wurden nicht die Canabae legionis, sondern eine Zivilsiedlung zur Stadt erhoben, entgegen *C. Patsch*, RE. 3, 1069 f. ‚Burnum'.

[106] Mit Recht weist *Mócsy*, Territorium legionis 186, 85 darauf hin, daß die Rekonstruktion des Territorium legionis von Carnuntum durch *E. Nowotny*, RLÖ 18, 1937, 129 ff. in Widerspruch zu der bezeugten Größe eines Legionsterritoriums stehe. – Die erwähnten spanischen Grenzsteine: CIL 2, 2916 = Dessau 2454 f. – Der Ausdruck ‚Territorium legionis' ist auf CIL 3, 10489 = Dessau 2456 belegt, ferner in der Auflösung ‚aedil(is) territor(ii) contr(ibuti) et k(anabarum) R(eginensium)' auf CIL 3, 14370, 10 = *F. Vollmer*, Inscr. Baivariae Romanae 361 = Dessau 711 aus Regensburg. Schon Mommsen sah, daß die prata legionis mehrerer Inschriften nur ein anderer Ausdruck für den gleichen Begriff sind. Dazu *A. Alföldi*, Arch. Ért. 3. Ser. 1, 1940, 230 ff. *Egger*, Territorium pannonischer Festungen 222 f. Dasselbe sind die ‚pastus militum': Bull. de l'Inst. Arch. Bulgare 4, 1926/27, 97 = Année épigr. 1927 Nr. 45. Vgl. *A. Passerini*, Dizionario epigrafico 4, 620 f. 'Legio'. – S. auch *A. Betz*, Untersuchungen zur Militärgeschichte der römischen Provinz Dalmatien (Baden b. Wien o. J.) 35.

von Bauresten und Kleinfunden liegen, neben denen häufig Gräber beobachtet wurden (Abb. 11). Das sind die bezeichnenden Reste von Einzelhöfen mit ihren Gräbern, wie sie jedem vertraut sind, der je eine archäologische Landesaufnahme durchgeführt hat (s. S. 109). Mehrere solcher Höfe haben wir auch tatsächlich in der Umgebung der Legionsfestung Novaesium ausgegraben (Beilage und Abb. 14). Einer zeigt im Grundriß den für Villae rusticae häufigen Risalittyp (Abb. 21). Auf zahlreichen Fundstellen solcher

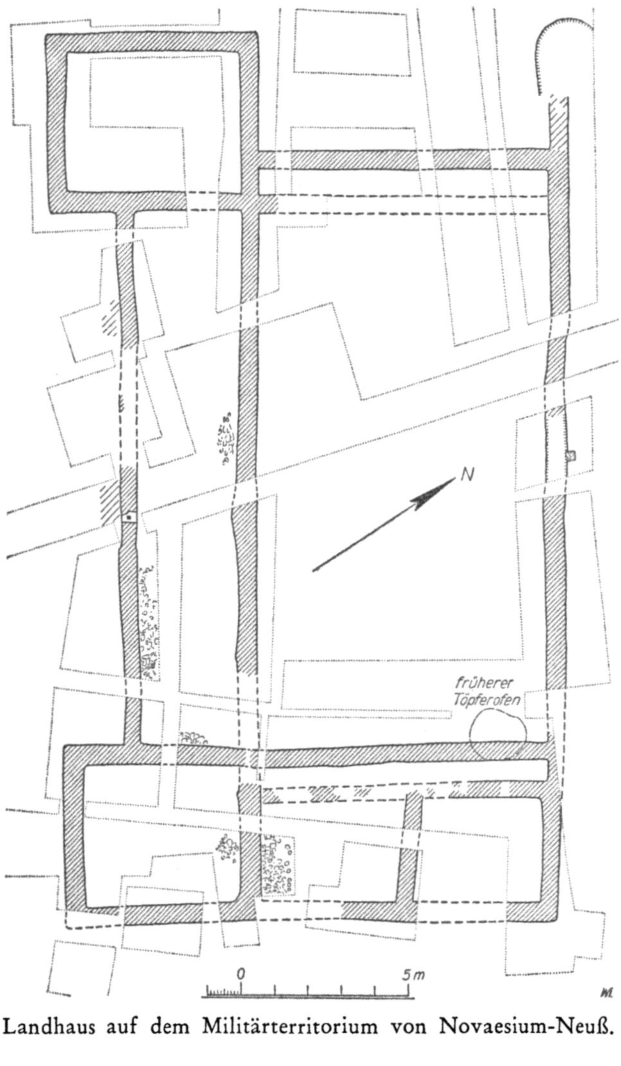

Abb. 21: Ein Landhaus auf dem Militärterritorium von Novaesium-Neuß. Etwa 1 : 225

bei Vetera gelegenen Einzelhöfe wurden militärische Ziegelstempel gefunden (Abb. 11, römische Ziffern). Weiter westlich fehlen sie. Die Kartierung der Stempel läßt ein geschlossenes, dicht besiedeltes Gebiet von rund 3500 ha erkennen. Da aber bisher keine systematische archäologische Landesaufnahme in dem in Frage kommenden Bereich durchgeführt worden ist, mögen weitere noch unbekannte Fundorte hinzukommen. Zu klären ist auch noch eine Nachricht aus dem vorigen Jahrhundert, daß bei Drüpt eine Ziegelei der 30. Legion gefunden worden sei. Sollte diese Behauptung bestätigt werden, müßte man wohl annehmen, daß das Territorium legionis XXX Ulpiae victricis im Süden bis nach Drüpt gereicht hat[107]. Wenn wir versuchen, die Ausdehnung eines Legionsterritoriums aus der Verbreitung militärischer Ziegelstempel abzulesen, dann nehmen wir als Voraussetzung die schon von G. Wolff vertretene These auf, daß die Truppen die von ihnen hergestellten Ziegel nicht an Private verkauften, sondern nur für militäreigene oder von ihnen selbst – etwa im Auftrage des Statthalters oder Kaisers – errichtete Bauten verwendeten. Eine Bestätigung dieser These scheint darin zu liegen, daß die Verbreitung militärischer Inschriften in Niedergermanien etwa das gleiche Bild ergibt wie die der militärischen Ziegelstempel (Taf. 4)[108].

Für die Legionsterritorien von Novaesium und Bonna liegen noch keine solche Kartierungen vor. Immerhin haben wir innerhalb des vermutlichen Legionsterritoriums von Novaesium, das nach dem Abzug der Legion von einer Hilfstruppe übernommen wurde, schon sechs Villae rusticae aus- oder angegraben (Abb. 14 und Beilage). Nur sind diese Bauten im Mittelalter so gründlich abgerissen worden, daß wir kaum Ziegelstempel aus ihnen kennen. Das Legionsterritorium von Bonna zeichnet sich schon jetzt bei der vorliegenden flüchtigen Kartierung ab, die allerdings noch ergänzt werden muß (Taf. 4).

Der Zweck so ausgedehnter Legionsterritorien kann nach unserem archäologischen Befund nur der sein, die Truppe mit lebensnotwendigen landwirt-

[107] *Verf.*, Vetera 1825 und 1831. *Ders.*, Novaesium 28 f. und 32 ff. – Die Funde von Drüpt, das wohl das Trepitia des Geogr. Rav. 4,24 ist, beschreibt *E. Schmidt*, Bonner Jahrb. 31, 1861, 98. Vgl. *M. Friedenthal*, Bonner Jahrb. 159, 1959 (in Vorbereitung).

[108] Allgemein formuliert: *G. Wolff*, Ber. RGK. 9, 1916, 23 ff. *Ders.*, Archiv f. Frankfurts Gesch. u. Kunst 3. Folge, 3, 1893, 325 ff. Expressis verbis: *E. Ritterling*, Westd. Zeitschr. 17, 1898, 215 Anm. 30. *H. Jacobi*, Saalburg-Jahrb. 6, 1914–1924, 129. – *Staehelin*, Schweiz 176 ff., besonders 179 kommt unserer Auffassung sehr nahe. – *V. Clairmont-von Gonzenbach* hat die militärischen Ziegelstempel der Schweiz kartiert und bestätigte uns unsere Vermutungen: Museum Helveticum 16, 1959, 257 ff. – Es ist bezeichnend, daß bei der sorgfältigen archäologischen Landesaufnahme des Kreises Bergheim (S. 109) durch H. Hinz kein einziger militärischer Ziegelstempel gefunden oder nachgewiesen wurde.

schaftlichen Produkten und mit Bodenschätzen zu versorgen. Die zahlreichen kleinen Farmhäuser oder Höfe weisen darauf hin, daß die Truppe die landwirtschaftlichen Arbeiten nicht selbst verrichtete, sondern an Zivilisten vergab oder verpachtete. Wahrscheinlich bedachte man vor allem ausgediente Soldaten mit solchen Höfen. Groß waren die Pachtländereien nicht. Im Legionsterritorium von Vetera betragen sie nicht mehr als etwa 1/2 ha, das ist 1 heredium. Vielleicht war das aber nur das Gartenland, während man außerhalb dieses Bereiches noch große Acker- und Weideflächen gehabt haben wird. Auf den Weiden hüteten die Pecuarii ihre Herden [109]. Das Heu des Graslandes wurde teils von Arbeitskommandos der Truppe gemäht, teils wurde die Mahd verpachtet [110]. Bei normalen Ernten müßte der Ertrag dieses Territorium legionis für den Getreidebedarf der Truppe einigermaßen ausgereicht haben. Da jeder Soldat eine bilibra Getreide je Tag erhielt, brauchte eine Legion mit 6000 Mann fast 1500 Tonnen Getreide jährlich. Dabei ist nicht berücksichtigt, ob die Canabenses auch vom Heer mitverpflegt wurden. Wenn der Weizenertrag je Hektar im Jahre 1956 in der Bundesrepublik 30,2 Doppelzentner betrug, müßten die 1500 Tonnen Getreide auf 3500 ha auch im Altertum einzubringen gewesen sein [111]. Allerdings steht zum Ergebnis dieser Überlegungen die geringe Entfernung der Höfe auf den Legionsterritorien von Vetera (nur etwa rund 700–900 m) und Novaesium (noch weniger) in Widerspruch. Ein Pachtland von einem halben Hektar reicht nicht aus, um eine Familie zu ernähren und wirft erst recht keinen weiteren Ertrag ab [112]. Um diese Schwierigkeit zu vermeiden, sind verschiedene Annahmen möglich. Es kann sein, daß die festgestellten, aber nicht ausgegrabenen Höfe auf dem Legionsterritorium von Vetera nicht alle gleichzeitig bestanden haben. Die Höfe, die auf dem Militärland von Novaesium gefunden wurden und besser datiert sind als die von Vetera, liegen freilich noch näher beieinander. So wird man eher annehmen, daß das Land um die einzelnen Höfe herum Gartenland war und die Äcker wie die Weiden in geschlossenen Flächen außerhalb der Siedlung lagen. Der landwirt-

[109] *Verf.*, Vetera 1831 f. Zu den Pecuarii *A. Alföldi*, Arch. Ért. 3. Ser. 1, 1940, 230 ff. *Egger*, Territorium pannonischer Festungen 222 ff.

[110] CIL 8, 4322 = Dessau 2484 ‚per vex(illationem) leg(ionis) III Aug(ustae) morantes ad fenum sec(andum)'. Zur Verpachtung der Heumahd *Egger*, Territorium pannonischer Festungen 223 ff. Vgl. Anm. 120.

[111] *Verf.*, Vetera 1831 f. – Statistisches Jahrbuch für die Bundesrepublik Deutschland 1959, 138 f.

[112] Vgl. die Aufstellungen bei *F. Lot*, Nouvelles recherches sur l'impôt foncier et la capitation personelle sous le bas-empire (Paris 1955) 93 ff.

schaftliche Gesamtertrag der Legionsterritorien reichte aber keineswegs für alle Bedürfnisse der Truppe aus. Sonst wäre es nicht verständlich, daß die Last der Annona militaris allgemein als so drückend empfunden wurde. Es waren Abgaben der Provinzialbevölkerung und manchmal auch Unterstützungen der Kaiser notwendig, um den Bedarf der Truppe und der Beamten sicherzustellen [113].

Über die Frage, ob auch Auxiliarkastelle ein eigenes Territorium besaßen, wurde neuerdings mehrfach diskutiert [114]. Man muß diese Frage sowohl von den epigraphischen Quellen aus als auch von den archäologischen Befunden her behandeln. Es ist zuzugeben, daß auf keiner Inschrift bisher Canabae eines Auxiliarkastells, also etwa Canabae cohortis oder alae bezeugt sind. Anderseits werden römische Bürger, die bei einem Kastell siedeln, mehrfach bezeugt. Ebenso wie man sagt ‚vet(erani) et c(ives) R(omani) co(n)s(istentes) ad leg(ionem) II ad(iutricem)' (CIL 3,3505 = Dessau 473 aus Aquincum) oder ‚vet(erani) et c(ives) R(omani) cons(istentes) ad canab(as) leg(ionis) V M(acedonicae)' (CIL 3,6166 = Dessau 2474 aus Troesmis), gebraucht man den Ausdruck ‚consistentes castello Veluniatensi' für die Bewohner eines Kastellvicus, die das römische Bürgerrecht besitzen [115]. Die Bauten eines Kastellvicus sehen aber genauso aus wie die der Canabae legionis (S. 55 f.). Das läßt auf gleiche Funktion beider schließen. Auch die Gewerbeanlagen beider ähneln einander, ebenso die Funktion als überwachter Grenzmarkt. Vermutlich war der Unterschied zwischen Canabae legionis und Kastellvici nur ein verwaltungstechnischer. Daß aber das Militär auch über die Kastellvici Aufsicht führte, zeigt die Bauform der Häuser. Dann wird auch der Boden, auf dem die Kastellvici gebaut waren, Militärland gewesen sein. R. Egger hat eine Inschrift aus Chester le Street (nördlich von Durham)

[113] *R. Oehler*, RE. 1, 2316 ff. ‚Annona' und 2320 f. ‚Annona militaris'. *Rostovtzeff*, Gesellschaft und Wirtschaft, Register unter ‚Heer, Verpflegung'. *D. van Berchem*, Mém. de la Soc. Nat. des Antiquaires de France 8. Ser., 10, 1937, 117 ff., besonders 138 ff. *H. G. Pflaum*, Essai sur le cursus publicus sous le Haut-Empire romain (Mémoires . . . acad. inscr. et belles lettres 14, 1940) 92 ff. (280 ff.). *A. Passerini*, Dizionario epigrafico 4, 261 f. 'Legio'.

[114] *Egger*, Territorium pannonischer Festungen 215 ff. *Mócsy*, Territorium legionis 184 und 186.

[115] CIL 3, 10305 = Dessau 7126. Dazu *A. Alföldi*, Arch. Ért. 3. Ser. 1, 1940, 226 f. *Egger*, Territorium pannonischer Festungen 213 ff.: [consistentib(us) a]t Vetuss(alinas). – Vier Belege für Britannien: Chesterholm (Arch. Ael. 3. Ser. 12, 1915, 201 ff., ebenda 4. Ser. 8, 1931, 193 f.), Old Carlisle (CIL 7, 346), Housesteads (Arch. Ael. 4. Ser. 9, 1932, 232) und Carriden (Journ. of Roman Stud. 47, 1957, 229 f. Nr. 18, Proceedings of the Society of Antiquaries of Scotland 90, 1956/57 1 ff.).

neu behandelt, in der das Territorium [alae] genannt zu sein scheint[116]. Die neueren archäologischen Feststellungen bestätigen diese Ergänzung.

Wenn es auch wahrscheinlich ist, daß Auxiliarkastelle ebenfalls eigene Territorien besaßen – sicher lagen sie auf militärischem Boden –, so haben wir noch keine Anhaltspunkte dafür, wie groß diese Territorien waren. Man hat mehrfach beobachtet, daß in der Nähe von Hilfstruppenfestungen einzelne Gebäude liegen, deren Baugestalt der von Villae rusticae gleicht, also von der der Canabae legionis abweicht. Man hat sie als ‚Kommandeursvilla' oder als ‚Mansio' oder als Unterkunft für offizielle Reisende erklärt[117]. Nachdem wir aber S. 66 gezeigt haben, daß die Legionsterritorien von einzelnen Farmhäusern aus als landwirtschaftlich genutzte Güter bewirtschaftet wurden, ist zu erwägen, ob dasselbe nicht auch für die Territorien der Auxiliarkastelle gilt.

Auf der Verbreitungskarte militärischer Ziegelstempel und Inschriften im Rheinland fällt auf, daß auch ein großer Teil der Nordeifel Militärbesitz gewesen sein muß (Taf. 4) oder daß die Truppe hier Nutzungsrechte hatte. Ein Bleibarren, der im Gebiet von Mechernich gefunden worden sein

Abb. 22: Stempel auf einem Bleibarren, angeblich bei Mechernich gefunden. 1 : 1

soll, trägt den vertieften Stempel ‚leg(ionis) XVI' in rechteckigem Rahmen (Abb. 22)[118]. Bei Iversheim bauten Soldaten der Legio I Minervia einen Kalkofen[119]. Besonders wichtig wäre es für unsere Frage, wenn der Text

[116] *Egger*, Territorium pannonischer Festungen 217 ff.

[117] *Salway*, Civilians 235 f. *J. Keim–H. Klumbach*, Der römische Schatzfund von Straubing (München 1951) 10. *L. Jacobi*, Das Römerkastell Saalburg (Homburg 1897) 117 ff. u. 123 ff. Die vielen Villae rusticae bei Auxiliarkastellen sollen hier nicht aufgezählt werden.

[118] Rheinisches Landesmuseum Bonn Inv. Nr. 35, 154. Das Stück wurde aus der Sammlung Lückger (Köln) erworben. Als Fundort wird Mechernich angegeben. Bisher unveröffentlicht.

[119] CIL 13, 7945 = *Lehner*, Steindenkmäler 32. Veraltete Lesung Dessau 2459. Fälschlich bezog *E. Stein* CIL 13/6 S. 4 diese Inschrift auf einen Töpferofen, richtig *W. Haberey*,

einer Inschrift aus Iversheim wirklich so zu ergänzen wäre, daß er ein militärisches Arbeitskommando zur Heumahd bezeugte [120]. Fügt man hinzu, daß auch andere Inschriften und Ziegelstempel, die sich auf Truppenteile oder Soldaten beziehen, in der Nordeifel und an deren Nordrand gefunden wurden, so ist es nicht unwahrscheinlich, daß dieses Gebiet dem Militär oder wenigstens dem Fiscus oder dem Patrimonium gehörte. Wir haben gewisse Anzeichen dafür, daß ein Teil oder die ganze Nordeifel ein kaiserlicher Großgrundbesitz war (S. 95 und 110 f.). Wenn dies zuträfe, dann wären die Ausbeutungsrechte für das Militär erklärlich. Auch in der kaiserlichen Domäne in der Südeifel, die von der ‚Landmauer' umgeben ist, wurden Soldaten zu Bauarbeiten eingesetzt, wie Inschriften bezeugen [121].

Rechts des Rheines lag ebenfalls militärischer Besitz. Das bezeugen sowohl Tacitus (ann. 13, 54 f.) als auch Ziegelstempel, die eine Tegularia transrhenana nennen. Tacitus berichtet, daß die Friesen und nachher die Ampsivarii zur Zeit Neros die ‚agros..vacuos et militum usui sepositos' besetzt hätten. Die erwähnten Ziegelstempel einer ‚trans Rhenum' gelegenen militärischen Ziegelei gehören der flavischen Zeit an [122]. Diese beiden Zeugnisse für ein rechtsrheinisches Militärterritorium des unteren Heeres müssen den archäologischen Funden gegenübergestellt werden. R. v. Uslar hat festgestellt, daß von der Lippe bis südlich der Sieg von augustischer Zeit bis gegen Ende des 1. Jahrhunderts n. Chr. der rechtsrheinische Uferstreifen auch da, wo er eine Besiedlung zuließe, fundleer ist. R. v. Uslar brachte diese Erscheinung mit den agri militum usui sepositi des Tacitus zusammen. U. Kahrstedt versuchte, aus dieser Feststellung v. Uslars noch weitergehende Folgerungen zu ziehen [123]. Er hebt hervor, daß nördlich der Lippe keine Fundlücke vorliege wie südlich derselben und schließt daraus, daß die Reichsgrenze von der Lippe an nach Norden auf rechtsrheinisches Gebiet übergreife. Allerdings sind die römischen Funde in diesem Gebiet so stark mit Einheimischem vermischt, daß dieser Schluß Kahrstedts übereilt war.

Bonner Jahrb. 155/156, 1955/56, 478 (E. Stein verwechselte diese Inschrift außerdem mit CIL 13, 7946).

[120] CIL 13, 7946. Vgl. S. 66 und Anm. 110.

[121] CIL 13, 4139 und 4140 = *Lehner*, Steindenkmäler 29. *J. Steinhausen*, Trierer Zeitschr. 6, 1931, 56 ff. *Ders.*, Archäologische Siedlungskunde des Trierer Landes (Trier 1936) 442.

[122] CIL 13/6 S. 129 ff. Am Rande sei erwähnt, daß nach Tac. ann. 11, 19 (vgl. Dio 60, 30, 4–6) von Claudius nur befohlen wurde ‚referri praesidia cis Rhenum'. Das berührt nicht die Frage des Militärterritoriums.

[123] *R. v. Uslar*, Westgermanische Bodenfunde (Berlin 1938) 178. *U. Kahrstedt*, Bonner Jahrb. 150, 1950, 63 ff., besonders 66 ff. und 75 ff.

Aus der Tatsache, daß in dem Gebiet südlich der Lippe, das bis gegen Ende des 1. Jahrhunderts fundleer ist, nach dieser Zeit Funde einsetzen, folgert Kahrstedt, daß die Römer ‚nach 70' auf das rechtsrheinische Militärterritorium verzichteten. Auch dieser Schluß ist nicht zwingend. Man kann höchstens vermuten, daß die Römer hier wie anderswo in späterer Zeit Germanen siedeln ließen. Nach den vorhandenen Quellen wird man also ein rechtsrheinisches Territorium des unteren Heeres bis gegen Ende des 1. Jahrhunderts annehmen dürfen. Vielleicht bestand es aber auch noch länger. Wenn der Trachyt des Drachenfelses im Siebengebirge wirklich schon in römischer Zeit abgebaut wurde, dann muß man wohl auch annehmen, daß noch 160 n. Chr. niedergermanische Truppen in diesen Steinbrüchen arbeiteten. Aus dieser Zeit stammt nämlich eine Inschrift aus Trachyt vom Drachenfelstypus, die berichtet, daß eine ‚vex(illatio) cla(ssis) Germ(anicae) p(iae) f(idelis)' Stein für das Forum der Colonia Ulpia Traiana holte[124]. Überdies kennen wir Funde von Münzen Konstantins I. aus dem Kupferbergwerk Virneberg in der Gemeinde Rheinbreitbach, Kr. Neuwied[125]. Mögen die Gründe auch noch schwach sein, die die Annahme eines rechtsrheinischen Militärterritoriums an der niedergermanischen Grenze für die ganze Kaiserzeit stützen, so ist das Zeugnis der Tegularia transrhenana für die flavische Epoche doch sicher.

Das System der Legionsterritorien und der Canabae legionis, das mannigfach erweitert wurde, ist an allen Militärgrenzen des römischen Reiches angewendet worden. Es muß auf eine einheitliche Regelung der Zentralregierung zurückgehen. Durch unsere Ausgrabungen bemühen wir uns, den Zeitpunkt festzustellen, von dem ab diese Versorgungseinrichtungen der Truppe bestanden. Es ist sehr wahrscheinlich, daß die Legionen in republikanischer Zeit die Trosse in ihr Lager aufnahmen[126]. Dasselbe scheint für die augu-

[124] CIL 13, 8036 = *Lehner*, Steindenkmäler 11 = Dessau 2907 und Addenda. J. Röder hat neuerdings begonnen, die Steinbrüche des Drachenfelses und das benachbarte Felsenmeer vom Rüdenet steinbruchgeschichtlich aufzuzeichnen und auszuwerten.

[125] *W. Hagen*, Bonner Jahrb. 150, 1950, 103 f. Natürlich kann dieser Fund auch ganz anders erklärt werden.

[126] Man muß natürlich zwischen dem Troß, der ein Bestandteil der Truppe ist, und den Zivilisten unterscheiden, die als Händler oder sonstige Geschäftemacher der Truppe folgen. Das ist auch der Unterschied zwischen den calones und lixae (RE. s. v.). Daß der Troß (und natürlich die Militärhandwerker) im republikanischen Lager seinen festen Platz hatte, zeigt die Lagerbeschreibung des Polybios: *J. Kromayer* und *G. Veith*, Heerwesen und Kriegführung der Griechen und Römer (München 1928) 313 f. Die lixae und anderen Zivilisten lagerten dagegen außerhalb des Lagers und flüchteten bei akuter Gefahr dort hinein (Appian, Iber. 85: Scipio verjagt die ἔμποροι, ἑταῖραι, μάντεις, ϑύται aus dem Lager. Caes. b. G. 6, 37, 2).

stisch-frühtiberischen Lager am Rhein und an der Lippe zu gelten. Dafür spricht, daß sich die Töpferöfen damals noch innerhalb der Lager befanden, während sie später außerhalb derselben in der Festungsvorstadt liegen. Ferner scheint uns die auffallende Größe der augustischen Lager dafür zu sprechen, daß auch sie noch die Trosse aufnahmen. Schließlich haben wir bisher noch nirgends Canabae der augustisch-frühtiberischen Zeit gefunden[127]. Wenn wir dies feststellen, dann schließen wir nicht die Möglichkeit aus, daß auch bei den Lagern augustischer Zeit Zivilisten ihre Zelte aufgeschlagen haben. Die Canabae legionis sind aber eine militärische Institution, die teilweise ganz andere Aufgaben erfüllt als jene Händlerzelte. Als feste Einrichtung für Handwerk und Bewirtschaftung des Territorium legionis waren die Canabae legionis eine Neuschöpfung. Daß sie den Händlern Platz bot, verband sie mit republikanischen Gepflogenheiten. Aber auch darin waren die Canabae legionis etwas Neues, daß sie feste Baunormen hatten und in klarer Abhängigkeit zur Militärverwaltung standen. Eine Klärung der Frage, wann diese Neuerung der Canabae legionis und der festumrissenen und bewirtschafteten Territoria legionum erfolgte, erwarten wir von der Bearbeitung der Befunde und Kleinfunde von Novaesium und Bonna. In Novaesium kann man feststellen, wann die Canabae legionis des Koenenlagers einsetzen. In Bonna wird die Zeit festzustellen sein, in der man die Fabricae innerhalb des Lagers aufgab. Ein sicherer Terminus ad quem für das Vorhandensein von Canabae legionis ist das Jahr 69, weil damals die Festungsvorstadt von Vetera I nach den Worten des Tacitus (hist. 4,22) schon ‚in modum municipii' herangewachsen war.

Die Legionsterritorien können erst nach der Beendigung des Okkupationsstadiums abgegrenzt worden sein. Vielleicht steht ihre Einrichtung in Verbindung mit einer Neuorganisation des Verpflegungswesens der Legionen. Eine Folge derselben mag gewesen sein, daß die Frumentarii vom 2. Jahrhundert an nicht mehr als Versorgungstruppe oder Getreideaufkäufer fungierten, sondern als eine sehr vielseitige Nachrichtentruppe[128]. Nach den

[127] Augustische Töpferöfen innerhalb der Lager Oberaden, Haltern und Vetera: *Verf.*, Vetera 1816, 32 ff. Dazu ein Töpferofen aus Vindonissa: *R. Fellmann*, Jahresber. Pro Vindonissa 1953/54, 8 ff. Zur Größe der Lager vgl. Abb. 5. Canabae legionis augustischer Zeit wurden noch nirgends gefunden. Ganz unsicher sind die von *R. Laur-Belart* vermuteten Canabae des Basler ‚Drususkastells': Jahrb. der SGU 44, 1954/55, 120. Bisher sind noch nicht einmal sichere Spuren eines Vicus beim Erdkastell von Hofheim bekannt geworden, wie mir H. Schoppa freundlicherweise mitteilt.

[128] O. *Fiebiger*, RE. 7, 122 ff. ‚Frumentarii'. *A. v. Domaszewski*, Die Rangordnung des römischen Heeres, Bonner Jahrb. 117, 1908, Register, besonders S. 34 f. *H. G. Pflaum*, Essai sur le cursus publicus sous le Haut-Empire romain (Mémoires ... acad. inscr. et

archäologischen Befunden von Novaesium und Vetera gab es schon in neronischer Zeit Villae rusticae auf den Legionsterritorien [129]. Nach den vorliegenden zeitlichen Anhaltspunkten könnten also die Canabae legionis und die Legionsterritorien gleichzeitig eingerichtet worden sein.

In der älteren Fachliteratur wurde vorwiegend über die Rechtsstellung der Canabae legionis diskutiert. Nunmehr liegen so viele inschriftliche Zeugnisse vor, daß die Hauptlinien nicht mehr unklar sein können. Die Festungsvorstädte unterstanden einer Oberaufsicht durch das Militär, wie sie ja schon durch ihre Aufgaben gegeben war. Ein Primipilus überprüfte alle 5 Jahre den Bestand und Zustand militärischen Eigentums auf dem Territorium legionis und in den Canabae. Die Festungsvorstädte waren so sehr an die Garnison gebunden, daß sie nur gemeinsam mit dieser existierten. Sie konnten also nicht bestehen bleiben, wenn eine Legionsfestung vollständig aufgegeben wurde. Deshalb konnten sie auch kein Stadtrecht als Municipium oder Colonia erhalten. Ihre Verwaltung war quasimunizipal wie die zahlreicher Vici oder sonstiger peregriner Siedlungen oder auch Civitates im ganzen römischen Reich. Es gab also Decuriones als Rat und Magistri und Aediles als Verwaltungsbeamte. In jedem 5. Jahr nannten sich die obersten Beamten wie in den de iure-Städten ‚quinquennales'. Der Funktionsbereich dieser Beamten scheint sich auf die Einwohner des ganzen Legionsterritoriums erstreckt zu haben. Die römischen Bürger, die in der Festungsvorstadt wohnten, schlossen sich – wie auch sonst üblich – zusammen [130].

Zu den militärischen Anlagen gehören auch die Benefiziarierstationen, militärische Wachtposten an den wichtigen Nachschubstraßen (Abb. 23). Durch Inschriften sind Benefiziarierstationen an folgenden Stellen im Rheinland nachgewiesen: Nettersheim (Kr. Schleiden), Aachen, Zülpich (Kr. Euskirchen) (?), Rheder (Kr. Euskirchen), Bonn, Köln, Dormagen (?), Moers-

belles-lettres 14, 1940) 143 (331). Daß ein Frumentarius auch noch im späteren 2. Jahrhundert einmal mit Getreideversorgung zu tun hatte, zeigt nur die vielseitige Verwendung dieser Spezialtruppe (CIL 6, 3340).

[129] Die Villa rustica von Novaesium, deren Grundriß Abb. 21 wiedergegeben ist, liegt über einem klaudischen Töpferofen (Abb. 18). Auf einem der Fundplätze der Villae rusticae des Legionsterritoriums von Vetera wurde auch ein Ziegel der Legio V Alaudae gefunden (Abb. 11). Die Keramik der Villae rusticae von Vetera ist spätestens flavisch. – Vielleicht sind die Tac. hist. 4,34 erwähnten Villae rusticae die auf dem Legionsterritorium von Vetera gelegenen.

[130] S. die Anm. 91 angeführte Literatur. Den quinquennalis kennen wir durch eine Inschrift aus Troesmis-Iglitza, Revue des Études Roumaines 2, 1954, 96 ff. = Année épigr. 1957 Nr. 266. Die Zuständigkeit der Beamten für die Einwohner des ganzen Territorium legionis ergibt sich aus der Regensburger Vulkanweihung CIL 3, 14370, 10, zu der wir in Anm. 106 einiges zitiert haben.

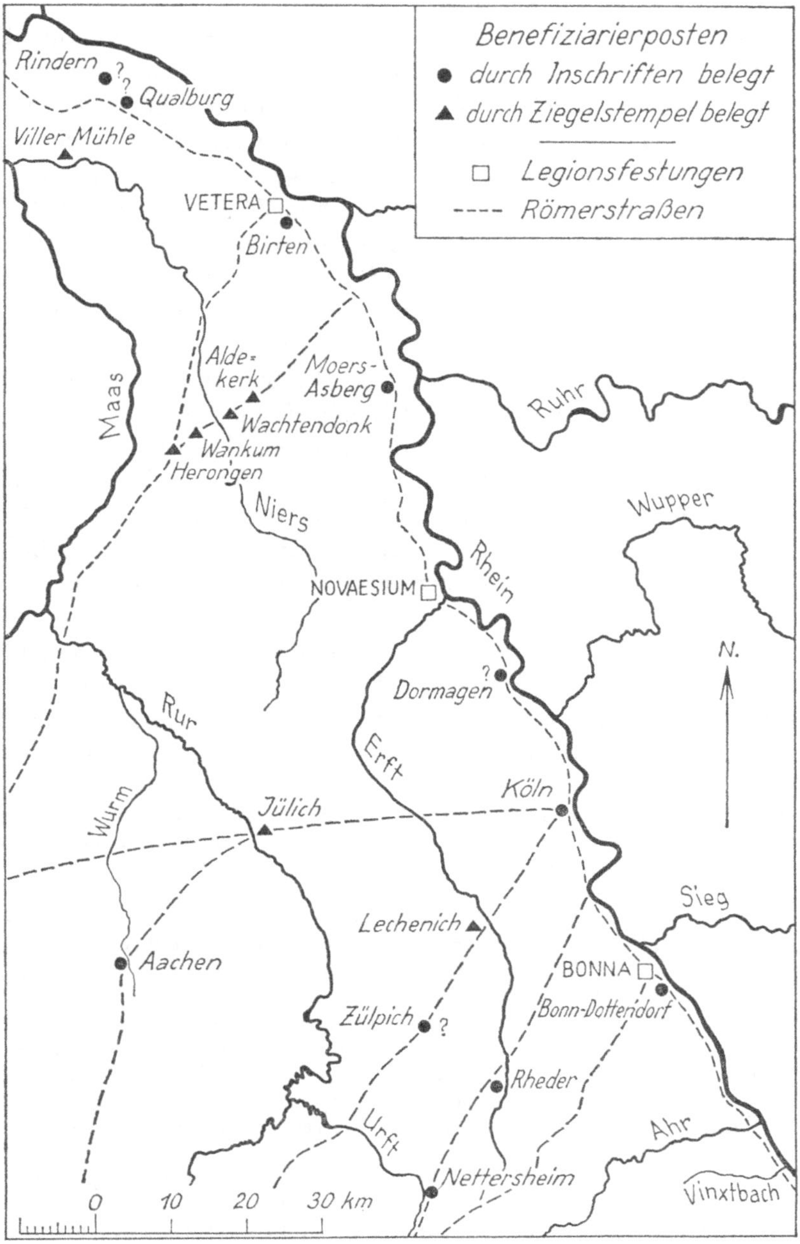

Abb. 23: Benefiziarierstationen im Rheinland. (Die Straßen nach J. Hagen.) 1 : 1 000 000

Asberg, Birten, Qualburg (?) und Rindern (?). Durch vereinzelte Funde von militärischen Ziegelstempeln ist diese Liste noch durch folgende Punkte zu ergänzen (Abb. 23): Viller Mühle (Kr. Kleve), Herongen, Wankum, Wachtendonk, Aldekerk (alle vier Kr. Geldern), Jülich und Lechenich (Kr. Euskirchen) [131]. Die Lage der bisher bekannten Stationes ermöglicht einige allgemeine Feststellungen. Es sind zwei Gruppen von Stationes zu unterscheiden, solche, die am Limes selbst, und solche, die im Hinterland liegen. Die letzten sind an Fernstraßen gelegen: Trier—Köln (Lechenich, Zülpich), Bavai—Köln (Jülich) mit Abzweig nach Aachen, Trier—Wesseling (Nettersheim, Rheder), Maas—Calo (?) (Herongen, Wankum, Wachtendonk, Aldekerk), Maas–Qualburg (?) (Viller Mühle). Ihre Aufgabe, für die Sicherheit auf den Fernstraßen zu sorgen, ist deutlich. Die Stationes an der Limesstraße befanden sich alle bei Legions- oder Auxiliarfestungen oder bei einer Stadt. Nach den Beispielen Köln und Bonn scheint es, als ob sie am Ortsausgang lagen. Im heutigen Stadtbereich Köln sind mehrere Benefiziarierweihungen bekannt, eine am Südrand der Stadt, eine vor dem Südtor der Colonia Claudia Ara Agrippinensium, mehrere am Rhein und eine in Köln-Deutz. Entsprechend fand sich der Bonner Benefiziarierstein am Südrand der Siedlung, in Dottendorf [132].

Über das Aussehen solcher Stationes wissen wir bisher nichts Sicheres. Wir kennen nur erst eine im römischen Reich, nämlich in Celeia-Celje (Cilli). Diese ist aber Teil eines größeren Verwaltungsgebäudes und lehrt uns darum nicht den Typus der einzeln stehenden Benefiziarierstationen kennen [133].

[131] Nachdem *A. v. Domaszewski*, Westd. Zeitschr. 21, 1902, 194 f. eine erste Liste aufgestellt hatte, wurde eine vervollständigte Liste von *Ritterling–Stein*, Beamte und Truppen 79 f. vorgelegt. Seitdem sind keine Ergänzungen bekannt geworden außer *Nesselhauf*, Nr. 219. – Zu den Ziegelstempeln s. CIL 13/6 *(E. Stein)*.

[132] Die vermutliche Benefiziarierweihung von St. Georg vor dem Südtor der CCAA: *Nesselhauf*, Nr. 219. Sie ist zwar nicht vollständig erhalten, zeigt aber das Formular von Benefiziarierweihungen. Vor dem Tor an der Bechergasse (vgl. O. *Doppelfeld* in: Kölner Untersuchungen hrsg. von W. Zimmermann [Ratingen 1950] 36 Nr. 53) soll gefunden sein CIL 13, 12053. Diese Fundstellenangabe bringt nur *Klinkenberg*, Köln 251, nach ihm *Hagen*, Römerstraßen 58. Am Rhein wurden ferner CIL 13, 8205–8207 gefunden. Ob CIL 13, 12052 (nach *Klinkenberg* a. O. ‚auf dem Blaubach, Ecke Weißbüttenstraße' gefunden) ebenfalls einen Posten bezeugt, ist unsicher. Der Benefiziarieraltar CIL 13, 8494 wurde in Köln-Deutz, allerdings in zweiter Verwendung gefunden *(Klinkenberg*, Köln 360. *Hagen*, Römerstraßen 58).

[133] *W. Schmid*, Ber. RGK. 15, 1923/24, 205. Das CIL-Zitat muß richtig heißen: CIL 3, 5161 ff. *V. Hoffiller* und *B. Saria*, Antike Inschriften aus Jugoslavien (Zagreb 1938) S. 20 u. Nr. 43. – In einem kleinen Haus der Zivilstadt Lauriacum wurden Reste der Ausrüstung eines Benefiziariers gefunden. Aber auch das gibt für unsere Frage nichts aus. Jahrb. d. Oberösterr. Musealver. 99, 1954, 85 = Pro Austria Romana 4, 1954, 4.

Wir halten es für möglich, daß der römische Bau, der unter St. Georg in Köln ausgegraben wurde, eine Benefiziarierstation war (Abb. 24). In das Caesariusoratorium, das über der spätrömischen Bauperiode des behandelten Baues liegt, war der oben erwähnte Weihestein eingemauert. Der Bau selbst war quadratisch (etwa 10 × 10,5 m). Er lag inmitten einer später ganz geschlossenen Häuserzeile unmittelbar an der Straße, die aus dem Hauptsüdtor der CCAA nach Süden führte. Offenbar stießen Häuser Gewerbetreibender im Westen an den Quadratbau an. Das Innere des Gebäudes wurde im Laufe der Zeit verschieden umgebaut. In der Mitte des Haupt-

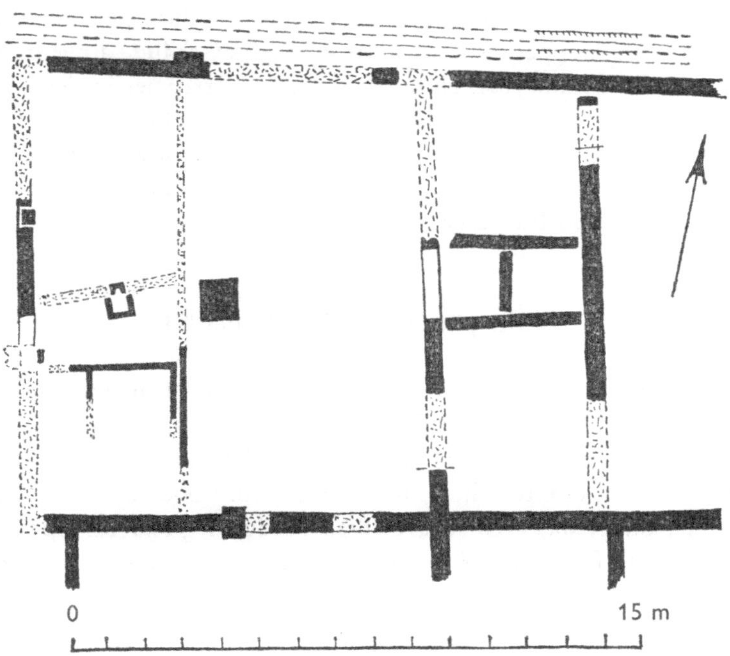

Abb. 24: Bauspuren des 2. bis 3. Jahrhunderts unter St. Georg in Köln. 1 : 200

raumes befand sich ein quadratischer Pfeiler, der wohl einen Deckenunterzug trug. In einem der Räume des Gebäudes wurden zwei Pugiones gefunden. O. Doppelfeld, der die Baugeschichte des Gebäudes mit großer Sorgfalt geklärt hat, sah in ihm einen gallo-römischen Quadrattempel, wobei er sich trotz eigener Zweifel an die Meinung der Ausgräber anschloß. Wir haben ihm an anderer Stelle widersprochen, weil das Innere eines Tempels nicht zu Wohnzwecken verwendet wird und weil das ganze Gebäude in eine

Häuserzeile eingebunden war. Es fehlt ja auch jede Spur einer Porticus um den ‚Quadrattempel' herum. Die Erklärung des Gebäudes als Benefiziarierstation liegt nahe wegen der erwähnten Inschrift und wegen des Bautypus. Wir kennen nämlich spätrömische Burgi, die einen quadratischen Grundriß haben und einen Mittelpfeiler von der Art, wie ihn auch der Bau unter St. Georg aufweist. Es spricht manches dafür, daß die Benefiziarierstationen der mittleren Kaiserzeit eine der Wurzeln der spätrömischen Burgi waren. Der Fund zweier Pugiones paßt gleichfalls zu einer solchen Statio. Wir würden keine Bedenken gegen diese Erklärung des Baues unter St. Georg haben, wenn ihn nicht O. Doppelfeld schon in vorklaudische Zeit datierte. Benefiziarier als Straßensicherungsposten sind nämlich erst seit flavischer Zeit bezeugt. Da Doppelfeld aber nicht selbst das Gebäude ausgegraben hat, sondern nur die Grabungsakten bearbeitete, sind Irrtümer in der Datierung nicht ausgeschlossen. Wir sollten also mit der Möglichkeit rechnen, daß der römische Quadratbau unter St. Georg in Köln die erste selbständige Benefiziarierstation ist, die wir kennen. Sie wäre als baugeschichtlicher Vorläufer eines gewissen Burgustypus wichtig[134].

3. Die spätrömische Epoche des NL

Seit der Mitte des 3. Jahrhunderts war die untere Rheinzone – und damit das Rheinland – wieder Kriegsschauplatz. Die Franken überschritten, soviel wir wissen, zum ersten Mal im Jahre 257 n. Chr. den Rhein, durchbrachen an einer uns unbekannten Stelle den nieder- oder obergermanischen Limes und stießen durch das wehrlose Gallien hindurch gleich bis Spanien vor. Das war der Anfang zahlreicher Einfälle, deren schwerster im Jahre 276 erfolgte[135].

[134] O. *Doppelfeld* in: Kölner Untersuchungen, hrg. von W. Zimmermann (Ratingen 1950) 90 ff. *Verf.*, Germania 30, 1952, 128 f. Zu spätrömischen Burgi mit Mittelunterstützung: *A. A. Barb*, Österr. Jahresh. 37, 1948 Bbl. 263 ff. Hier (280 f.) ist schon mit Literaturangaben auf die spätrömischen Signalstationen von Scarborough und Goldsborough, Yorkshire verwiesen. Eine Mittelunterstützung aus Holz weist der rätische Burgus bei Achegg, Gem. Buchenberg, BA. Kempten auf: *P. Reinecke*, Germania 19, 1935, 33 ff. Man vergleiche auch die (offenbar schon byzantinischen) Türme 1, 2, 4 und 6 von Capidava in Niedermösien: *C.* und *R. Florescu* und *P. Diaconu*, Capidava (Bukarest 1958) Plan 1. Die vier Mittelstützen der Burgi von Engers, Kr. Neuwied, und Nógrádveröce (nördlich Budapest) werden von *W. Schleiermacher*, Germania 26, 1942, 192 als Träger für Unterzüge eines Getreidespeichers erklärt.

[135] *Verf.* in: Oxé-Festschrift 220 ff.

Die Kleinfunde der meisten Anlagen des NL brechen mit dem keramischen Niederbieberhorizont ab. Man könnte deshalb meinen, daß der NL schon den ersten Stößen der Franken erlag. Das war gewiß nicht der Fall. Das Auxiliarkastell Valkenburg (Zuid Holland) soll zwar schon um 240, also noch vor dem ersten bekannten Frankeneinfall, aufgegeben worden sein. Aber aus Vetera II ist noch eine Münze vom Ende des Jahres 260 erhalten. In Quadriburgium – Qualburg fanden wir die Neuanlage einer Befestigung aus der 2. Hälfte des 3. Jahrhunderts (Abb. 25). Sie trug bereits die Kennzeichen spätrömischer Wehranlagen. Wir versuchten, diesen Neubau mit den in der Vita des gallischen Sonderkaisers Postumus bezeugten Abwehrmaßnahmen gegen die Germanen in Verbindung zu bringen. Die Besatzung des Kastells war nach Ausweis von Ziegelstempeln ein Numerus Ursariensium [136].

Die Geschichte des NL vom großen Einfall der Franken im Jahre 276 bis zur Regierung Konstantins d. Gr. ist noch gar nicht erhellt. Einige Nachrichten weisen darauf hin, daß die Franken auch in den achtziger Jahren einbrachen und daß sich Maximian mit ihnen herumschlug. Von einer Wiederherstellung der Limesfestungen am Niederrhein hören wir aber nichts Sicheres [137]. Dagegen ergaben Arbeiten der letzten Jahre, daß Konstantin I. am linken Rheinufer, also in der Linie des frührömischen Rheinlimes, einen Limes nach dem neuesten Stand der Festungsbaukunst anlegen ließ [138].

Den konstantinischen Rheinlimes haben wir auf Grund von Ziegelstempeln und Kastellformen identifiziert. Als Ausgangspunkt benutzten wir den Befund von Divitia – (Köln)Deutz (Abb. 26). Daß dieses Kastell eine Anlage Konstantins d. Gr. ist, wird durch eine Inschrift, durch eine zeitgenössische Festrede, durch Ziegelstempel und schließlich durch die bei den Ausgrabungen geborgenen Münzen wahrscheinlich gemacht [139]. Als Bau-

[136] *Verf.*, Bonner Jahrb. 142, 1937, 325 ff. *Ders.* in: Oxé-Festschrift 225. Viel zu weit geht *M. P. van Gansbeke*, der Postumus ein gigantisches Militärbauprogramm zuschreibt: Latomus 14, 1955, 404 ff. – Richtige Einschränkung von *H. Schönberger*, Latomus 15, 1956, 222 ff.

[137] Es ist ganz ungewiß, auf welche φρούρια und πύργοι sich die Nachricht des Zosimos 2, 34, 1 bezieht. Vgl. *Verf.* in: Oxé-Festschrift 230.

[138] *Verf.* in: Limes-Studien (Basel 1959) 94. Meine Darstellung des konstantinischen Rheinlimes, die ich vor dem 4. Internationalen Limes-Kongreß in Durham 1959 vorgetragen habe, wird voraussichtlich in den Bonner Jahrb. erscheinen.

[139] Die allerdings nur handschriftlich überlieferte Bauinschrift: CIL 13, 8502 = Dessau 8937. – Die Nachricht Paneg. Lat. 6 (7), 11,3 und 13,1–5 stammt aus dem Sommer des Jahres 310. Der hier bezeugte Bau einer Brücke von Köln über den Rhein ist vom Kastell Divitia nicht zu trennen. – Als Baumaterial wurden auch Ziegel der Adiutex-, Armo-,

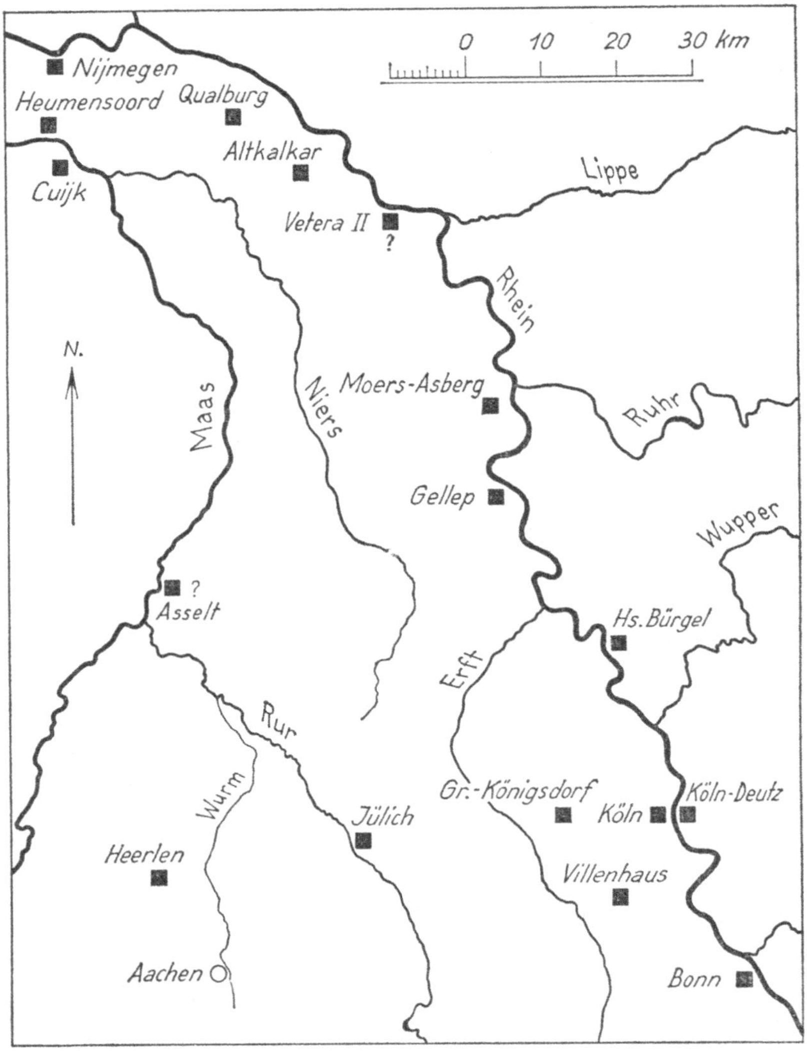

Abb. 25: Spätrömische Befestigungsanlagen. 1 : 1 000 000

Capionaci-Gruppe und bestimmte Figurenstempel gefunden (CIL 13/6, 12622, 12657, 12695 und 13091), die wenigstens durch ihre Vorkommen in der sogenannten Basilika in Trier als konstantinisch datiert sind. – Zu der Münzreihe von Divitia s. *F. Fremersdorf* in: *A. Marschall, K. J. Narr* und *R. v. Uslar,* Die vor- und frühgeschichtliche Besiedlung des Bergischen Landes (Beiheft 3 der Bonner Jahrbücher, Neustadt 1954) 160 f. – Die ältere Literatur über die Erforschung von Divitia bei *J. Klinkenberg,* Köln 352 ff.

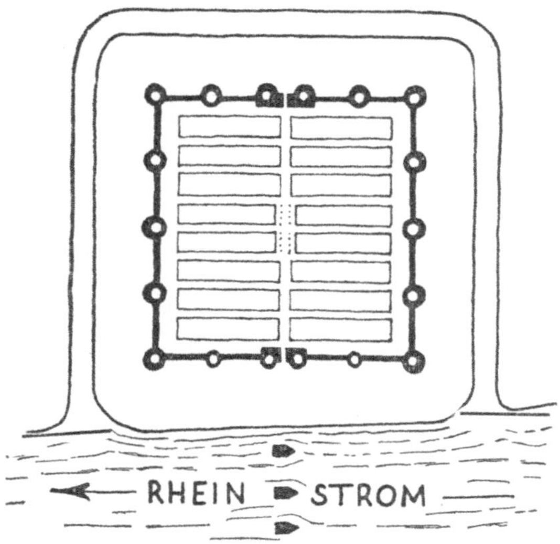

Abb. 26: Kastell Divitia (Köln-Deutz). 1 : 5000

material wurden auch Ziegel der 22. und 8. Legion benutzt, auf deren Stempeln der Legionsziffer die Buchstaben C. V. hinzugefügt wurden. Diese Ziegel, die ein charakteristisches Format haben, sind also wohl auch konstantinisch. Wir lösen die Abkürzung als ,Constantiniana victrix' auf, als Adjektive hinzugefügt zur Bezeichnung der Legionen als ,legio XXII' oder ,legio VIII'. Kartiert man diese Ziegelstempel, dann erhält man schon eine große Anzahl von Kastellen des konstantinischen Rheinlimes, die man dann auf Grund typischer Grundrisse vermehren kann. Dieser Limes wies einerseits Kastelle von fester Form auf, anderseits Siedlungen von unregelmäßiger Gestalt, die nun neu befestigt wurden. Die Kastellgrundrisse waren Quadrate von etwa 60 × 60 m Seitenlänge oder zwei solche Quadrate, die zu einem Rechteck nebeneinander gelegt waren (Abb. 26 und 27). Die Festungsmauern hatten vorspringende Rundtürme. Die Innenbauten füllten wie bei den älteren Grenzfestungen das ganze Kastellinnere. Im Rheinland sind bisher zwei Festungen dieses Limes bekannt: Divitia, das ein rechtsrheinischer Brückenkopf gegenüber Köln ist (Abb. 26), und Haus Bürgel, Gemeinde Baumberg im Rhein-Wupper-Kreis (Abb. 25 und 27). Haus Bürgel ist sowohl durch einen Ziegelstempel der Capionaci-Gruppe als auch durch seinen bezeichnenden Grundriß als Kastell des konstantinischen Limes gesichert. Es lag übrigens in römischer Zeit und danach wohl noch bis in das

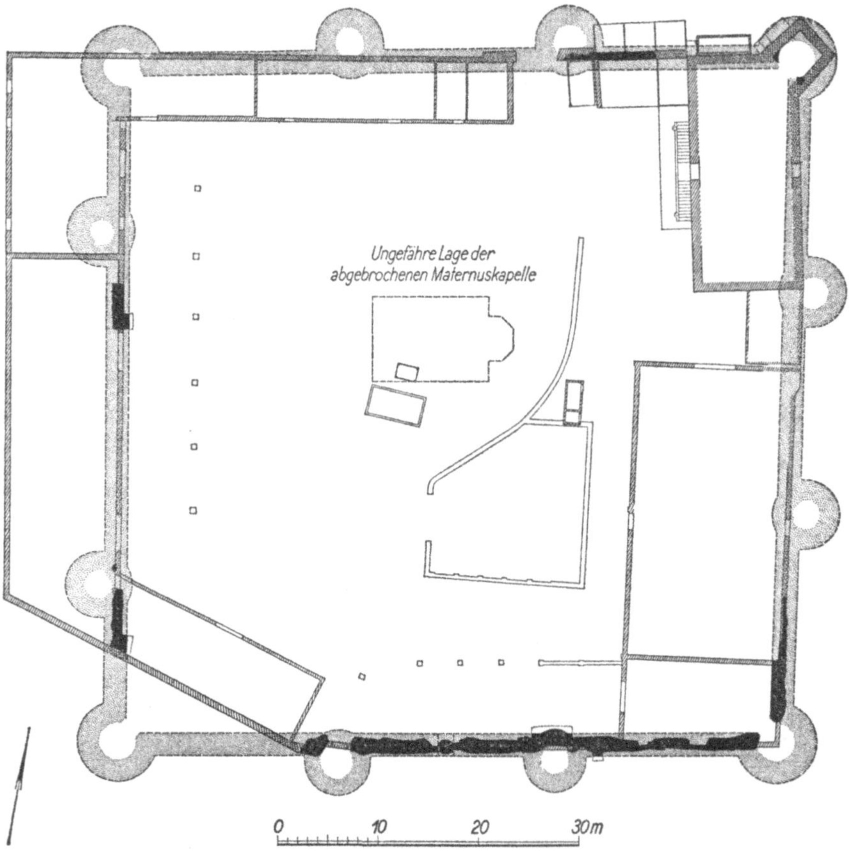

Abb. 27: Die konstantinische Festung Haus Bürgel. 1 : 750

14. Jahrhundert auf dem linken Rheinufer[140]. Entgegen unserer eigenen früheren Meinung müssen wir jetzt feststellen, daß der NL schon unter Konstantin I. wiederhergestellt war[141].

[140] *W. Haberey*, Bonner Jahrb. 157, 1957, 294 ff.

[141] *F. Oelmann* hat das Verdienst, schon 1949 gefordert zu haben, daß die Limesforschungen entlang des Rheines auch die spätrömische Epoche einbeziehen sollten: The Congress of Roman Frontier Studies 1949 (hrsg. von E. Birley, Durham 1952) 80 ff. Oelmann hat die große Entwicklungslinie richtig erkannt (trotz der von mir im Niederrheinischen Jahrb. 3, 1951, 44 Anm. 35 gemachten Abstriche). Vgl. *F. Petri*, Zum Stand der Diskussion über die fränkische Landnahme usw. (Darmstadt 1954) 63 f. Ich war gegenüber der Möglichkeit, daß der NL im 4. Jahrhundert noch fortbestand, bisher zu skeptisch: Vetera 1833.

Daß der rheinländische Abschnitt des NL in seiner ganzen Erstreckung im 4. Jahrhundert wiederhergestellt war, lehren außer den beiden angeführten konstantinischen Anlagen die Kastelle Gelduba, Asciburgium und Quadriburgium (Abb. 25). Im Auxiliarkastell Gelduba (S. 50) barg der Humus, in dem die obersten Kulturschichten enthalten sind, Kleinfunde des 4. Jahrhunderts [142]. Ob eine mächtige Störung, die das Kastellgelände über eine längere Strecke durchzieht, ein spätrömischer Graben ist, muß noch geprüft werden. Auch die Kontinuität der Gräberfelder von Gelduba (römische bis karolingische Epoche) spricht dafür, daß die Besiedlung nicht länger unterbrochen wurde [143]. Für Asciburgium (S. 50 f.) sind Münzfunde bis Gratian bezeugt. Ferner fand F. Tischler bei seinen Ausgrabungen Gefäßscherben des 4. Jahrhunderts im Humus [144]. Für Quadriburgium gelang der Nachweis, daß es während des ganzen 4. Jahrhunderts als Wehranlage benutzt wurde, schon vor dem letzten Kriege [145].

Neue Erkenntnisse sind auch zur Geschichte der rheinischen Legionsfestungen des 4. Jahrhunderts gewonnen worden (Abb. 25). Nachdem wir nach dem Kriege in der Legionsfestung Bonna sowohl im Valetudinarium als auch in großen Flächen nahe der Porta praetoria Bautätigkeit des 4. Jahrhunderts nachgewiesen haben, kann man als sehr wahrscheinlich annehmen, daß diese Festung damals in ihrer ganzen Ausdehnung militärisch benutzt wurde. Leider finden wir auch hier in Bonn keine ausreichenden Baubefunde der spätrömischen Epoche, weil sie durch die Steingewinnungsarbeiten späterer Jahrhunderte am meisten gelitten haben. Trotzdem berechtigen die im Humus enthaltenen Kleinfunde des 4. Jahrhunderts und die wenigen gleichzeitigen Baureste nicht nur zur Annahme einer bloßen Besiedlung. Diese könnte auch ziviler Art sein. Nachdem wir festgestellt haben, daß der NL im 4. Jahrhundert wieder ausgebaut war, dürfen wir es vielmehr als sicher annehmen, daß auch die Legionsfestungen wieder zur Verteidigung eingerichtet wurden. Das gilt außer für Bonna auch für Novaesium (Abb. 28). Aus der Kartierung der Funde des 4. Jahrhunderts im Legionsterritorium und im Bereich der Zivilsiedlung Novaesium ergibt sich, daß

[142] Die Kleinfunde wurden von einem Studenten, Herrn L. A. Tauchert, im Landesmuseum Bonn bestimmt.

[143] *A. Steeger,* Germanische Funde der Völkerwanderungszeit aus Krefeld (Krefeld 1937). *Ders.* in: Oxé-Festschrift 248 ff. Zur Zeit bearbeitet *R. Pirling* die spätrömischen und fränkischen Gräber von Krefeld-Gellep. *Dieselbe,* Bonner Jahrb. 159, 1959 (in Vorbereitung).

[144] *F. Stollwerck,* Asciburgium (Ürdingen 1879) 70. Die spätrömische Keramik zeigte mir F. Tischler bei einem Besuch seiner Ausgrabung.

[145] *Verf.,* Bonner Jahrb. 142, 1937, 325 ff.

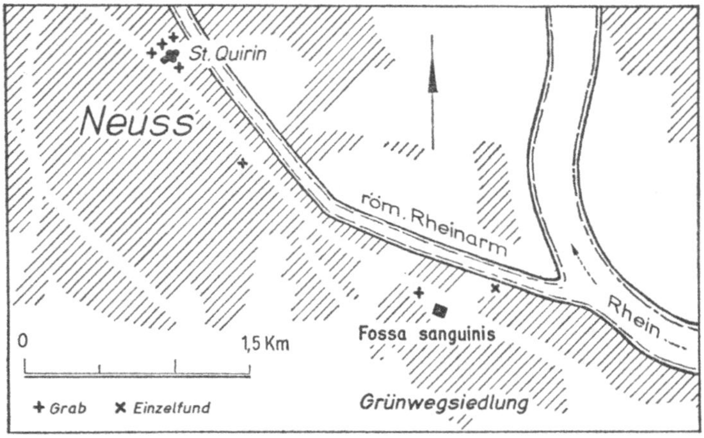

Abb. 28: Novaesium-Neuß im 4. Jahrhundert n. Chr. 1 : 50 000

auch die ehemalige Legionsfestung wieder in irgendeiner Form besiedelt oder benutzt wurde. Bei einer Überprüfung von Spolien, die in Bauten der Legionsfestung eingemauert waren, fanden wir, daß auch sichere Stücke des 2. Jahrhunderts darunter waren. Während man bisher die Verwendung von Spolien in Novaesium auf den Wiederaufbau der Festung nach dem Bataveraufstand zurückführte, zeigt sich jetzt, daß sie – nach unseren sonstigen Kenntnissen im Rheinland – erst in der 2. Hälfte des 3. Jahrhunderts oder erst im 4. Jahrhundert vermauert sein können. Sollte sich die Nachricht Ammians, daß der Kronprinz Julian außer anderen sechs Civitates auch Novaesium befestigt habe, auf die Wiederherstellung der Legionsfestung Novaesium beziehen[146]? Fast nichts ist uns dagegen über die militärische Bedeutung von Vetera in spätrömischer Zeit bekannt. Die bisher aus Vetera II geborgenen Kleinfunde reichen nur bis 260 n. Chr. (S. 39). Dagegen berichtet Ammianus Marcellinus, daß Julian auch ‚Tricensima' befestigt habe, das, zwischen Castra Herculis und Novaesium gelegen, nur eine Festung bezeichnen kann, deren Name an die Legio XXX Ulpia victrix anknüpft. Leider fehlt uns aber bisher jede archäologische Spur dieser Anlage. Da wir nun wissen, daß die Colonia Traiana bei Xanten im 4. Jahrhundert noch bestand (S. 102), erhöht sich die Wahrscheinlichkeit, daß Tricen-

[146] Kartierung der spätrömischen Funde von Novaesium: *Verf.*, Novaesium 48. *Ders.* in: Neue Ausgr. Beilage 1 gegenüber S. 288. Die Spolien des 2. Jahrhunderts: *H. Lehner*, Bonner Jahrb. 111/112, 1904, 322 Nr. 8 und 9. CIL 13, 8543 = *Lehner*, Steindenkmäler 109 und 8544 = *Lehner*, Steindenkmäler 544. – Ammianus Marc. 18, 2, 4.

sima die alte Festung der 30. Legion – Vetera – war [147]. Im Zusammenhang mit diesen archäologischen Feststellungen ließe sich diskutieren, welche Truppenkörper in den Festungen des NL während des 4. Jahrhunderts lagen. Ehe man aber nicht die Größe und Belegungsweise dieser Festungen kennt, dürfte eine solche Diskussion noch verfrüht sein.

Wenn der NL während des 4. Jahrhunderts bestanden hat, kann der sogenannte ‚Belgische Limes‘ keine Funktion als Grenzverteidigung gehabt haben. Hier soll nicht der Streit über die militärische Bedeutung der kleinen Kastelle und Burgi an der Straße Köln–Tongern–Bavai noch einmal aufgerollt werden. Nach allem, was wir dargelegt haben, kann es keinen ‚belgischen‘ Grenzlimes gegeben haben. Die Kastelle und Burgi an der genannten Straße schützen vielmehr den Nachschub, der aus dem Innern der gallischen Präfektur heraus die Truppen an der Grenze versorgte. In den unsicheren Zeitläuften des 4. Jahrhunderts war der Schutz der wichtigen Straßen von noch größerer Bedeutung als vorher. Deshalb wurden die früheren Benefiziarierstationen zu Burgi verstärkt und erhielten durch mittlere und größere Straßenfestungen einen Rückhalt. Genauso wie an der Straße Köln–Bavai lagen solche Befestigungen an der Straße Köln–Trier und an deren Abzweigungen [148].

[147] *Verf.*, Vetera 1806 f. und 1832 f. Hier wird absichtlich die sehr verwickelte Frage, ob die 30. Legion als Limitaneinheit in der Germania II verblieb und welche weiteren Einheiten von ihr unter Diokletian oder später abgespalten wurden, nicht behandelt. Auch die Geschichte der Legio I Minervia ist für die spätrömische Epoche noch nicht klar. – *H. P. L'Orange*, Der spätantike Bildschmuck des Konstantinsbogens (Berlin 1939) 110 f. meint, Legionszeichen der Legio I Minervia und der Legio XXX Ulpia victrix auf Postamentreliefs des Konstantinsbogens erkennen zu können. *A. Alföldi* hat dem widersprochen: Dumbarton Oaks Papers 13, 1959, 173 f.

[148] Literatur über den ‚limes Belgicus‘ findet man bei: *R. de Maeyer*, De Romeinsche villa's in België (Antwerpen 1937) 290 ff. – *H. Draye*, Mededeel. uitgeg. door de Vla. top. vereeniging te Leeuven 11, 1935, 27 ff. und 14, 1938, 1 ff. *Ders.*, Rhein. Vierteljahrsblätter 8, 1938, 165 ff. – *F. Petri*, Germanisches Volkserbe in Wallonien und Nordfrankreich (Bonn 1937) 20 ff. *Ders.*, Zeitschr. f. Namenforschung 17, 1941, 15 ff. *Ders.*, Zum Stand der Diskussion über die fränkische Landnahme usw. (Darmstadt 1954) 63 ff. – *F. L. Ganshof*, Le peuplement de la Wallonie et du Nord de la France (Brüssel 1941) 17 ff. – *J. Vannérus*, Bull. Acad. royale de Belge, Classe des lettres 5. Ser., 28, 1942, 313 ff. *Ders.*, Le limes et les fortifications gallo-romaines de Belgique (Mémoires de l'Acad. royale de Belge 11,2 Brüssel 1943). – *M. A. Arnould*, Rev. belge de philol. 23, 1944, 268 ff. – *H. van de Weerd*, Inleiding tot de Gallo-Romeinsche Archeologie der Nederlanden (Brüssel-Antwerpen 1944) 71. – *J. Dhondt*, L'Antiquité Classique 16, 1947, 261 ff. – *G. Faider–Feytmans* in: Mélanges de philologie etc. offerts à J. Marouzeau (Paris 1948) 161 ff. *Dies.* in: Algemene Geschiedenis der Nederlanden 1 (Utrecht 1949) 133 ff. – *A. W. Byvanck* ebenda 83 ff. – *Ch. Verlinden* ebenda 215 ff. *Ders.* Bijdragen voor de Geschiedenis der Nederlanden 1 (Utrecht 1946) 1 ff. *Ders.*, Les origines de la frontière linguistique en Belgique et la colonisation Franque (Brüssel 1955). – *S.-J. De Laet*, Bull.

Man hat sich allzusehr daran gewöhnt, das Ende des NL in das Jahr 402 n. Chr. anzusetzen, in dem Stilicho einen Teil der Truppen aus Gallien und Britannien zum Kampf gegen Alarich abkommandierte. Für den NL war es aber bedeutsamer, daß Eugenius auch die Grenztruppen im Jahre 393 vom Niederrhein abzog, als er gegen Theodosius nach Italien abrückte. Es ist allerdings zweifelhaft, ob Eugenius den NL vollkommen von Truppen entblößte, denn Stilicho verhandelte noch im Jahre 395 mit den Franken. Diese waren damals also nicht unbestrittene Herren des römischen Rheinufers. Auch der Usurpator Konstantin 3. und Aetius hielten den Anspruch auf das römische Reichsgebiet in der gallischen Praefektur aufrecht. Aetius warf sogar noch einmal Franken über den Rhein zurück[149].

Über das Ende des NL können wir wohl nur durch archäologische Befunde belehrt werden, vorläufig fehlen sie aber. Man kann zur Zeit auch die Kleinfunde der 2. Hälfte des 4. Jahrhunderts noch nicht ausreichend von solchen der 1. Hälfte des 5. Jahrhunderts unterscheiden. Vielleicht war es auch überhaupt keine Katastrophe, die das Ende herbeiführte. Vielmehr mag die Kampfmoral der spätrömischen Wehrbauern an der Grenze und der Laeti schließlich so gesunken sein, daß der NL an Altersschwäche starb[150].

III. Siedlungsgeschichte

Das Siedlungsbild des Rheinlandes erfuhr durch die römische Zivilisation einen tiefen Wandel. Waren auch im Süden Galliens griechische und römische Pflanzstädte schon lange vor der Kaiserzeit gegründet worden und hatten

de l'Inst. hist. belge de Rome 26, 1950/51, 244 f. – *J. Stengers,* Latomus 18, 1959, 366 ff. und 593 ff. – Neuerdings grub Ch. Léva einen neuen Burgus bei Taviers aus: L'Antiquité Classique 25, 1956, 438. Ebenda 26, 1957, 145 f. und 439. *Ch. Léva,* Namurcum 31, 1957, 49 ff. *Ders.,* Annales de la Société archéol. de Namur 49, 1957/58, 5 ff.

[149] Zum Abzug von Truppen durch Stilicho: Claudian. 26 (de bello Pollentino sive Gothico), 419–429 und 568–570. *Verf.* in: Oxé-Festschrift 238. *H. Nesselhauf,* Die spätrömische Verwaltung der gallisch-germanischen Länder (Abhandl. Preuß. Akad. Wiss. phil.-hist. Kl. 1938 Nr. 2) 71 f. – Zu Eugenius, Konstantin 3. und Aetius: *Verf.* in: Oxé-Festschrift 239. *E. Stein,* Geschichte des spätrömischen Reiches 1 (Wien 1928) 328 (Eugenius).

[150] Vgl. CIL 3, 3576 = Dessau 2814: Francus ego cives, Romanus miles in armis. Dazu *K. Kraft,* Zur Rekrutierung der Alen und Kohorten an Rhein und Donau (= Diss. Bernenses I 3, Bern 1951) 70. – Zur Unterscheidung der Kleinfunde des ausgehenden 4. und des frühen 5. Jahrhunderts fehlen noch genügende Untersuchungen: *Verf.,* Fortleben 63. Wichtig sind die Arbeiten von *J. Breuer* und *H. Roosens,* Le Cimetière franc de Haillot (= Archaeologia Belgica 34, Brüssel 1957) 235 ff., ferner *J. Werner,* Bonner Jahrb. 158, 1958, 372 ff.

auch zahlreiche Oppida im Innern Galliens eine frühstädtische Entwicklungsstufe erreicht, so fehlten doch dem Rheinland derartige Ansätze vollkommen. Für dieses Gebiet waren die römische Stadt und ihre Lebensform – der urbanisme – etwas Neues[151].

1. Städte

Die Provinz Niedergermanien besaß vier Städte (Städte im Rechtssinn): die Colonia Claudia Ara Agrippinensium (CCAA) – Köln, die Colonia Ulpia Traiana (CVT) – nordwestlich von Xanten und zwei noch nicht lokalisierte Municipia in den Niederlanden. Es sei hier nicht die Rechtsqualität der beiden niedergermanischen Coloniae im einzelnen behandelt – manches ist dabei noch strittig[152]. Wir wollen hier nur Aussehen und Entwicklung der beiden Städte skizzieren.

Köln wurde im Jahre 38 v. Chr. (oder auch später) als eine feste Siedlung der von Agrippa vom rechten an das linke Rheinufer verpflanzten Ubier gegründet[153]. Über das Aussehen des Oppidum Ubiorum können vor allem archäologische Befunde Kenntnisse vermitteln (Abb. 29). Fünf Gruppen von Befunden müssen miteinander in Einklang gebracht werden:

[151] *E. Ennen*, Frühgeschichte der europäischen Stadt (Bonn 1953) 32 ff.

[152] Zu den beiden niederländischen Municipias s. *J. E. Bogaers* in: Honderd eeuven Nederland (= Antiquity and Survival 2, Nr. 5–6, s'Gravenhage 1959) 152 ff. Die Rechtsstellung der CCAA als einer Colonia civium Romanorum steht außer Zweifel. Dagegen ist die Frage des attribuierten Territoriums der Colonia noch nicht mit genügendem Umblick im römischen Reich behandelt worden. Vgl. *Schmitz*, CCAA 39 ff. und 53 ff. Noch schwieriger ist die Stellung der CVT. Zwar kann nicht mehr daran gezweifelt werden, daß die Stadt schon von Trajan ihr Kolonierecht erhielt. Die Zweifel *Ritterling–Stein*, Beamte und Truppen 10 mit Anm. 54 sind nicht berechtigt. Wir kennen die CVT nun schon aus vier Inschriften: CIL 13, 8617, 8742, 8807 = Dessau 7065 und L'Antiquité Classique 26, 1957, 431 f.

[153] *Schmitz*, Stadt und Imperium 38, *ders.*, CCAA 22 ff. und *ders.*, RE 8 A, 533 ff. ‚Ubii' meint, daß die Übersiedlung der Ubier ein langdauernder Vorgang gewesen sei, der schon unter Caesar begonnen habe. Er stützt sich auf Lucan, Phars. 463 ff. Daß diese Stelle aber wertlos ist, hat *R. Nierhaus*, Bonner Jahrb. 153, 1953, 46 ff. gezeigt. Die Trennung dreier Vorgänge ist gleichfalls nicht zu halten: 1. Die Erprobung der Treue der Ubier (Tac. Germ. 28), 2. collocatio (ebenda), 3. Aufnahme der Ubier in das Treueverhältnis (Tac. ann. 12, 27). In Tac. Germ. 28 ist der Ausdruck ‚experimento fidei' nämlich als Dativus finalis zu übersetzen. Der Zweck des ‚collocare' ist zweimal angegeben, durch experimento fidei und ut arcerent, non ut custodirentur. Daß mit der collocatio ein Treuegelöbnis für Rom und den Kaiser verbunden war, ist selbstverständlich, aber kein notwendig oder erweislich eigener Vorgang. Zur Kritik der Annahmen von H. Schmitz vgl. auch *J. Klinkenberg*, Jahrb. d. Kölnischen Gesch.-Vereins 24, 1950, 180 ff. Vgl. unsere Anm. 15.

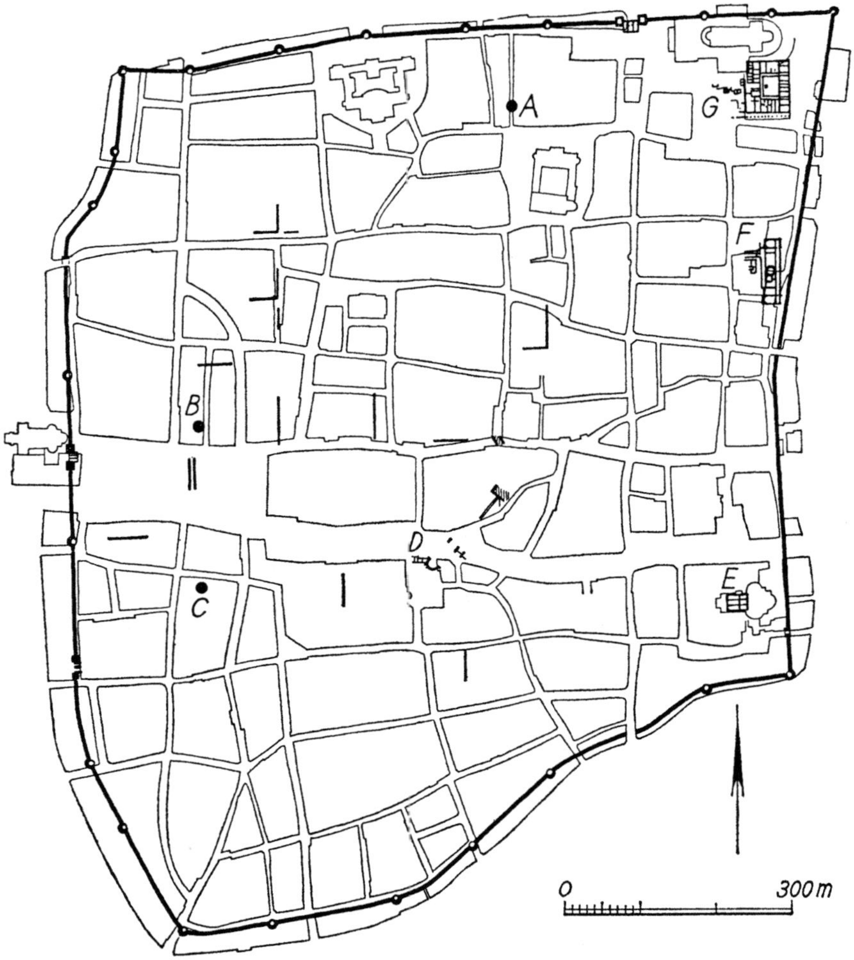

Abb. 29: Die Lage einiger im Text behandelter römischer Fundplätze in Köln und die Stadtmauer der Colonia Claudia Ara Agrippinensium. 1 : 10 000
A. Gräber der 1. Hälfte des 1. Jahrhunderts n. Chr. B. Bildlampen-Töpfereien Ecke Richmodstraße–Neumarkt. C. Töpferei Lungengasse. D. Therme bei St. Cäcilien. E. Römische Fundamente unter St. Maria im Kapitol. F. Praetorium unter dem Rathaus. G. Peristylhaus mit Bacchusmosaik

a) Ein rechtwinkliges Straßensystem augustisch-frühtiberischer Zeit (F. Fremersdorf; Abb. 29: nordsüdlich und ostwestlich verlaufende Striche),
b) schräg zu jenem liegende Großbauten (darunter eine Therme) von der Schildergasse bis St. Caecilia (O. Doppelfeld; Abb. 29: D und nordostwärts davon gelegene Spuren),

c) ein vermeintlicher Wall und Graben des Oppidum Ubiorum bei St. Aposteln (O. Doppelfeld),
d) tiberische Töpferöfen (Abb. 29: B und C) und
e) Gräber, die älter als 50 n. Chr. sind (Abb. 29: A)[154].

Die Punkte a und b widersprechen einander. Doppelfeld meint, daß der schräge ‚Altstadtkern' die älteste Anlage sei, die später, aber noch in augustischer Zeit, durch die rechteckige Anlage ersetzt worden sei, die auch der CCAA als Grundlage diente. Das ist möglich, wenn auch diese Erklärung manche Frage offen läßt. Auch die angebliche Befestigung des Oppidum Ubiorum und die genannten Töpferöfen widersprechen einander. Wir meinen, daß der Befund bei St. Aposteln nicht auf einen Wall und Graben des frühen Oppidum hinweist. Schließlich sei auf die von uns in Anm. 37 gestellte Frage verwiesen, ob nicht Reste eines frühen Lagers als Teile des gesuchten Oppidum Ubiorum mißverstanden wurden.

Die im Jahre 50 n. Chr. gegründete CCAA ist nach römischem Kolonieschema erbaut (Abb. 29). Dem Gesamtplan wurde ein Quadrat zugrunde gelegt, das im Süden nach einem Bach und im Osten nach dem Hafen, einem Altwasserarm des Rheines, abgeändert wurde. Die achttorige Stadtmauer hat O. Doppelfeld genau studiert. Der Graben, der vor ihr liegt, wird gleichzeitig mit ihr aus der Koloniegründungszeit stammen[155]. Die Straßen, die in späterer Zeit von Laubengängen begleitet wurden, teilen rechteckige Häuserinsulae ab. Dabei wird vielleicht auf den schrägen Altstadtkern Rücksicht genommen. Deshalb mag die Ost-West-Achse, wohl der Decumanus maximus, nur gebrochen durch die Stadt geführt worden sein. Es muß einen besonderen Grund gehabt haben, weshalb der vermutliche Cardo maximus, die heutige Hohe Straße, aus der geometrischen Mitte so weit nach Osten verschoben wurde. Vielleicht strebte man gegenüber den Germanen eine besonders prächtige Rheinfront an – Cicero (leg. agr. 2,73) nennt die Coloniae einmal ‚propugnacula imperii'[156]. Bei Maria im Kapitol,

[154] Zu a: *Fremersdorf,* Topographie 2 ff. – Zu b: O. *Doppelfeld,* Fasti Archaeologici 5, 1952, 424 Nr. 4943. – Zu c: O. *Doppelfeld* in: Kölner Untersuchungen, hrsg. von W. Zimmermann (Ratingen 1950) 13 ff. *Verf.,* Germania 30, 1952, 126 f. – Zu d: Lungengasse: *P. La Baume,* Kölner Jahrb. 3, 1958, 26 ff., besonders 52 f. An der Rechtschule (Rundfunkhaus): Grabung 1959. Mündliche Mitteilung von O. Doppelfeld u. P. La Baume. Richmodhaus: *F. Fremersdorf,* Bonner Jahrb. 147, 1942, 237 ff. *P. La Baume,* a. O. 53 Anm. 41. – Zu e: *Fremersdorf,* Prähist. Zeitschr. 18, 1927, 255 ff. *P. La Baume,* Germania 36, 1958, 460 ff.

[155] Vgl. Anm. 154 zu c. Den Graben hielt *F. Fremersdorf* mit guter Begründung für gleichzeitig mit der Stadtmauer: Bonner Jahrb. 139, 1934, 64 ff.

[156] Über die Datierung der Straßenlauben in der CCAA scheint noch keine Einhelligkeit zu bestehen. Doppelfeld datiert sie in die 2. Hälfte des 3. Jahrhunderts, neigt sogar dazu,

also am Cardo maximus wurden besonders viele große und prächtig eingerichtete Bauten gefunden (Abb. 29 E). Das Fundament eines Baues unter Maria im Kapitol war dreiteilig. Doppelfeld möchte ihn als Kapitoltempel erklären [157].

Auch das Praetorium, der Amts- und Wohnsitz des Provinzstatthalters, lag auf dem Rand der Niederterrasse, so daß es über die Stadtmauer hinweg vom Rhein her und vom andern Ufer in prächtiger Bauwirkung zu sehen war (Abb. 29 F, 30 und 31). O. Doppelfeld hat dieses Gebäude im Jahre 1953 ausgegraben. Die Stadt Köln hat einen großen Teil der Ruine, die auch heute noch monumental wirkt, unter dem Rathaus erhalten und der Öffentlichkeit zugänglich gemacht [158]. Der ganze Baukomplex ist auf schweren Substruktionen über den Hang der Niederterrasse hinausgebaut, wodurch der erwähnte Eindruck der Höhe verstärkt wurde. Rheinseitig war in den meisten oder allen Bauperioden eine große Porticus gebaut, die wohl in allen Bauperioden zwei Seitenrisalite verband (Abb. 30 und 31). Für die älteren Bauperioden ist allerdings bisher nur der nördliche vorspringende Bauteil nachgewiesen (Abb. 30). Etwa im rechten Winkel zu diesem Rheintrakt streicht ein Bautrakt mit einer Zimmerreihe, die von einem langen Gang begleitet war. Die Zimmer waren heizbar, im 4. Jahrhundert allerdings nicht mehr. Parallel zum Rheintrakt liegen weiter westlich zwei Trakte, die Nischenräume und einen zentral gelegenen Brunnenraum enthalten. Die Rheinfront wurde im Verlauf der Baugeschichte verschieden weit über den Niederterrassenrand vorgeschoben. Immer war sie gegliedert, zeitweilig durch große Nischen und Pilaster. Während eines anderen Bauzustandes scheint man einen Marktplatz, vielleicht mit einem Speicher vor

sie Postumus zuzuschreiben, Fremersdorf setzt sie dagegen ins 4. Jahrhundert. O. *Doppelfeld,* Der unterirdische Dom (Köln–Krefeld 1948) 28 f. *Ders.* in: Kölner Untersuchungen, hrsg. von W. Zimmermann (Ratingen 1950) 99. *Ders.,* Wallraf-Richartz-Jahrb. 18, 1956, 15. *Fremersdorf,* Topographie 33 ff. *Ders.,* Das römische Haus mit dem Dionysos-Mosaik vor dem Südportal des Kölner Domes (Berlin 1956) 5 und 16 ff. *Parlasca,* Bemerkungen 156 ff. Vgl. *G. Rodenwaldt,* Gnomon 2, 1926, 342. – Die Versetzung einer Hauptachse einer Colonia ist allerdings nicht außergewöhnlich, sie ist z. B. auch in Cosa und Paestum beobachtet. – Wir halten uns an den häufigeren Fall, wenn wir in beiden rheinländischen Coloniae die Nord-Süd-Achse als Cardo maximus bezeichnen: *E. Fabricius,* RE. 13, 675 ff., besonders 685, 52 ff. ‚Limitatio'.

[157] Zu den Bauten bei Maria im Kapitol *Fremersdorf,* Topographie 73 ff. O. *Doppelfeld* in: Neue Ausgrabungen. Bericht der Tagung der Koldewey-Gesellschaft in Regensburg 1957 (Trier o. J.) 45 f. *Ders.* in: St. Maria im Kapitol zu Köln, hrsg. Pfr. R. Angenendt (Köln 1958) 13 ff.

[158] O. *Doppelfeld,* Germania 34, 1956, 83 ff. *Ders.* in: Neue Ausgr. 313. *P. La Baume,* Colonia Agrippinensis (Köln 1958) 21 ff. Der eigentliche Grabungsbericht wird vorbereitet.

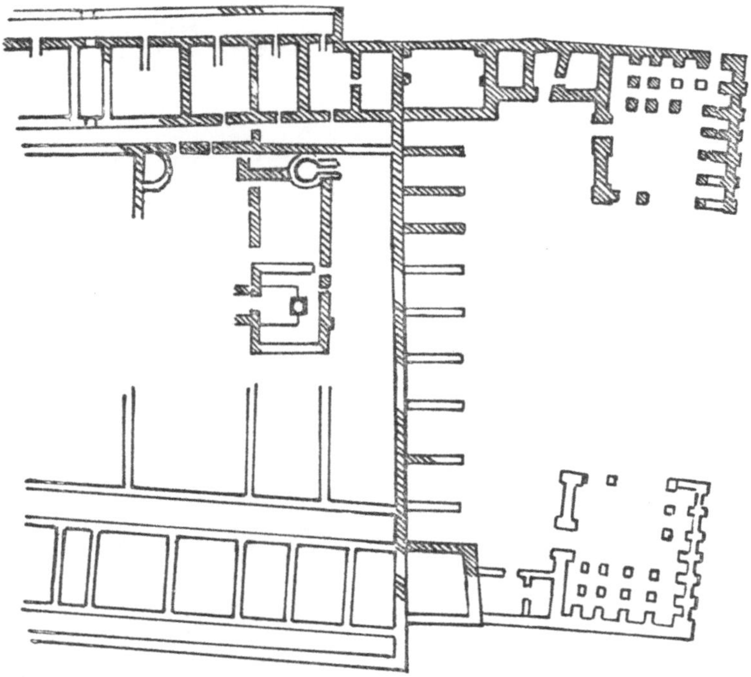

Abb. 30: Der Statthalterpalast in der CCAA-Köln (vgl. Abb. 29 F). Bauperiode III, nach 180 n. Chr. Etwa 1 : 600

der Gebäudefront, angelegt zu haben[159]. Dabei benutzte man die Kellerräume der Substruktionen als Verkaufsläden. Am besten ist natürlich der letzte Bauzustand erhalten, der dem 4. Jahrhundert angehört (Abb. 31). Der Rheintrakt ist nun ein Rechteck von etwa 93 × 28 m. Eine Galerie zwischen zwei Seitenteilen gab den Blick auf den Rhein frei. Zentral im Innern des Rheintrakts lag ein Raum, dessen Außenwände im Aufgehenden ein Oktogon bildeten, während der Innenraum einen kreisrunden Grundriß hatte. Das Aufgehende sitzt auf einem runden Fundament. Die beiden Seitenteile enthalten hinter dem Galerieteil je eine im Grundriß reckteckige Halle, die nach der Stadtseite im Innern halbrund abgeschlossen ist. Vom stadtseitigen Teil des Gebäudes sind nur zwei Trakte, die im Grundschema den mittelkaiserzeitlichen Vorgängern entsprechen, teilweise aufgedeckt.

Bisher zeichnen sich folgende Argumente für die Erklärung des Baubefundes ab:

[159] Vgl. Anm. 164.

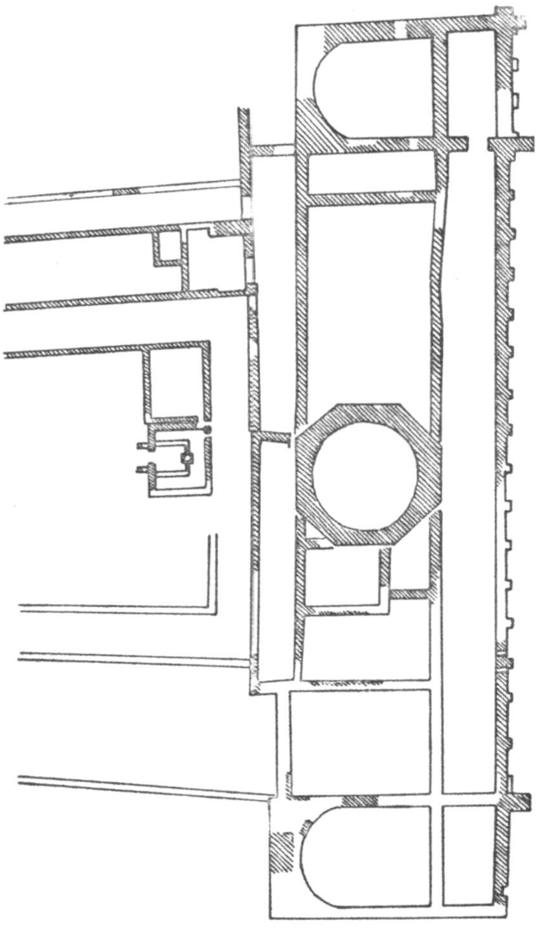

Abb. 31: Der Statthalterpalast in der CCAA-Köln (vgl. Abb. 29 F). Bauperiode des 4. Jahrhunderts n. Chr. Etwa 1 : 750

a) Die bevorzugte Lage im Streifen der öffentlichen Gebäude (in dem allerdings auch private Bauten standen).
b) Der Bautypus des Rheintrakts ist der einer Porticusvilla, einer ,riverside villa'. Die gesamte Anlage ist so weitläufig, daß sie kein Privatbau zu sein scheint. Die Zimmerfluchten des Ost-West-Trakts erinnern an Büroräume und Armamentaria von Principia römischer Standlager oder an antike Gästehäuser.

c) Der zentral gelegene kreisrunde Raum in der spätrömischen Bauperiode erinnert an das ‚Vestibül' des Diokletianspalastes von Aspalathus – Split und andere Parallelen in Palästen.
d) Die Verwendung von Ziegeln aus Ziegeleien verschiedener niedergermanischer Truppenkörper weist nach dem oben S. 65 Gesagten auf einen Bau des Statthalters hin [160].
e) Die Weiheinschrift CIL 13, 8170 = Dessau 2298, die anläßlich des Neubaues des Praetoriums vom sonst unbekannten Statthalter Q. Tarquitius Catulus gesetzt ist, wurde in nächster Nähe des Grabungsplatzes gefunden.

Diese Argumente führen zu der sehr wahrscheinlichen Erklärung des Baues als Amts- und Wohnsitz des Statthalters der Provinz Niedergermanien. Daß der Neubau des 4. Jahrhunderts ein ‚Kaiserpalast' war, für den in Köln gar kein Anlaß vorlag, scheint uns wenig wahrscheinlich, wenn auch Usurpatoren in ihm regiert haben mögen. Der Praeses provinciae Germaniae II muß ebenso wie der Legatus Augusti pro praetore provinciae Germaniae inferioris einen Amtssitz gehabt haben. Wann der spätrömische Neubau errichtet wurde, ist unklar. In der Zeit Konstantins I. wird er nicht errichtet worden sein, weil in ihm die S. 77 f. erwähnten charakteristischen Ziegelstempel fehlen.

Zu den öffentlichen Gebäuden der CCAA gehören noch Thermen, die bei St. Cäcilia angeschnitten wurden (Abb. 29 D). Es wurde das Caldarium aufgedeckt, dessen Apsis 15 m Durchmesser hatte. Diese Anlage ist nach der S. 86 f. behandelten Orientierung der ‚Altstadt' der CCAA ausgerichtet. Die Therme scheint schon in der 1. Hälfte des 1. Jahrhunderts n. Chr. gebaut worden zu sein [161].

Von den Privathäusern der Stadt wurden bisher nur vielerorts einzelne Teile angeschnitten, die aber keinen Schluß auf die Bautypen zuließen. In der Nordostecke der Stadt, vor dem Südportal des Kölner Domes, wurde im Jahre 1941 ein solches Privathaus zum großen Teil, ein weiteres etwa zur Hälfte (Abb. 29 G und 32) aufgedeckt. Ein Buch F. Fremersdorfs macht uns mit dem archäologischen Befund bekannt [162]. Das Haus, das mindestens etwa 60 × 70 m groß war (es wurde nicht vollständig ausgegraben), ist ein Peristylhaus, vertritt also einen nicht nur in Italien, sondern auch in Gallien

[160] O. *Doppelfeld*, Germania 34, 1956, 96.

[161] O. *Doppelfeld* in: Mémorial d'un voyage d'études de la Société Nationale des Antiquaires de France en Rhénanie (Paris 1953) 138 ff.

[162] *F. Fremersdorf*, Das römische Haus mit dem Dionysos-Mosaik vor dem Südportal des Kölner Domes (Berlin 1956). *P. La Baume*, Colonia Agrippinensis (Köln 1958) 29 ff. Eingehende Besprechung des Buches von Fremersdorf: *Parlasca*, Bemerkungen. – Zum halb aufgedeckten Nachbarhaus: O. *Doppelfeld*, Kölner Domblatt 6/7, 1952, 102 ff.

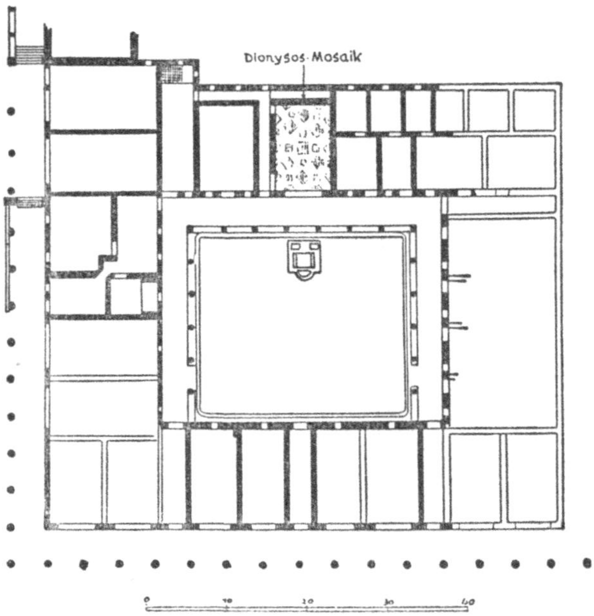

Abb. 32: Peristylhaus mit Bacchusmosaik im NO der CCAA-Köln (vgl. Abb. 29 G). 1 : 910

geläufigen Bautypus[163]. Das Haus enthält im ostwärtigen Teil einen etwa 36 × 27 m großen Peristylgarten mit einem Wasserbecken. In der Ost-West-Achse öffnet sich auf das Peristyl der Oecus. In diesem Speisesaal lag ein Mosaik, das Bacchus und sein Gefolge in einem Paradiesgarten zeigt. Es gehört dem dritten Bauzustand wohl aus dem frühen 3. Jahrhundert an. Im ausgehenden 3. oder im 4. Jahrhundert wurde vielleicht ein Pfeilerspeicher eingebaut[164].

[163] Natürlich gab es in der Rheinzone wie in Gallien Peristylhäuser, sowohl in den Städten wie auf dem flachen Land. Vgl. die Villa rustica von Westerhofen bei Ingolstadt: *F. Oelmann,* Germania 4, 1920, 57. Germania Romana 2^{2} (Bamberg 1924) Taf. 28, 2. Weitere Beispiele im Parc de la Grange bei Genf und in Commugny (Vaud). *R. Degen* in: Die Römer in der Schweiz (Repertorium der Ur- und Frühgeschichte der Schweiz [Basel 1958]) 15. *Staehelin,* Schweiz 400. Man braucht also nicht den Bauherrn des Kölner Peristylhauses zu einem Südländer zu machen: *F. Fremersdorf* (Anm. 162) 29, 124. Richtig H. Mylius, ebenda 116 f. und *Parlasca,* Bemerkungen 165. Vgl. auch das erwähnte Haus westlich des Hauses mit dem Bacchusmosaik.

[164] Zu diesem Speichertypus *Verf.,* Nordeifel 105 f. Die Speicher im Praetorium der CCAA (S. 88 f.) und nahe der Porta pretoria in der Legionsfestung Bonna (S. 45 f.) sind hinzuzufügen, ferner ORL B 62 a (Hüfingen) Taf. 3, 4. Der Speichertyp lebt im Mittel-

Die CCAA war nicht nur durch Fernstraßen (wie die Limesstraße, die Straße nach Aduatuca–Tongern und die Straße nach der Augusta Treverorum), sondern auch durch den Rheinstrom für den Fernverkehr aufgeschlossen. Ein flußaufwärts verlandeter Rheinarm, der die Insel, auf der jetzt Groß St. Martin steht, fast ganz umfloß, diente als Rheinhafen (Abb. 33). Das ist eine typische Flußhafenanlage, wie sie die Römer geschätzt haben. Sie findet sich in der Colonia Traiana, in Vindobona und Aquincum wieder. F. Fremersdorf meint auch, Reste einer Kaimauer des Hafens gefunden zu haben [165].

Die wirtschaftlich zweifellos bedeutenden Gewerbe der Kolonie haben vielfache Spuren im Boden hinterlassen (Abb. 33). F. Fremersdorf hat sie dankenswerterweise in jahrzehntelanger Bemühung beobachten lassen, nach dem zweiten Weltkrieg kartiert und in knapper Zusammenstellung vorgelegt. Alle bekannten Gewerbebetriebe der CCAA liegen außerhalb der römischen Stadtmauer. Es sind Töpfereien und Werkstätten für Metall-, Glas- und Lederverarbeitung [166].

Eine Geschichte der CCAA hat vor wenigen Jahren mit Belesenheit und vielseitigem Interesse H. Schmitz geschrieben. Die literarischen, inschriftlichen und numismatischen Quellen bieten für eine solche Darstellung reichliches Material. Aber erst die archäologische Forschung vermag das Bild abzurunden. Diese Abrundung wird seit dem zweiten Weltkrieg in größerem Umfang angestrebt, denn bis dahin waren unsere Kenntnisse fast ganz auf Einzelbeobachtungen gegründet. Wir verzichten darauf, einen dürren Auszug aus dem Buch von Schmitz zu geben oder uns mit Einzelheiten auseinanderzusetzen. Ein Wort nur sei zur Bedeutung der CCAA im Reichsganzen gesagt. Will man nicht in den Fehler verfallen, aus Liebe zum Gegenstand den richtigen Maßstab zu verlieren, dann fällt es schwer, den Rang der CCAA richtig einzuschätzen. Als Hauptstadt der Provinz Niedergermanien war sie die erste und stärkste urbanisierende Kraft. Die CVT wird ihr gegenüber den Charakter einer großen Landstadt nie verloren haben. Auch wirtschaftlich war die CCAA die bedeutendste Stadt der

alter fort: *H. Hinz*, Bonner Jahrb. 158, 1958, 118 ff. Bedenken am Befund äußert O. *Doppelfeld:* Der unterirdische Dom (Köln–Krefeld 1948) 25 und in: Kölner Dom, Festschrift (Köln 1948) 178. Vgl. *Parlasca*, Bemerkungen 160. – Über das Bacchusmosaik und seine Datierung außer Fremersdorf: *K. Parlasca*, Die römischen Mosaiken in Deutschland (Berlin 1959) 75 ff. *Ders.*, Bemerkungen 160 ff.

165 *Fremersdorf*, Topographie 55 ff. Nr. 24 und Taf. 3. Vgl. ferner *H. Lückger*, Agrippas Rheinhafen (Bonn 1936), und O. *Doppelfeld*, Bonner Jahrb. 153, 1953, 102 ff.

166 *Fremersdorf*, Topographie 58 ff. und Taf. 3.

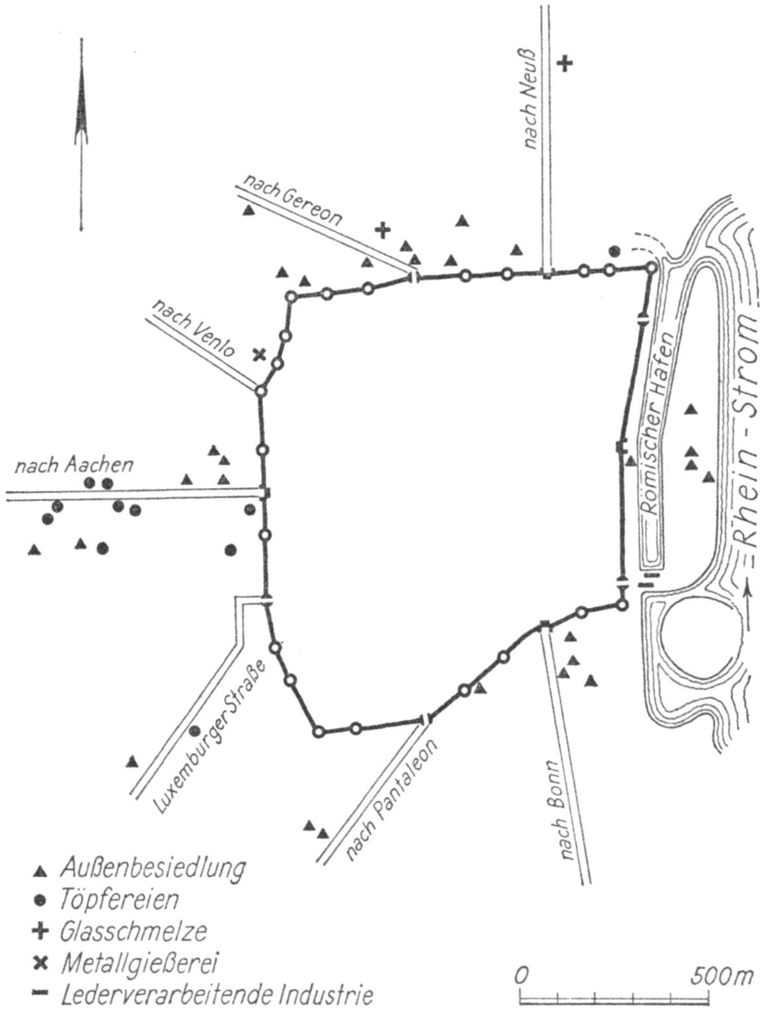

Abb. 33: Gewerbliche Anlagen der CCAA-Köln. 1 : 20 000

Provinz, möglicherweise sogar beider Rheinprovinzen. Ihre Gewerbeerzeugnisse waren vielseitig und hatten Qualität, wenn auch nicht immer guten Geschmack. Sie wird ein echtes Handels- und Geldverkehrszentrum gewesen sein. Für höhere, selbständige kulturelle Regungen fehlen Zeugnisse, das heißt nicht, daß man sich nicht mit Werken herangeholter Künstler geschmückt hat. Vielleicht wäre auch die CCAA in der Spätantike eine prächtige und kulturell bedeutende Stadt geworden, wenn sie nicht so nahe an der Grenze gelegen hätte. Die Zerstörung von 355 n. Chr. wird viel Schaden angerichtet haben. Zu einem ins einzelne gehenden Vergleich der CCAA mit den anderen großen Städten des römischen Westens fehlt uns aber noch das nötige Quellenmaterial [167].

Die CCAA besaß ein Territorium, dessen Bewohner der Kolonie attribuiert waren. Die Attributio war eine Verwaltungsmaßnahme, änderte aber nichts an der Qualität des Bürgerrechts der Attribuierten. Zu den rechts- und verwaltungsgeschichtlichen Fragen des Territoriums der CCAA können mit archäologischen Methoden kaum neue Antworten gewonnen werden, eher ist dies zur Ausdehnung des Territoriums möglich. Die S. 65 behandelte Verbreitung militärischer Ziegelstempel müßte auch für die Grenzen des attribuierten Gebietes der CCAA Aussagen zulassen, wenn die oben behandelte Voraussetzung zutrifft, daß militärische Ziegel nur vom Militär oder bei solchen Bauten verwendet wurden, die im Auftrag des Kaisers oder Statthalters errichtet wurden (Taf. 4). Militärische Ziegelstempel und Militärinschriften (deren Aussagewert freilich einzeln geprüft werden müßte) häufen sich in der Nordeifel und in deren Vorland in auffallendem Maße. Es wird S. 109 ff. und 116 zu zeigen sein, daß auch andere archäologische Feststellungen der Nachkriegszeit darauf hindeuten, daß dieses Gebiet militärischer oder kaiserlicher Besitz war. Wenn sich diese Vermutungen noch weiter erhärten lassen, wird man gezwungen sein, die Südgrenze des attribuierten Territoriums der CCAA etwas vor dem Nordrand der Eifel zu suchen. Den Rhein selbst berührte dann nur ein schmaler Zipfel des Territoriums, während es sich in das westliche Hinterland stark verbreitert haben wird. Bei dieser Frage geht es aber wohlverstanden nur um Verwaltungsgrenzen, nicht um ethnische Verbreitung.

Über die Besiedlung des Territoriums der CCAA werden wir mehr wissen, wenn hier einmal eine archäologische Landesaufnahme durchgeführt sein wird wie im Kreise Bergheim. Es wäre wichtig, die Höfe der zur Zeit der Kolonieerhebung (50 n. Chr.) angesiedelten Veteranen in diesem Territorium festzustellen. Die Villa rustica von Köln-Müngersdorf, die F. Fremersdorf veröffentlicht hat, ist wohl eine davon. Fremersdorf hat auf einige weitere römische Höfe hingewiesen, die vielleicht in die gleiche Gruppe ge-

[167] *Schmitz*, Stadt und Imperium. *Ders.*, CCAA. Besprechung: *J. Klinkenberg*, Jahrb. d. kölnischen Gesch.-Vereins 24, 1950, 180 ff. – Vgl. auch O. *Doppelfeld*, Quellen zur Geschichte Kölns in römischer und fränkischer Zeit (Köln 1958). Zu Fremersdorfs ‚hellenistischer Epoche‘ der CCAA richtig *Parlasca*, Bemerkungen 164 f.

hören[168]. In der letzten Zeit hat das Rheinische Landesmuseum die Reste einer ausgedehnten Villa rustica bei Rondorf (Landkreis Köln) beobachtet. In einem spätrömischen Brunnen fanden wir eine Grabinschrift wohl eines Besitzers des Hofes und seines Bruders, die zwar schon etwa dem 2. Jahrhundert angehört, aber wegen des Prae- und Gentilnomens Tiberius Iulius doch auf einen nahen Vorfahren jener Veteranengeneration hinweisen mag[169].

Die zweite römische Bürgerstadt der Provinz Niedergermanien, die wir jetzt durch archäologische Untersuchungen kennenzulernen beginnen, ist die Colonia Ulpia Traiana, die nordwestlich vom heutigen Xanten liegt (Abb. 11). Da sie in nachrömischer Zeit fast gar nicht überbaut wurde, ist sie ein archäologisches Forschungsobjekt ersten Ranges. Diese römische Stadt ist aus einem Dorf oder Weiler hervorgewachsen, über den S. 103 ff. gehandelt wird. Hier ist festzuhalten, daß die dörfliche Vorgängerin der Colonia Traiana völlig abgerissen wurde, bevor man die neue Stadt baute. Das macht einen wichtigen Unterschied gegenüber der Entwicklung der CCAA aus, insofern als diese eine Altstadt mit eigener Orientierung enthielt, während die Colonia Traiana gänzlich nach dem traditionellen Kolonieschema Italiens neu gebaut wurde. Die Colonia Ulpia Traiana wurde zwischen 98 und 107 n. Chr. gegründet[170].

Bei der Überlegung, welche Gründe zur Platzwahl einer Siedlung geführt haben, ist meistens die Auswahl des geographischen Raumes und die des speziellen Platzes zu unterscheiden (Abb. 11). Daß man die Xantener Bucht, die im Westen von Stauchmoränen, im Osten vom Rhein begrenzt wird, wählte, hatte wohl zwei Gründe: Gesichtspunkte der Raumordnung um Legionsfestungen herum (S. 55 ff.) und die Nähe der Lippemündung, damit das Zusammentreffen von Land- und Wasserverbindungen, die für den Handel wichtig waren. Die spezielle Platzwahl mag durch das frühkaiserzeitliche Dorf präjudiziert gewesen sein, dessen Hafenanlagen übernommen werden konnten. Man wollte ferner die Limesstraße möglichst als Cardo maximus durch die Stadt führen und einen Teil der Stadtmauer auf den Rand oder

[168] *F. Fremersdorf,* Der römische Gutshof Köln-Müngersdorf (Berlin–Leipzig 1933) 59 ff. und Taf. 1.

[169] Noch nicht veröffentlicht. Die Inschrift lautet: d(is) M(anibus) / Tib(erio) Iul(io) Flavia/no et Tib(erio) Iul(io) / Materno / h(eres) f(aciendum) c(uravit). Zu solchen Tiberii Iulii: *A Mócsy,* Historia 6, 1957, 495.

[170] *P. Steiner,* Xanten (Katalog. Frankfurt/M. 1911). *Verf.,* Colonia Traiana 41 ff. Dazu *J. Guey,* Revue des Études Anciennes 56, 1954, 517 ff. *Verf.,* Niederrheinisches Jahrb. 3, 1951, 39 ff. Die Schrift von *H. Hinz,* Xanten zur Römerzeit (Xanten 1960) konnten wir nicht mehr berücksichtigen.

Hang der Niederterrasse setzen. Der Grundplan der Kolonie war ein Quadrat von etwa 930 m Seitenlänge, dessen Nordostseite nach einem damals schiffbaren Rheinarm abgeschrägt war (Abb. 34). Der Flächeninhalt der Stadt betrug 83 ha, er blieb mit rund 13 ha gegen die CCAA zurück. Die Stadtmauer, die der Zeit der Erbauung der Colonia angehört, war im Aufgehenden 2,8 m dick. Ihr Verlauf war bisher nur aus Feststellungen des vorigen Jahrhunderts bekannt, die für den Südteil durch Grabungen aus der Zeit zwischen den zwei Weltkriegen ergänzt wurden. Zur Zeit wird er mit Hilfe eines geoelektrischen Widerstandsmessers neu überprüft. Die Stadt-

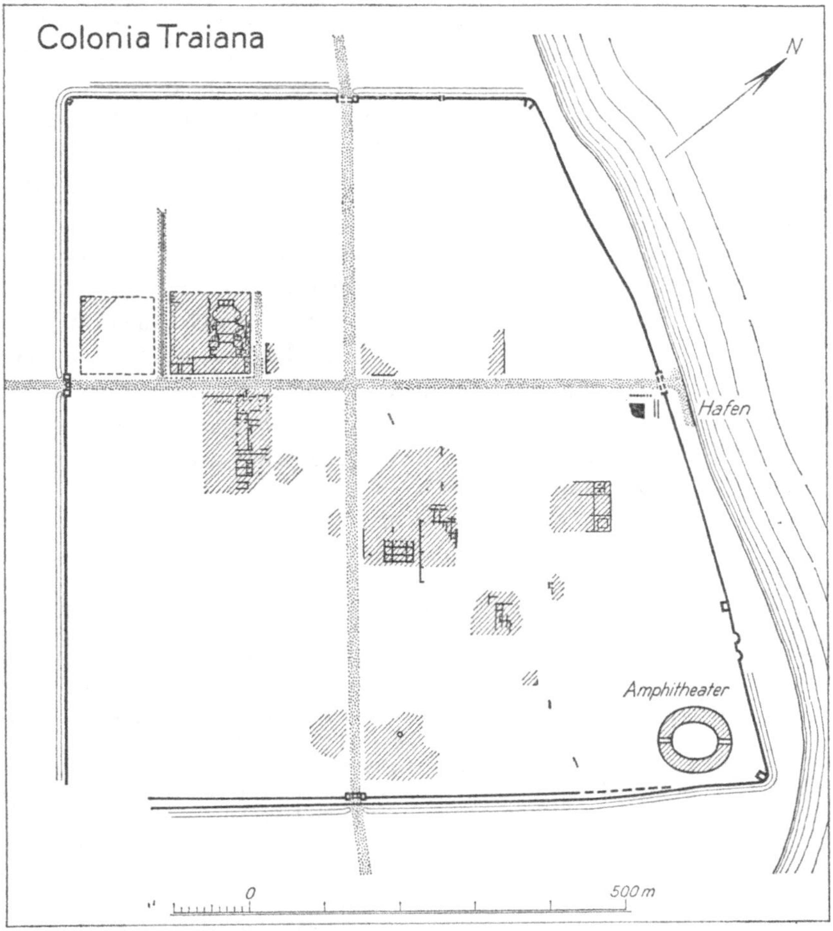

Abb. 34: Die Colonia Ulpia Traiana (bei Xanten). 1 : 10 000

mauer hatte vier Tore und vier Innentürme in den Winkeln des Berings. Im Süden wurde eine zweite Stadtmauerperiode festgestellt, die aber noch nicht datiert ist. Die Mauer war von einem Graben begleitet, der allerdings im Osten – vielleicht nur in einem Abschnitt – fehlte, weil das Gelände hier zur anmoorigen Talaue abfiel[171].

Die Lage der beiden Hauptstraßen ist nicht nur als theoretische Verbindung der Tore, sondern auch durch Grabungen bekannt. Die Straßendecke war überall zerstört. Verschiedentlich wurde Kanalisation festgestellt. Die Haupt-Ost-West-Straße, wohl der Decumanus maximus, und wenigstens einige Nebenstraßen waren von Laubengängen begleitet, deren Erbauungszeit noch nicht feststeht. Für die Größen der Häuserinsulae haben die neuesten Ausgrabungen des Bonner Landesmuseums (S. 12 f.) einen Anhalt erbracht. Durch eine neu gefundene Inschrift ist es wahrscheinlich geworden, daß die CVT in einzelne Vici unterteilt war. Die Bauten der Stadt sind bisher noch wenig untersucht worden. Von den Forumsgebäuden, die an der Kreuzung der beiden Hauptachsen zu erwarten sind, wurden vielleicht geringe Teile angeschnitten. Unweit davon nach Westen lag eine 105 × 107 m große Therme. Im Südostwinkel der Stadt befand sich ein 90 × 100 m messendes Amphitheater, das in der Koloniegründungszeit als kombinierter Stein-Holz-Bau, später – etwa um 200 n. Chr. – vollkommen in Stein erbaut wurde. Nahe dem Hafentor, südlich des Decumanus maximus lag ein großer Tempel, der von einer Säulenhalle und von Weihedenkmälern umgeben war. Von den Wohnhäusern der Stadt wurden bisher nur wenige ausgegraben. Ein Haus, das nahe dem Decumanus maximus liegt, scheint ein Peristylhaus zu sein[172].

[171] Zur Platzwahl *Verf.*, Colonia Traiana 45 ff. Vgl. zur Ausdehnung der Stadt: *F. L. Ganshof*, Étude sur le développement des villes entre Loire et Rhin au moyen age (Paris und Brüssel 1943) 11 ff. *Ch. Courtois*, Les Vandales et l'Afrique (Paris 1955) 108. Zur Stadtmauer *P. Steiner*, Xanten (Katalog. Frankfurt/M. 1911) 17 f. *H. Stoll*, Germania 20, 1936, 184 f. *Verf.* a. O. 138 f. Über die Ergebnisse der Arbeiten mit einem geoelektrischen Widerstandsmesser, die I. Scollar im Auftrag des Rheinischen Landesmuseums Bonn mit Unterstützung der Deutschen Forschungsgemeinschaft durchführt, wird ein Bericht für die Bonner Jahrb. 159, 1959 vorbereitet.

[172] Ein von H. Hinz ausgegrabener, noch unveröffentlichter Weihealtar nennt als Dedikanten einen vicus Mati [es fehlen 4 bis 5 Buchstaben] rum. – Die Laubengänge des Decumanus maximus: *Verf.*, Colonia Traiana 131 f. Auch H. Hinz fand solche entlang und gegenüber den Thermen. – Formungsgebäude (?): *H. Stoll*, Germania 20, 1936, 187 f. – Therme: *A. de Ball*, Bonner Jahrb. 74, 1882, 76 ff. Über die zur Zeit durchgeführten Ausgrabungen bereitet H. Hinz einen Bericht vor. – Amphitheater: *K. Heidenreich*, Bonner Jahrb. 145, 1940, 33 ff. – Tempel am Hafentor: *Verf.*, Colonia Traiana 125 ff. – Peristylhaus: Unveröffentlichte Ausgrabung des Rheinischen Landesmuseums Bonn (H. Hinz).

Am linken Ufer des Rheinarmes, an dessen Lauf die ostwärtige Stadtmauerstrecke angepaßt war, ist etwa in den achtziger Jahren des 1. Jahrhunderts n. Chr. ein Landekai (‚Bollwerk') aus Eichenbalken errichtet worden (Abb. 34 und Taf. 6). Der Kai scheint zur Zeit der Erbauung der Colonia erhöht und durch eine Bohlbrücke mit dem Hafentor der Stadt verbunden worden zu sein. Den Querschnitt des Rheinarmes in der Nähe des Hafentores kennen wir durch Grabungen, Bohrungen und durch Arbeiten mit einem geoelektrischen Widerstandsmesser. Er war für Boote und Schiffe bis höchstens 80 cm Tiefgang benutzbar. Er verlandete übrigens bald, so daß er etwa im 7. Jahrzehnt des 2. Jahrhunderts nicht mehr benutzt werden konnte[173]. Es ist noch nicht bekannt, wo von der 2. Hälfte des 2. Jahrhunderts ab der Hafen der Colonia Traiana lag. Man könnte an die Gegend von Lüttingen denken. Hier wurden nämlich viele, allerdings stark vom fließenden Wasser verriebene Kleinfunde ausgebaggert. Hier soll der Bagger auch auf eine römische Mauer gestoßen sein. Es ist die gleiche Gegend, wo im Jahre 1858 die Bronzeplastik eines stummen Dieners, des ‚Lüttinger' oder ‚Xantener Knaben' gefunden wurde, die jetzt wieder in die Berliner Antikensammlung zurückgekehrt ist[174]. Hier wurde aber auch nach dem Kriege ein Balkenkopfbeschlag aus einer Kupferlegierung aus dem Rhein ausgebaggert (Taf. 7). Er stammt von einem römischen Schiff. Die Tülle ist etwa 17 cm lang, die Schauplatte mißt etwa 15 × 14 cm. Diese trägt ein Brustbild der Göttin Minerva in hohem, fast vollplastischem Relief. Die Göttin ist mit Ägis und Mantel bekleidet. Sie trägt einen korinthischen Helm auf dem vollen, in der Mitte gescheitelten Haar, das mit einer Flechte über die rechte Schulter fällt. Das etwas hausbackene Gesicht wendet sie mit gefühlvoller Neigung nach links abwärts. Da der Oberkörper als flaches Relief, der Kopf dagegen fast vollplastisch gebildet ist, wirkt der Hals ein wenig zu lang. Manche Stileigentümlichkeit verbindet diese Minerva mit den Matronen des Bonner Vettiussteines und der Gruppe, der dieser angehört. Sie wird wohl ebenso wie diese den beiden Jahrzehnten nach der Mitte des 2. Jahrhunderts n. Chr. angehören. Balkenkopfbeschläge, wie den bei Lüttingen gefundenen, kennen wir auch aus dem Rhein bei Köln-Deutz,

[173] *Verf.*, Colonia Traiana 138 ff. *H. Scheller*, Bonner Jahrb. 157, 1957, 288 ff.

[174] Die Kleinfunde von Lüttingen sind noch nicht veröffentlicht. Der Xantener Knabe: *F. Matz, A. Mau* und *E. v. Mercklin*, Katalog der Bibliothek d. Dt. Arch. Inst. in Rom 2 (Berlin–Leipzig 1932) 369. Führer durch das Antiquarium (d. Staatl. Museen zu Berlin) (Berlin–Leipzig 1924) 19 mit Taf. 74. Germania Romana 4² (Bamberg 1928), 61 Taf. 38, 2. *P. Wolters*, Forsch. u. Fortschr. 4, 1928, 281 f. „Schätze der Weltkultur von der Sowjetunion gerettet" (Berlin 1958) Nr. B. 94 mit Tafel (ohne Nr.).

aus Mainz und Genua, von den Schiffen, die im Nemi-See gefunden wurden, und aus dem Meer von Neapel. Sie schützten mit glückbringenden oder unheilabwehrenden Darstellungen entweder Balken, an denen das Steuerruder befestigt war, oder Auslegerbalken für die Ruder (Riemen)[175].

So, wie die feuergefährlichen Gewerbebetriebe der CCAA oder der Augusta-Treverorum-Trier außerhalb der Stadt lagen, scheinen sie auch außerhalb der Colonia Traiana gelegen zu haben. Bei Ausgrabungen, die die ‚Kunstdenkmäleraufnahme Rheinland' in der Immunität des Xantener Domes kürzlich durchführte, wurden nämlich vier Töpferöfen aus dem 2. Jahrhundert aufgedeckt, die neben leichten Fachwerkhäusern standen. Die Ausdehnung dieses Gewerbebezirks ist noch unbekannt. Er liegt zwischen der Limesstraße und einem Rheinarm. Diese Lage zwischen Straße und Nutzwasser ist bezeichnend. Sie kann mit Trier verglichen werden, teilweise auch mit Köln[176].

Um eine echte Stadtgeschichte der CVT schreiben zu können, brauchten wir noch mehr Unterlagen. Man wollte die Inschrift CIL 13, 8643 = Dessau 7064, die vom Brand einiger Gebäude unter Mark Aurel und Lucius Verus berichtet, mit einer Bonner Inschrift zusammenbringen, nach der eine Vexillatio classis Germanicae piae fidelis Steinmaterial für das Forum der CVT im Jahre 160 transportierte[177]. Daß auch die Thermen mit Unterstützung des Militärs gebaut wurden, zeigen Ziegelstempel der 30. Legion. Ein besonders wichtiges Ergebnis der letzten Grabungen in der Colonia war aber, daß die Stadt im 4. Jahrhundert noch keineswegs verlassen, sondern wohl noch in ihrem ganzen Umfang bewohnt war. Auf Grund zahlreicher Klein-

[175] Das Stück ist bisher noch nicht veröffentlicht. Eine eingehende Vorlage, gemeinsam mit den übrigen Funden der Bislicher Insel und von Lüttingen, wird vorbereitet. Zur stilgeschichtlichen Einordnung vgl. vorerst *H. Möbius*, Prähist. Zeitschr. 34/35, 1949/50, 385 ff. – Balkenkopfverkleidung aus dem Rhein bei Köln-Deutz: *F. G. Welcker*, Bonner Jahrb. 14, 1849, 38 ff. und Taf. 3 B. *Lehner*, Führer 48. *F. Behn*, AuhV 5 (Mainz 1911) 420 ff. *J. Ledroit*, Die römische Schiffahrt im Stromgebiet des Rheines (= Wegweiser durch d. RGZM 12, Mainz 1930) 19 f. und Abb. 11. Mainz: *F. Behn* und *J. Ledroit* a. O. Genua: *F. G. Welcker* a. O. und Taf. 3 A. Nemisee: *G. Moretti* bei *G. Ucelli*, Le navi di Nemi (Rom 1940) 199 ff. Im Meer ‚au pied du Vésuve': *B. Graser*, Arch. Zeitung 30, 1873, 49 ff. und Taf. 62. Les Antiquités ... du Musée de Mariemont (Brüssel 1952) 146 Nr. R. 40–46 (Hinweis W. Haberey).

[176] *H. Borger*, Bonner Jahrb. 159, 1959 (in Vorbereitung). Der Rheinarm, der die Xantener Immunität noch im 14. Jahrhundert im Norden berührte, ist von *C. Wilkes*, Annalen d. histor. Vereins f. d. Niederrhein 151/152, 1952, 17 f und *A. Steeger*, Bonner Jahrb. 152, 1952, 158 f. behandelt worden.

[177] Literatur bei *Lehner*, Steindenkmäler 11. Vgl. oben S. 70 und S. 116 *H. Stoll*, Germania 20, 1936, 188.

funde und Münzen steht nun fest, daß die Therme und die ihr auf der anderen Seite des Decumanus maximus gegenüberliegenden Bauten im 4. Jahrhundert noch benutzt waren. Überdies ist im Amphitheater der Stadt eines der Vomitorien durch eine Mauer zugesetzt worden, die wegen ihrer Spolien nur dem ausgehenden 3. oder dem 4. Jahrhundert angehören kann[178]. Berücksichtigt man schließlich, daß auf der Südseite der CVT eine zweite Periode der Stadtmauer gefunden wurde, die zwar noch nicht datiert ist, aber doch wohl nicht der Zeit vor den Frankeneinfällen angehören wird, dann ist zu erkennen, daß sich die Stadt in den schweren Zeitläuften der spätrömischen Epoche gut gehalten hat.

Versucht man, die Ausdehnung des der CVT attribuierten Territoriums zu bestimmen, dann wird man die S. 65 und S. 95 dargelegten Grundsätze der Kartierung militärischer Ziegelstempel berücksichtigen müssen (Taf. 4). Das Territorium kann den Rhein nur mit einem Zipfel berührt haben, der zwischen dem Territorium legionis von Vetera II und dem Territorium des Auxiliarkastells Burginatium lag. Erst im westlichen Hinterland kann es sich mit den Cugerni nach Norden bis an die Civitas der Batavi, im Süden bis über Gelduba hinaus erstreckt haben. Es muß also das Territorium legionis von Vetera im Westen umfaßt haben. Seine Ausdehnung nach Westen ist noch zweifelhaft, weil die Wohnsitze der Baetasii, die gleichfalls der CVT attribuiert waren, noch nicht festgelegt werden konnten[179].

Ein Vergleich der beiden rheinischen Römerstädte in bezug auf Geschichte und ‚Charakter' ist noch nicht möglich. Noch weniger ist die Strahlkraft des städtischen Wesens beider auf das Land oder ihr ‚Umland-Verhältnis'

[178] Man ist natürlich versucht, sich bei der Erklärung einer solchen spätrömischen Abmauerung im Amphitheater der CVT an die frühchristlichen Einbauten in den Amphitheatern von Carnuntum, Trier und Metz zu erinnern. Da aber gerade dieser Teil des Amphitheaters der CVT nur ausgeräumt wurde, bleibt die damit angeschnittene Frage offen. Zu Carnuntum: *R. Egger*, RLÖ 16, 1926, 69 ff., 105 ff., 112 ff. Weitere Literatur bei *R. Noll*, Frühes Christentum in Österreich (Wien 1954) 139 zu S. 76. Zu Trier: *P. Steiner*, Trierer Zeitschr. 9, 1934, 77 ff. und 113 ff. Zu *Metz: E. Schramm, G. Wolfram, J. B. Keune*, Jahrb. d. Ges. f. lothringische Gesch. usw. 14, 1902, 340 ff., besonders 348 ff. *G. Wolfram* in: Historische Aufsätze: Festschrift A. Schulte (Düsseldorf 1927) 18 ff. *G. Chenet*, La Céramique Gallo-Romaine d'Argonne du IVe siècle (Macon 1941) 138. Allgemein vgl. *Verf.*, Fortleben 67. Das sogenannte Theater von Besançon wird von J. Cousin jetzt als Nymphaeum gedeutet: *L. Lerat*, RE. 8 A, 1703, 5 ff. ‚Vesontio'. Auch *A. Grenier*, Manuel d'archéologie gallo-romaine 3 (Paris 1958) führt es nicht als Theater an.

[179] Die Ausdehnung des Territorium legionis von Vetera: *Verf.*, Vetera 1824 f. Zu den Cugerni: *M. Ihm*, RE. 4, 1741 ‚Cugerni' und CIL 13/2 S. 598. *L. Weisgerber*, Bonner Jahrb. 154, 1954, 97 f. Zu den Baetasii: *M. Ihm:* RE. 2, 2762 ‚Baetasii' und CIL 13/2, 598. *L. Weisgerber*, a. O., *Verf.* und *R. Stampfuß*, Das germanische Brandgräberfeld Keppeln, Kr. Kleve (Leipzig 1940) 71 f.

zu erfassen. Da im Rheinland vor der römischen Epoche nicht wie anderwärts Vorstufen städtischen Wesens bestanden haben, wird die Anfangsentwicklung des Städtetums manche Schwierigkeiten haben überwinden müssen. Aber die Wirtschaftsblüte der Rheinzone im 2. Jahrhundert (S. 113) schuf echtes städtisches Wesen, das durch städtische Bauten und Zivilisation sein notwendiges Ambiente erhielt. Im 3. Jahrhundert stagnierte die Wirtschaft und brach schließlich fast zusammen. Aber das harte Regiment der illyrischen Kaiser stabilisierte die Lage noch einmal. Der Staatssozialismus jener Zeit mit seiner zentralistischen Organisation, seinen staatlichen brain-trusts, seinen Aufpassern und mit der Prachtentfaltung, die alle Diktaturen an sich haben, mit seinen Wirtschaftsgesetzen und dem militärischen Zuschnitt des ganzen Staatsapparates, all das war ein guter Boden für die neuerliche Entfaltung städtischen Wesens. Es war eine Überraschung für die rheinischen Archäologen, als sie nach dem Kriege sahen, daß beide Städte, die CCAA und die CVT, im 4. Jahrhundert nicht nur besiedelt, sondern mit betont prächtigen Bauten geschmückt waren. In Köln wurde noch ein so aufwändiger Bau errichtet, wie es der letzte Umbau des Statthaltersitzes ist (Abb. 31). Dem entspricht, daß sich auch die Wirtschaft wieder erholte (S. 119).

Noch dunkel sind die Geschicke beider Städte während und kurz nach dem Übergang vom römischen Reich zur fränkischen Herrschaft. So wie wir die Meinung vertraten, daß der NL noch zu Beginn des 5. Jahrhunderts bestand, aber immer mehr an Kraft verlor, so meinen wir auch, daß das städtische Wesen in den beiden Römerstädten immer schwächer wurde. Wir versuchten an anderer Stelle darzulegen, daß die Städte der Rheinzone schließlich einen ‚vorstadtartigen' Charakter erhielten. In dieser Form lebte jedenfalls Köln weiter. Wann das Lebenslicht der CVT erlosch, ist noch nicht sicher. W. Bader schloß aus der Tatsache, daß das spätrömische Gräberfeld unter dem Xantener Dom um die Mitte des 5. Jahrhunderts nicht mehr belegt wurde, daß die Stadt zu diesem Zeitpunkt erstarb. Wir unterstützten seine Meinung durch den Hinweis auf einen Xantener Münzschatzfund, dessen letzte Münzen in der Zeit zwischen 424 und 455 n. Chr. geprägt wurden[180].

[180] *W. Hagen*, Bonner Jahrb. 151, 1951, 250 f. Über Köln im 4. und 5. Jahrh. s. die in Anm. 167 genannte Literatur. – Zum Ende der CVT: *Verf.*, Niederrheinisches Jahrb. 3, 1951, 42. – Zu den Städten während des Überganges von der römischen zur fränkischen Herrschaft ist die Literatur über das ‚Kontinuitätsproblem' zu vergleichen: *Verf.*, Fortleben 63 ff. (Literaturzusammenstellung). – Zum Umland-Verhältnis von Städten: *C. Troll*, Forsch. u. Fortschr. 30, 1956, 259.

2. Mittlere und kleine Siedlungen

Die archäologische Erforschung von römischen mittleren Siedlungen, die nicht das Stadtrecht als Coloniae oder Municipia besaßen, aber auch nicht reine Dörfer waren, steht noch in den Anfängen. Es gab solche Siedlungen sowohl bei den Legionsfestungen am Rhein als auch im Hinterland. Wir wiesen S. 61 darauf hin, daß die Zivilsiedlungen am Rhein verwaltungs- und eigentumsrechtlich, aber auch räumlich und historisch scharf von den Canabae legionis getrennt waren. Am meisten ist über die Zivilsiedlung nordwestlich der Legionsfestungen Vetera I und II bekannt, die später zur CVT erhoben wurde (Abb. 11). Es steht noch immer nicht fest, wann diese Siedlung entstand. Die älteste Schicht kontinuierlicher Besiedlung, die am Ostrand der Siedlung festgestellt wurde, gehört wohl der augustischen Zeit an. Zwar wurden außer schon länger bekannten Gräbern neuerdings Siedlungsspuren der niederrheinischen Grabhügelkultur weiter westlich, wo das Gelände hochwasserfrei ist, entdeckt. Aber bisher fehlen Funde der Spätlatènezeit, die das verbindende Glied zwischen der älteren eisenzeitlichen Siedlung und der frührömischen wären. Die Siedlungsreste der ersten vier Jahrzehnte n. Chr. lagen an dem schon erwähnten Rheinarm, an dem später eine Kaianlage gebaut wurde (Abb. 34, S. 97). In klaudischer Zeit dehnte sich die Siedlung schon weit nach Westen hin aus, so daß sie bereits eine Ost-West-Erstreckung von rund 600 m besaß. Nach Süden kann sie nicht so weit gereicht haben wie die spätere Colonia, denn hier wurden die zur frührömischen Siedlung gehörigen Gräber noch innerhalb der CVT gefunden. Die Ausdehnung der Siedlung nach Norden ist noch unbekannt. Ebensowenig kennen wir ihren Namen. Zumindest am Rheinarm im Osten besaß sie keine Umwehrung. Von den Innenbauten wurden, wie es scheint, zwei Höfe im Osten und neuerdings Bauspuren in der Nähe der späteren Thermen gefunden. Höfe nennen wir die Baugruppen deshalb, weil je ein Wohnhaus mit einem Speicher verbunden zu sein scheint. Ein Wohnhaus ergänzt A. Zippelius als Pfostenbau mit Schwellriegeln und Lehm-Holz-Gefachen (Abb. 35). Der rechteckige Grundriß mißt 11,5 × 3,7 m. Das Haus hat einen offenen Vorraum und zwei Innenräume. Neben Häusern der beschriebenen Bauweise kommen auch ein Ständerbau auf Holzschwellen und ein Bau mit Firststützen vor. Die Vorräte wurden auch hier wie in den frühen Militärlagern in Kastengruben oder Faßgruben mit flachen Deckeln aufbewahrt. Eine Eigenart der Siedlung war die, daß man auf das planierte Baugelände Schlickschichten auftrug. Vielleicht erhöhte das die Sauberkeit

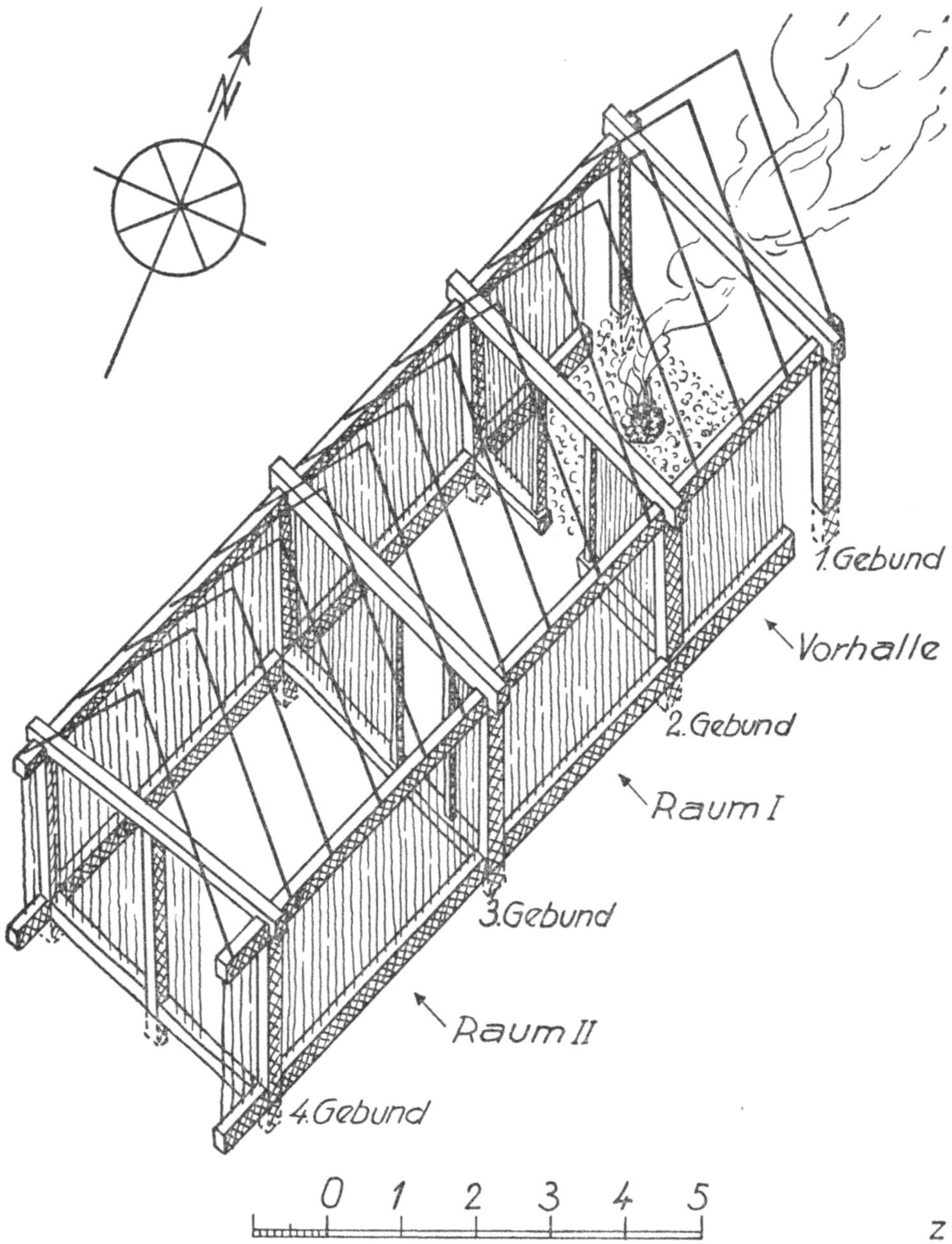

Abb. 35: Rekonstruktion des Hauses H im frühkaiserlichen Dorf nordwestlich von Xanten (nach A. Zippelius). 1 : 100

des Wohnens, indem man damit Gras- und Unkrautbewuchs und infolgedessen Humusbildung verhinderte. Noch vor dem Bataveraufstand legte man eine durch zahllose Pflöcke gesicherte Sandstraße längs der Niederterrassenkante an. So primitiv die Wohnweise der Bewohner zu sein scheint – man kochte im Freien oder im offenen Vorraum –, so wenig darf man sich darüber täuschen, daß der Wohlstand trotz mehrerer Schadenbrände und der Zerstörung im Bataveraufstand rasch zunahm. Man stellte nicht nur Keramik selbst her (solche in althergebrachter einheimischer Art und solche nach dem Vorbild der ‚Legionskeramik'), sondern kaufte auch teure Tonwaren wie Terra sigillata und gutes Glas. Der bäuerliche Charakter der Siedlung spiegelt sich in den Funden wider. Es wurden sehr viele Knochen von Rindern gefunden – es ist bezeichnend, daß um 70 n. Chr. ein neuer Rinderschlag den älteren ablöst – und sehr viele Tongefäße, die zur Weichkäsezubereitung dienen. Die ländliche Produktion schloß den Handel nicht aus, und beides steigerte den Wohlstand. Wohl in den achtziger Jahren, jedenfalls aber noch einige Jahre vor der Gründung der CVT, wurde der Holzkai gebaut, den wir S. 99 beschrieben haben (Taf. 6). Es ist sehr wahrscheinlich, daß dieser Ort die wichtigste Siedlung der Cugerni war und daß er deshalb irgendwann das Ius nundinarum erhielt. Auch wegen seiner wirtschaftlichen Bedeutung, gewiß aber nicht nur ihretwegen, wird er dann das Stadtrecht als Colonia erhalten haben. An die Wurtensiedlungen der Nordseemarsch erinnern die Lage am Rande der Flußgeest, die bedeutende Viehzucht und das Abdecken der Umgebung der Häuser mit einer tennenartigen Schlickschicht [181].

Verwandtschaft mit den Wurtensiedlungen zeigt auch die ältere Entwicklungsphase der Zivilsiedlung Novaesium in der Altstadt von Neuß (Abb. 36 und 28). Sie liegt auf einer Erhöhung der Niederterrasse, noch heute ‚Büchel' genannt, und erstreckt sich (wie die frühe Xantener Siedlung) bis an den Rand der Terrasse, der anfangs noch gelegentlich überschwemmt wurde. Auch hier kannte man die Gewohnheit, Schlickdecken zu legen, ehe man die Holzfachwerkhäuser von der Art derjenigen bei Xanten baute. Hier umgab man die Siedlung mit einem Flechtzaun und einem flachen Sohlgraben, die wohl nicht so sehr vor einem militärischen Überfall als vor Dieben und wilden Tieren schützen sollten (Abb. 37). Auch zu diesem Schutz mit Zaun

[181] *Verf.*, Colonia Traiana 45 ff. Zu den Tierknochenfunden O. *Sickenberg*, Rheinische Vorzeit 1, 1938, 148 ff. Vgl. ferner Anm. 170. Die tennenartigen Schlickdecken: *Verf.* a. O. 54 f. und 114 Anm. 51. Die Kasten- und Faßgruben: ebenda 134 f. Zu den neuen Ausgrabungen von H. Hinz s. S. 98.

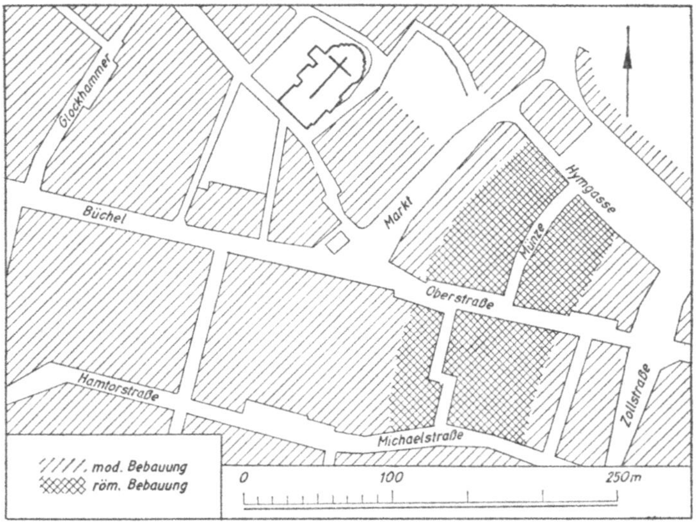

Abb. 36: Die Zivilsiedlung Novaesium-Neuß. 1 : 5000

und Graben findet man in den Wurtensiedlungen Parallelen. Die ältesten Kleinfunde aus dieser Siedlung gehören der Mitte des 1. Jahrhunderts n. Chr. an. Die Zivilsiedlung Novaesium wuchs rasch. Sie hatte im 8. Jahrzehnt n. Chr. in Ost-West-Richtung schon eine Ausdehnung von mindestens 150 m. Im 2. Jahrhundert wurden die Holzhäuser durch Fachwerkhäuser mit Steinsockeln ersetzt, deren Plan und Inneneinrichtung denjenigen städtischer Häuser nicht nachstand (Abb. 37). Man baute Fußbodenheizungen, Herde und Backöfen innerhalb der Häuser und kannte die Annehmlichkeiten römischer Allerweltszivilisation, die sich in diesen Jahrhunderten des Kaiserfriedens auch am Rhein ausbreitete. Allerdings scheint die Zivilsiedlung in der mittleren Kaiserzeit nicht mehr gewachsen zu sein, was vielleicht damit zusammenhing, daß in den neunziger Jahren des 1. Jahrhunderts die benachbarte Legionsfestung in eine Auxiliarfestung umgewandelt wurde. Aber auch die Zivilsiedlung Novaesium überstand wie die Colonia Traiana die Frankeneinfälle. Wie Gräber des 4. Jahrhunderts zeigen, war die Siedlung in dieser Zeit keineswegs arm [182].

Auch bei der Legionsfestung Bonna wuchs eine Zivilsiedlung heran (Abb. 19). Sie lag südlich der Legionsfestung etwa zwischen Wachsbleiche

[182] *Verf.*, Novaesium 43 ff. und 49 ff. *A. Herrnbrodt*, Bonner Jahrb. 155/156, 1955/56, 483 ff. Gräben zum Schutz einzelner Häuser und Hausgruppen auf Wurten z. B.: *A. Bantelmann*, Tofting, eine vorgeschichtliche Warft an der Eidermündung (Neumünster 1955) 24 ff. *W. Haarnagel* in: Neue Ausgr. 221 f. und Beilage 1 und 2.

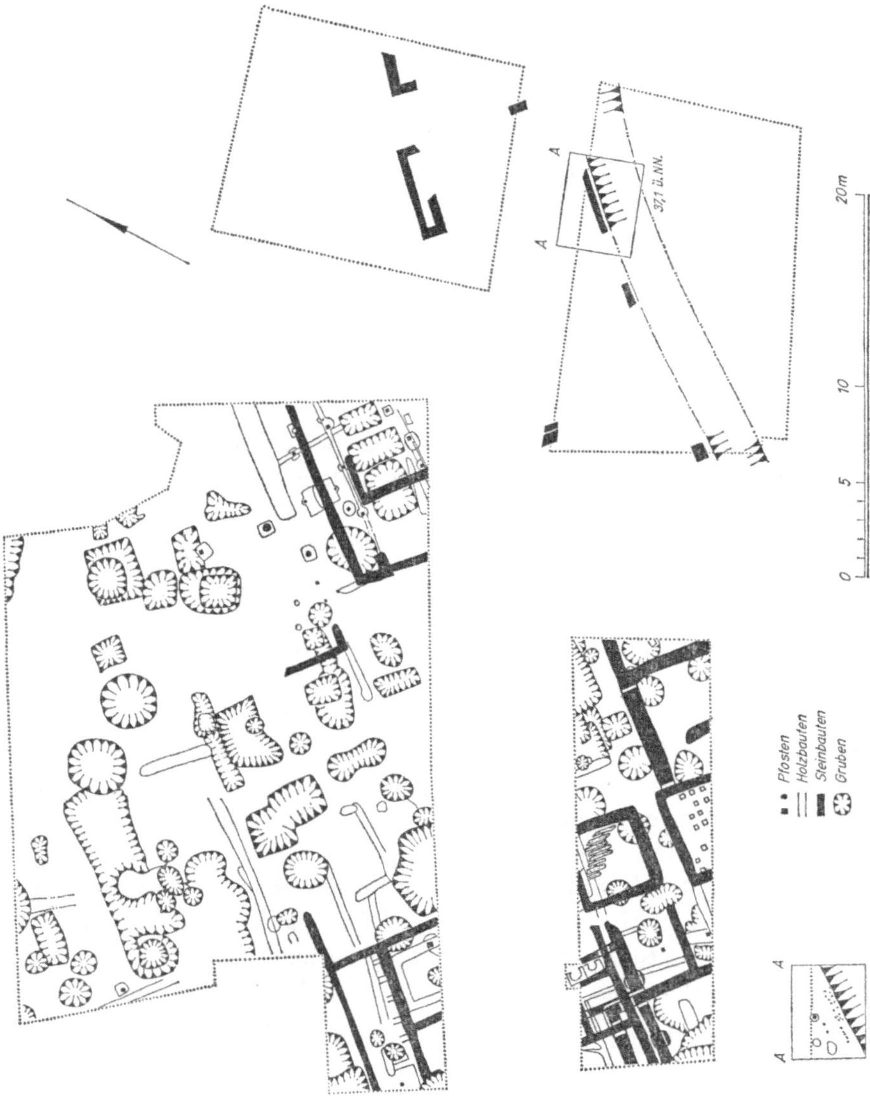

Abb. 37: Ausschnitt vom Ostrand der Zivilsiedlung Novaesium-Neuß. 1 : 400

und Bertha-von-Suttner-Platz und nördlich des Auxiliarkastells Bonna, dessen Westfront unter dem Minoritenplatz gefunden wurde (S. 34 f.). Bisher verwechselte man sie mit den Canabae legionis (S. 59). Es ist unbekannt, wie und wann diese Siedlung entstand. Sie hatte seit dem 2. Jahrhundert Fachwerkhäuser auf Steinsockeln, vielleicht auch einige massive Steinhäuser. Soweit ihre Grundrisse bekannt geworden sind, sind es solche von städtischen Bauten, aber nicht von Canabae legionis. Es ist nicht unwahrscheinlich, daß diese Zivilsiedlung ein eigenes Amphitheater hatte, was F. Oelmann aus einer nach dem Kriege gefundenen Weihung an Nemesis Diana erschloß. Die Landhäuser, die entlang der Limesstraße südlich vom Auxiliarkastell Bonna lagen, werden wohl kaum etwas mit der Zivilsiedlung zu tun gehabt haben. Am ehesten werden sie mit den Villae rusticae der Legionsterritorien Vetera und Novaesium verglichen werden können. Aber auch das ist vorläufig noch unsicher [183].

Das Aussehen der Kleinsiedlungen im Hinterland ist noch kaum erforscht. Nach dem Krieg wurden einige Beobachtungen in Iuliacum-Jülich und Tolbiacum-Zülpich gemacht. Aus den notierten Befunden in Iuliacum geht hervor, daß dieses spätestens am Ende des 1. Jahrhunderts n. Chr. ein Vicus war. Damit ist die alte Theorie F. Cramers widerlegt, daß diese -acum-Orte auf Gutshöfe zurückgehen, deren Ortsname den Personennamen ihres Gründers oder Besitzers wiedergebe. Vermutlich gehören vielmehr Namen wie Iuliacum und Tiberiacum in die gleiche Gruppe wie Augustodunum und Iuliomagus. Ob Iuliacum aus einer Straßenstation oder einem Markt oder einer einheimischen Siedlung entstanden ist, wurde leider nicht geklärt [184].

Ein Siedlungstypus, der in Gallien, aber auch anderwärts im mittelmeerischen Bereich vertreten ist, hat das römische Aachen, Aquae Granni, geprägt. Hier muß sich ein bedeutendes Heiligtum des keltischen Heilgottes Apollo Grannus befunden haben – es wurde noch nicht entdeckt, nur eine Nachbildung des Kultbildes wurde nach dem Krieg gefunden. Zwei große Heilbäder, eines unter dem Münster und eines an der Buchkremerstraße, schenkten Zivilisten und Militär Heilung. Vielleicht wurden auch die Quellen von Burtscheid genutzt. Um diese Kerne herum dehnte sich eine große Siedlung aus, in der die Kurgäste und Wallfahrer die Geldgeber gewesen sein werden

[183] Es fehlt bisher eine vollständige Kartierung und kritische Sichtung der römischen Reste von Bonn. Vgl. Anm. 98 und die Jahresberichte der Bonner Jahrb. – Die Weihung an Nemesis Diana: *F. Oelmann,* Bonner Jahrb. 149, 1949, 334 f. *S. Panciera,* Epigraphica 19, 1957, 3 ff.

[184] Iuliacum: *W. Haberey* und *E. Neuffer,* Bonner Jahrb. 151, 1951, 300 ff. – Zur Therme von Tolbiacum: *P. H. Pesch,* Das Römerbad in Zülpich (Euskirchen 1939). *F. Kretzschmer,* Gesundheits-Ingenieur 79, 1958, 6 mit Abb. 25. – Zu den -acum-Namen: *F. Cramer,* Rheinische Ortsnamen aus vorrömischer und römischer Zeit (Düsseldorf 1901) 41 ff. *J. B. Keune,* RE. Suppl. 3, 18 ‚-acus, -iacus'. *W. Kaspers,* Die -acum-Ortsnamen des Rheinlandes (Halle 1921). *A. Bach,* Deutsche Namenkunde, Registerband (Heidelberg 1956) 165 s. v. -acum.

(ein Okulistenstempel bezeugt z. B. einen Augenarzt). Am Rande der Siedlung waren Gewerbebetriebe. Die Haustypen der Kleinstadt weichen wieder völlig von denen der Festungsvororte ab. Wenn also im Belgica vicus (Billig, Kr. Euskirchen) Häuser vom gleichen Typus wie die der Canabae legionis stehen, ist es wahrscheinlich, daß hier ein militärischer Grenz- oder Zollposten war, worauf auch der Name hinweisen mag[185].

3. Die ländliche Besiedlung

Die ländliche Besiedlung des römischen Rheinlandes haben wir nach dem Krieg in drei Gebieten genauer studiert. In den Kreisen Geldern und Bergheim wurden archäologische Kreisaufnahmen durchgeführt, und auf einer Fläche von 9 qkm südlich Berg vor Nideggen (Kr. Düren) haben wir besonders die ländliche Besiedlung und mit ihr verbundenen Bergbau und Hüttenwesen archäologisch untersucht. Daß auf dem fruchtbaren Lößboden des Kreises Bergheim die römischen Höfe sehr dicht lagen, war zu erwarten. Weniger gleichmäßig verteilt waren die Höfe im Kreis Geldern, wo die Böden unterschiedlich sind[186]. Daß aber auch im Untersuchungsausschnitt südlich Berg vor Nideggen die Höfe, die auf landwirtschaftlich wenig ertragreichem Buntsandstein lagen, durchschnittlich nur 90 ha hatten, ist merkwürdig (Abb. 38). Hier wurden auf der Fläche von 9 qkm wenigstens 12 Höfe festgestellt, deren Besitz – nach den Entfernungen der Höfe voneinander errechnet – je rund 90 ha, das sind 360 iugera, groß war. Zwei der Höfe mit ihren Wirtschafts- und Gewerbeanlagen und Gräbern wurden von uns nach dem Kriege ausgegraben (S. 13 und 120). Nach Ausweis der bei den Grabungen und Felderbegehungen gesammelten Kleinfunde begannen alle diese Höfe um die Mitte des 2. Jahrhunderts n. Chr. Dieser gleichzeitige

[185] Zu Aquae-Granni – Aachen: *Hagen,* Römerstraßen 246 ff. und mehrere Einzelfundberichte in den Bonner Jahrb. und in der Zeitschr. d. Aachener Gesch.-Vereins. Die Heiltherme an der Buchkremerstraße (Bücheltherme) war nach Ausweis der militärischen Ziegelstempel vom Militär gebaut: *Verf.,* Bonner Jahrb. 145, 1940, 307 ff. *W. Lehmbruck,* Aachener Kunstblätter 16, 1957, 42 ff. *H. Christ,* Germania 36, 1958, 123 ff. *Ders.,* Bulletin van de Historische Kring Het Land van Herle 9, 1959, 2 ff. Eine Apollo-Weihung mit Reliefdarstellung des Gottes wurde neuerdings in Aachen-Burtscheid gefunden (Veröffentlichung in Vorbereitung). Vgl. S. 127 ff. Zum Belgica vicus vgl. *Hagen,* Römerstraßen 150 ff. Neuere Beobachtungen von T. Hürten (unveröffentlicht).

[186] Im Kreis Geldern hat F. Geschwendt, im Kreis Bergheim H. Hinz im Auftrag des Rheinischen Landesmuseums Bonn eine archäologische Landesaufnahme durchgeführt. *F. Geschwendt,* Kreis Geldern (Archäologische Funde und Denkmäler des Rheinlandes 1, Köln–Graz 1960). *H. Hinz,* Kreis Bergheim (in der gleichen Reihe), in Vorbereitung.

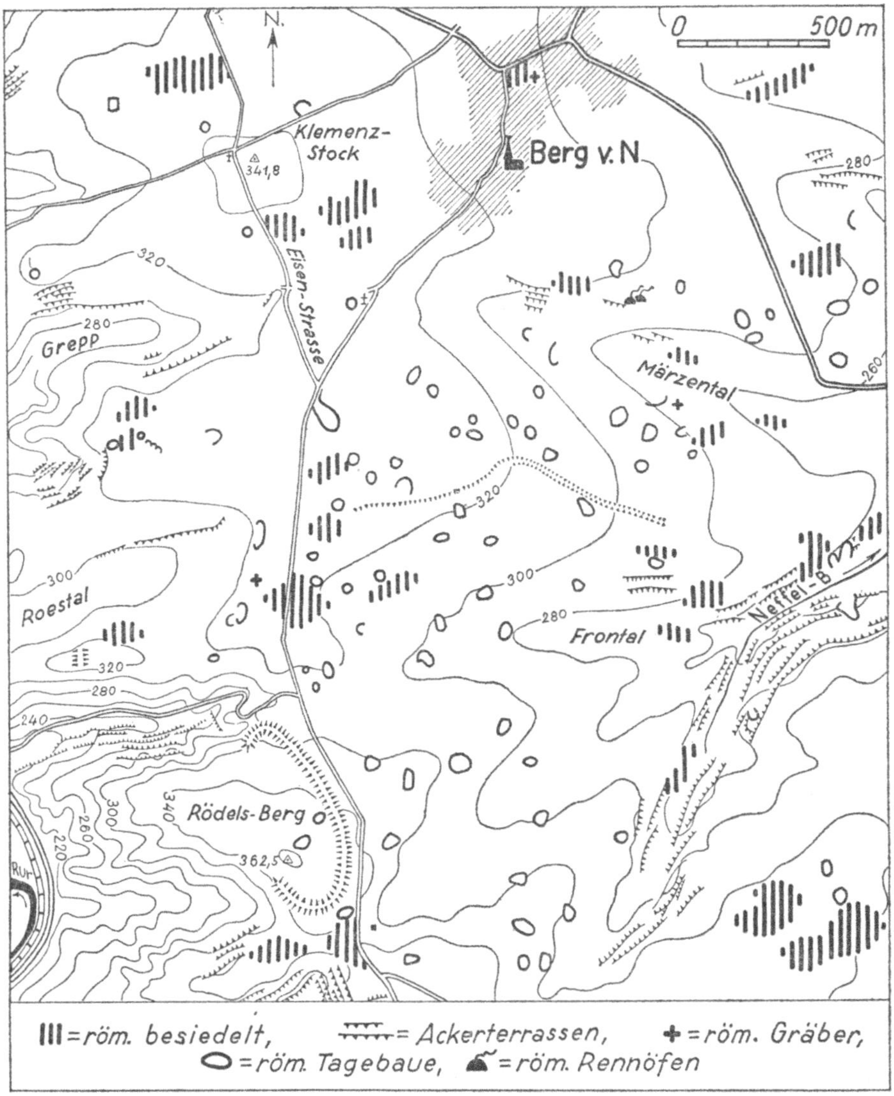

Abb. 38: Die römerzeitliche Besiedlung südlich Berg vor Nideggen, Kr. Düren. 1 : 25 000

Beginn, die einigermaßen gleichmäßige, also wohl nach einem Plan erfolgte Verteilung der Höfe, ihre Betätigung in Bergbau und Verhüttung sowie die Nähe eines sehr ausgedehnten Töpfereibezirks waren die Gründe, weshalb wir es für möglich halten, daß dieses ganze Gebiet Teil einer Domäne ist. Da wir auch Nutzung der Nordeifel durch das niedergermanische Heer feststellen konnten (S. 68 f.), liegt es nahe, die Domäne für eine kaiserliche zu halten, sei es eine des Fiscus oder des Patrimonium. Wenn unsere Vermutung zutrifft, dann waren die Landwirte auf dieser Domäne nicht freie Eigentümer, sondern Pächter, Coloni. Beachtenswert ist die Feststellung, die am Grabbau dieser Höfe getroffen werden konnte, daß die Inhaber ausgesprochen romanisiert waren. Noch immer ist die Frage ungeklärt, ob die landwirtschaftlichen und gewerblichen Arbeiten ausschließlich von den Bewohnern der vorgefundenen Höfe verrichtet wurden oder ob für Stoßarbeiten, vor allem während der Ernte, Arbeitskräfte aus benachbarten Siedlungen herangezogen wurden, wie man es in Italien tat. Die aufgedeckten Wohnhäuser (Herren- und Gesindewohnhäuser) reichten nicht aus, um genügend viele Arbeitskräfte unterzubringen. Die großen Farmen boten wohl hinreichende Unterkunft, aber nicht die kleinen Höfe. Da es aber auf dem Land in römischer Zeit vor allem Einzelhöfe gab und die geschlossenen Siedlungen selten waren, bleibt die Frage bestehen, woher die vielen Villae rusticae zusätzliche Landarbeiter bekommen konnten. Vielleicht waren diese Saisonarbeiter, die wie früher in den deutschen Ostgebieten oder im österreichischen Burgenland nur für die Zeit der Stoßarbeit zuwanderten [187].

4. Civitates

Es war die Folge stark national betonter Fragestellungen, die in der Romantik ihre erste zugespitzte Formulierung gefunden hatten, daß man bis zum Krieg den ethnischen Erscheinungen eine viel zu große Bedeutung in der Geschichtskausalität beimaß. In der historischen Völkerkunde, der Urgeschichtsforschung und gelegentlich auch in der römischen Reichsarchäologie stellte man bei einem Fund gleich nach der Frage der Datierung die nach seiner ethnischen Zugehörigkeit. Diese Übertreibung ist nach dem Krieg abgeklungen. Die literarisch und epigraphisch bezeugten Civitates im römischen Rheinland sind nach kulturhistorischen Fundgruppen nicht voneinander zu trennen. Noch immer ist der Widerspruch nicht aufgelöst, wieso die Keramik der Stämme, die wie die Kugerner oder Bataver vom rechten an das linke Rheinufer verpflanzt wurden, in den neuen Wohnsitzen nicht

[187] *Verf.*, Nordeifel 99 ff. Durch neuere Felderbegehungen können die hier mitgeteilten Zahlen ergänzt werden. – Zur Frage, woher man zusätzlich Landarbeiter bekam, *Verf.* a. O. 124 f. Beim römischen Gutshof Parndorf im Burgenland soll ein Dorf für die Landarbeiter gefunden worden sein: *H. Vetters*, Unsere Heimat 28, 1957, 138 Anm. 9. Vgl. ferner *C. E. Stevens*, Revue arch. 9, 1937, 26 ff. *Rostovtzeff*, Gesellschaft u. Wirtschaft 180.

die in den alten Wohnsitzen benutzte Keramik fortsetzt. Das gilt sowohl für die handgemachte Kugernerkeramik wie für die Keramik der Bataver [188]. Wenn also auch hier das Verhältnis von Ethnos zu Gebieten einheitlicher Zivilisation ungeklärt ist, so führte wenigstens L. Weisgerbers konsequente Untersuchung des rheinischen Namenmaterials aus der römischen Epoche zu guten Ergebnissen für die Sprachgeschichte. Es wurden ältere Sprachschichten außer oder in keltischen und germanischen Sprachresten – von römischen abgesehen – festgestellt. Das gegenseitige Verhältnis dieser Schichten und Gruppen läßt wichtige Schlüsse auf die sprachliche Mischung im damaligen Rheingebiet zu. Immer deutlicher hebt sich die Tatsache ab, daß Ubier, Kugerner und Bataver ihre germanische Sprache auch in ihren linksrheinischen Sitzen beibehielten, während an der Maas und im Moselgebiet kontinental-keltische Dialekte gesprochen wurden. Das Militär am Rhein und die Fremden, die vor allem aus Gallien, aber auch aus anderen Teilen des Reiches in die Städte und kleineren Siedlungen zusammenströmten, werden dafür gesorgt haben, daß diese Sprachgebiete nicht reinlich getrennt blieben, und vor allem, daß man überall die Reichssprache, das Lateinische, verstand und sprach [189].

IV. Wirtschaftsgeschichte

Die wirtschaftsgeschichtliche Erforschung des römischen Reiches kommt ohne das archäologische Material nicht aus. Lohn, Preis, Reichtumsbildung und -verteilung, Lebenshaltungsindex und Sozialprodukt, oder was sonst die moderne Volkwirtschaftslehre besonders interessieren mag, sind im römischen Rheinland allerdings noch nicht faßbar. Hier stößt die wirtschaftsgeschichtliche Erforschung auf besonders große Schwierigkeiten, da für dieses Gebiet noch mehr als für den Mittelmeerbereich literarische Nachrichten fehlen und auch die Inschriften vergleichsweise wenig ausgeben. Dazu kommt, daß nur wenige Bereiche von Wirtschaft und Technik von römischen Sachkennern theoretisch durchdacht wurden – am ehesten die Gebiete der Landwirtschaft und der Architektur, in die Maschinenbautechnik

[188] *R. v. Uslar*, Bonner Jahrb. 148, 1948, 190 ff., besonders 198 ff.

[189] *L. Weisgerber*, Rhein. Museum f. Philol. 84, 1935, 289 ff. *Ders.*, Bonner Jahrb. 154, 1954, 94 ff. *Ders.*, Rhein. Vierteljahrsblätter 18, 1953, 249 ff., ebenda 20, 1955, 192 ff. *Ders.*, Annalen d. histor. Vereins f. d. Niederrhein 155/156, 1954, 35 ff. *Ders.*, Die Namen der Ubier (Arbeitsgemeinschaft f. Forschung des Landes Nordrhein-Westfalen, Geisteswissenschaften Heft 48. In Vorbereitung).

eingeschlossen war. Einige wirtschaftsgeschichtliche Fakten sind jedoch schon erarbeitet[190].

Mit der zunehmenden Zivilisation des römischen Rheinlandes wuchsen auch die Bedürfnisse. Rund zweihundert Jahre des Kaiserfriedens (von 71 bis 276 n. Chr.) ließen die Wirtschaft gedeihen. Die Rheinzone nahm an der Wirtschaftsblüte Galliens teil. Diese erfaßte noch zu Ende der Republik den Süden Galliens, die Narbonensis, rückte dann die Rhone aufwärts und erreichte schließlich im 2. Jahrhundert n. Chr. den Rhein. Man kann dieses Fortschreiten des Wirtschaftsreichtums vom Süden bis zum Rhein an der Verlegung der Terra sigillata-Manufakturen, aber auch an Glas- und Metallwaren-Erzeugung beobachten.

Das Rheinland besitzt eine Anzahl wichtiger Rohstoffe. In der Eifel, auch im rechtsrheinischen Bergland kommen verschiedene Erze vor, und auch der Niederrhein birgt wenigstens Rasenerz. Im rheinischen Bergland können verschiedene Steinarten als Baumaterial abgebaut werden und Kalk für Mörtelbereitung. Der tertiäre Quarzsand war die Grundlage für die Kölner Glashütten. Die Steinkohle des Würm- oder Indereviers wurde, wie wir seit kurzem wissen, für Heizzwecke abgebaut. Für Ziegel-, Gefäß- und Devotionalienherstellung sowie für Bauterrakotten wurden Tone im Berg- und Flachland gestochen. Der Kies der Flüsse war für das Bauhandwerk nützlich. Schließlich boten die guten Böden der Kölner Börde und des Erftgebietes die Voraussetzung für einen ertragreichen Ackerbau wie das Weideland des Niederrheins für Viehzucht und die Berg- und Auwälder für Holz- und Holzkohlegewinnung.

Nach dem zweiten Weltkrieg hat sich die rheinische Archäologie um Bergbau, Hüttenwesen und Steingewinnung im römischen Rheinland bemüht (Abb. 39). In der Eifel ist seit langem römischer Bleiabbau bekannt. Er ist bei Mechernich, auf dem Tanzberg bei Keldenich, bei Kommern und vielleicht südlich Berg vor Nideggen archäologisch bezeugt. Im Hohen Venn liegen frühgeschichtliche Goldseifen, die A. Voigt für alttreverisch und römisch hält. Bei Gressenich und Breinig (Landkreis Aachen) befindet sich eine große Galmei-(Zinkerz-)Lagerstätte, die schon in römischer Zeit abgebaut wurde. H. Willers glaubte zeigen zu können, daß die bedeutende Messinggefäß- und -geräteherstellung der mittleren Kaiserzeit, die irgendwo

[190] *H. Aubin*, Schmollers Jahrb. 49, 1925, 135 ff. *Ders.*, Bonner Jahrb. 130, 1925, 1 ff. *L. C. West*, Roman Gaul. The Objects of Trade (Oxford 1935). *A. Grenier*, La Gaule Romaine in: *T. Frank*, An Economic Survey of Ancient Rome 3 (Baltimore 1937) 379 ff. *Rostovtzeff*, Gesellschaft und Wirtschaft, Register ‚Germanien', u. a. *F. M. Heichelheim*. Wirtschaftsgeschichte des Altertums (Leiden 1938) 677 ff

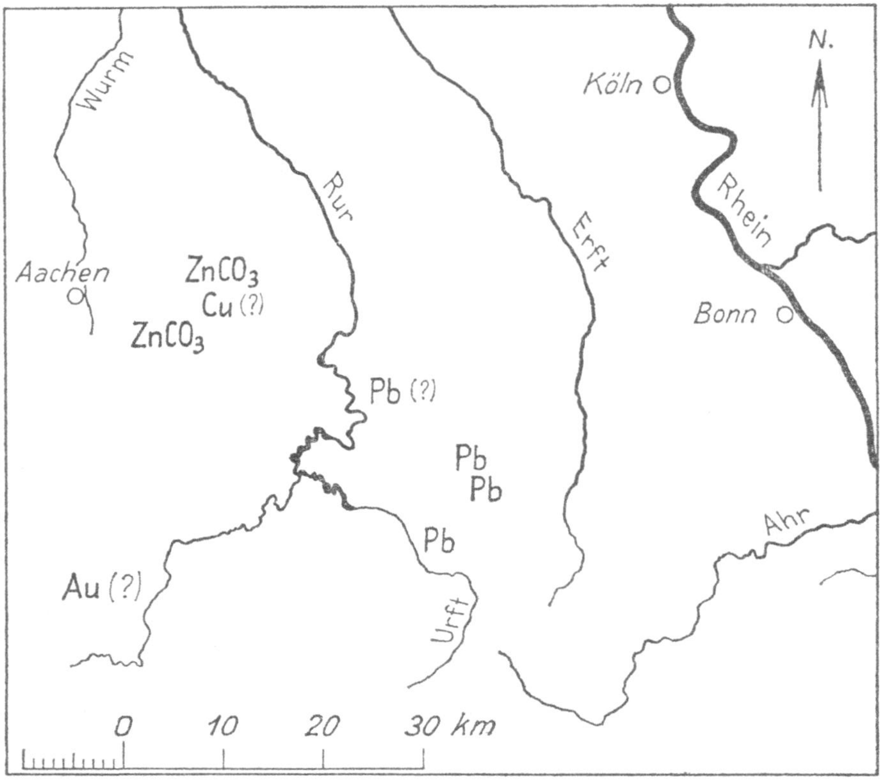

Abb. 39: Römischer Bergbau in der Eifel. 1 : 750 000.
Au = Gold, Cu = Kupfer, Pb = Blei, $ZnCO_3$ = Galmei

in der Rheinzone ihren Sitz gehabt haben muß, an die Gressenicher Lagerstätte gebunden war. F. Sprater wollte die Lagerstätte von Wiesloch (Landkreis Heidelberg) für den gleichen Zweck in Anspruch nehmen und meinte, die zugehörigen Verarbeitungsbetriebe in Eisenberg (Pfalz) gefunden zu haben. A. Voigt trat wieder für Gressenich ein. Die Argumente für beide Lagerstätten halten sich die Waage. Daß der Brauneisenstein der Eifel von den Römern abgebaut und verhüttet wurde, steht jetzt fest. Eine Analyse von Luppen der Colonia Traiana weist darauf hin, daß auch Rasenerz verhüttet wurde[191]. Den bedeutenden Umfang römischen Bergbaus im Rhein-

[191] Allgemein: *Verf.*, Zeitschr. f. Erzbergbau u. Metallhüttenwesen 11, 1958, 594 ff. *Ders.*, Der Anschnitt (Zeitschr. f. Kunst und Kultur im Bergbau) 11/2, 1959 (April), 3 ff. – Blei: *F. Freise*, Geschichte der Bergbau- und Hüttentechnik 1 (Berlin 1908) 25 Abb. 7 und S. 40. O. *Davies*, Roman Mines in Europe (Oxford 1935) 176 f. *E. Samesreuther*,

land kann man an den zahlreichen römischen Schürfgruben (Tagebauen) ablesen, die in der Eifel erhalten sind. In dem schon S. 109 f. behandelten Untersuchungsfeld von 9 qkm südlich Berg vor Nideggen haben wir mindestens 96 Schürfgruben (Tagebaue) kartiert. Ihre Datierung auf die Zeit von der Mitte des 2. Jahrhunderts n. Chr. an ist durch Grabungen gesichert. Wir fanden auch einen Knüppel- oder Bohlweg, der aus einer der Gruben zu einem von uns ausgegrabenen römischen Gutshof der gleichen Zeit führte. Obwohl wir noch nicht wissen, welches Erz hier abgebaut wurde, so steht doch fest, daß die Höfe der Umgebung – es waren etwa 12 im Untersuchungsfeld – neben ihrer Landwirtschaft auch Bergbau und Verhüttung betrieben haben. Wir haben in den Höfen Bleibarren und neben einem Hof, mit diesem durch eine Geleisestraße verbunden, auch gewerbliche Öfen von der Bauart von Schmelzöfen gefunden. Wir haben schon die Möglichkeit diskutiert, daß diese Höfe auf einem (vielleicht kaiserlichen) Großgrundbesitz lagen [192].

Der Abbau von Steinkohle wurde schon erwähnt. Ausbisse karbonischer Kohle sind wohl im Aachener (Inde-)Revier vorhanden gewesen. Die Steinkohle des rechtsrheinischen Steinkohlereviers lag außerhalb des römischen Reichsgebietes und wird wohl ebenso wenig wie die Ruhrkalke an die Römer verhandelt worden sein. Die Verwendung von Steinkohle für Hausbrand und für gewerbliche Zwecke ist in Gallien und Britannien vielfach belegt [193].

Ber. RGK. 26, 1936, 139. *E. Preuschen*, Der Anschnitt 8/6, 1956 (Dezember) 32 f. – Goldseifen: *A. Voigt*, Zeitschr. f. Erzbergbau u. Metallhüttenwesen 5, 1952, 224 *f.* Vgl. *H. Nissen*, Bonner Jahrb. 96/97, 1895, 3 f. – Galmei: *H. Willers*, Neue Untersuchungen über die römische Bronzeindustrie von Capua und von Niedergermanien (Hannover–Leipzig 1907) 34 ff. *F. Sprater*, Das römische Eisenberg. Seine Eisen- und Bronzeindustrie (Speyer 1952). *Ders.*, Pfälzer Heimat 1, 1950, 88 f. O. *Davies* a. O., 181. *A. Voigt*, Bonner Jahrb. 155/56, 1955/56, 318 ff. – O. Kleemann deckte neuerdings durch Ausgrabungen auf den Höhen nördlich von Ahrweiler römische Verhüttungsanlagen von Brauneisenerz auf. – Die Verwendung von Rasenerz vermutete W. Gilles auf Grund von Analysen einiger Luppen und Schlacken, die aus dem Amphitheater der CVT und seiner nächsten Umgebung herrühren (Gutachten vom 22. 8. 1935 in den Fundakten des Rheinischen Landesmuseums Bonn).

[192] S. 111 und Anm. 187. *Verf.*, Zeitschr. f. Erzbergbau und Metallhüttenwesen 11, 1958, 595 f.

[193] In den Schmelzöfen, die nahe der Via praetoria der Bonner Legionsfestung aufgedeckt wurden (S. 45), fanden wir mehrere Kohlestücke. Das erste Gutachten von M. Teichmüller vom Geologischen Landesamt Nordrhein-Westfalen in Krefeld lautete: „Die eine der Proben (4023) hat schon makroskopisch das Aussehen einer Steinkohle. Die bröckelige Struktur spricht für Oxydation. Unter dem Mikroskop erwies sich diese Probe als Fettkohle, die z. T. – offenbar infolge Grundwassereinfluß – zu stark quellenden und daher die Kohle sprengenden Huminsäuren oxydiert ist. Nach der Farbe der Sporen muß die frische Kohle ca. 25 % flüchtige Bestandteile gehabt haben. Es war also eine Kokskohle. Nach der Art der Pflanzenreste ist das Alter karbonisch. Die Kohle könnte also aus dem Aachener Ge-

Stein für Bauten wurde in der Eifel (Grauwacke, Buntsandstein), im Brohltal (Tuff), bei Berkum und am Drachenfels (Trachyt) gebrochen. Kalk wurde in der Eifel gewonnen und sogar an den Niederrhein transportiert[194]. An all diesen Bergbauarbeiten war das Militär in großem Umfang beteiligt. Ein Bleibarren aus Mechernich trägt den Stempel der Legio XVI (Abb. 22). Wir kennen Militärinschriften aus den Tuffbrüchen im Brohltal, eine andere Inschrift aus Bonn bezeugt militärischen Abbau von Drachenfelstrachyt, eine weitere einen militärischen Kalkofen bei Iversheim (Kr. Euskirchen)[195].

Die Geschichte der römerzeitlichen Gewerbe im Rheinland wurde bisher noch nicht im Zusammenhang studiert. Die Handwerker arbeiteten in den großen Städten, in den kleineren Zivilsiedlungen, in den Festungsvorstädten der Legionsfestungen, in den Vici bei den Auxiliarkastellen, auf Domänen und auf den einzelnen Farmen und Höfen. Die zahlreichen Gewerbebetriebe aller Art bei der CCAA und der CVT wurden schon erwähnt (S. 93 f. und 100). Auf den Legions- und Auxiliarterritorien arbeiteten gleichfalls Handwerker wohl ausschließlich zugunsten des Militärs, wie auf kleinen Gütern für den Eigenbedarf des Hofes. Die Gewerbeerzeugnisse der Domänen und mittleren Güter dagegen flossen dem Nah- und sogar dem Fernhandel zu. In der frühen Kaiserzeit bis in das 2. Jahrhundert hinein importierte das Rheinland Metallwaren aus dem Süden, aus Italien selbst oder aus der

biet stammen." Das Labor des Eschweiler Bergwerks-Vereins Kohlscheid bestätigte die Bestimmung als Fettkohle. Auch die Steinkohle des Saarkohlenbeckens wurde in römischer Zeit abgebaut: *A. Kolling*, Germania 37, 1959, 246 ff. Ferner teilte mir H. Brunsting freundlicherweise mit, daß Steinkohle neuerdings in römischem Fundzusammenhang an der niederländischen Küste gefunden wurde. – Kohle im römischen Britannien: *R. G. Collingwood* und *J. N. L. Myres*, Roman Britain and the English Settlements (Oxford 1936) 231 f. und Karte 3.

[194] *H. Aubin*, Bonner Jahrb. 130, 1925, 12 ff. Zu den Tuffsteinbrüchen im Brohltal, die schon in Obergermanien liegen, aber auch von Vexillationen niedergermanischer Legionen ausgebeutet wurden, *J. B. Keune*, RE. 2 A, 273 ff. und 302 f. ‚Saxanus'. *J. Röder*, Bonner Jahrb. 159, 1959 (in Vorbereitung). – Zu Trachyt *J. B. Keune*, a. O. 301 f. Vgl. auch unsere Anm. 124. Eine neuerdings vom Geologischen Landesamt in Krefeld durchgeführte Bestimmung eines Plattenbelags aus der Therme der Colonia Traiana ergab Trachyt von Berkum (Landkreis Bonn). – Verschiedene Mörtelproben aus dem Amphitheater der CVT, von der römischen Eifelwasserleitung und vom spätrömischen Kastell Divitia – (Köln)-Deutz wurden 1936 von P. Weinstein (Bochum) nach Rückfragen bei P. Kukuk (Bochum) analysiert. Dabei wurde festgestellt, daß in allen Proben dolomitische Kalke vorkommen. Es war aber nicht möglich festzustellen, ob dieser Kalk etwa aus dem mitteldevonischen Massenkalk von Paffrath (Landkreis Köln), in dem dolomitische Partien vorkommen, oder etwa aus dem Mitteldevon der Eifel stammt (Gutachten in den Fundakten des Rheinischen Landesmuseums Bonn).

[195] S. o. S. 68 ff. mit den Belegen in den Anmerkungen. Zu den Inschriften im Brohltal s. *J. B. Keune*, Anm. 194.

Narbonensis. Es ist wohl kein Zufall, daß die im Rheinland gefundenen Schmuckarbeiten aus edlen Materialien in den ersten anderthalb Jahrhunderten der Kaiserzeit kaum von südlichen Erzeugnissen unterschieden werden können. Das gilt für frühe Goldschmiedearbeiten ebenso wie für den Silberfund von der Koblenzerstraße in Bonn [196]. Nach dem zweiten Weltkrieg wurde dem Rheinischen Landesmuseum in Bonn ein Paar silberner Weinschöpfgefäße (‚Kasserolen') geschenkt, die bei Oberkassel aus dem Rhein ausgebaggert worden waren (Taf. 8). Nach ihrer Ornamentik stehen sie einem Silbergeschirrfund aus der Casa del Menandro in Pompeji nahe und lassen sich etwa in das 7. Jahrzehnt des 1. Jahrhunderts n. Chr. datieren [197]. Später gab es auch rheinische Gold- und Silberschmiede [198]. Ähnlich war es mit Bronzegeschirr, das in den ersten beiden Jahrhunderten der Kaiserzeit aus Italien (vor allem Capua) eingeführt wurde. Mindestens seit der Mitte des 2. Jahrhunderts n. Chr. wurden Bronze- und Messinggefäße auch in der Rheinzone selbst hergestellt. Bisher ist noch nicht geklärt, wo der Sitz jener großen Messinggefäßerzeugung war, deren Produkte weithin ins freie Germanien verhandelt wurden. Es wurde schon erwähnt (S. 113 f.), daß es in dieser Frage zwei konkurrierende Ansichten gibt, eine, die Gressenich (Landkreis Aachen), und eine, die Eisenberg (Pfalz) zum Mittelpunkt dieses Gewerbes machen möchte. Eine Entscheidung war noch nicht möglich. Leider fehlen noch zusammenfassende Untersuchungen über Fibeln und metallenes Kleingerät des Rheinlandes.

Die Formen der Tongefäße, die wir in den augustischen Truppenlagern am Rhein und an der Lippe antreffen, sind einerseits von italischer Keramik, anderseits von gallischer abgeleitet. Diese enge Vermischung von Formen aus zwei Herkunftsgebieten wurde schon fertig an den Rhein gebracht. Sie muß also schon entstanden sein, ehe die Legionen an den Rhein vorverlegt wurden, d. h. in den Jahrzehnten der gallischen Eroberungen Caesars und des 2. Triumvirats. Die Truppe fabrizierte mit Hilfe einheimischer Töpfer ihre Keramik weiter. Allmählich entwickelte sich auch ein reiches ziviles Töpfergewerbe in Stadt und Land, dessen Traditionen noch in die mero-

[196] *Lehner,* Führer 106 und Taf. 19. *E. Sadée,* Das römische Bonn (Bonn 1925) 54 ff. Wir halten diesen Schmuck nicht für einheimisch.

[197] *E. Neuffer,* Bonner Jahrb. 151, 1951, 194 ff. – Es ist für die enge Bindung des Goldschmiedegewerbes an den Süden bezeichnend, daß ein Camillius Polynices natione Lydus artis aurifex und sein Sohn, der das gleiche Gewerbe ausübte, auf einer Inschrift der mittleren Kaiserzeit aus Amsoldingen bei Thun erwähnt wird: CIL 13, 5154 = Dessau 7687 = *E. Howald–E. Meyer,* Die römische Schweiz (Zürich 1940) 236. Dazu *Staehelin,* Schweiz 482 Anm. 7.

[198] *F. Henkel,* Die römischen Fingerringe der Rheinlande (Berlin 1913) 328 f.

wingerzeitliche Keramik übergingen. Teure Waren wie Terra sigillata und glasierte Gefäße wurden im 1. Jahrhundert noch aus Süd- und Mittelgallien, im 2. Jahrhundert aus Mittel- und Ostgallien bezogen. Seit dem 2. Jahrhundert wurden sie am Rhein selbst hergestellt. Wohl noch vor der Mitte des 2. Jahrhunderts setzt eine umfangreiche Terra sigillata-Produktion in Rheinzabern (Pfalz) ein, die rasch neben der Rheinzone auch die Donauprovinzen als Markt gewinnt. Um die Mitte des 2. Jahrhunderts beginnt die Terra-sigillata-Produktion in Trier, die nach wenigen Jahrzehnten einen Ableger in Sinzig am oberen NL eröffnet. Es ist merkwürdig, daß die Provinz Niedergermanien (wie auch lange Zeit Britannien) keine eigene Terra-sigillata-Erzeugung besaß [199]. Ähnlich stand es mit glasierter Keramik. Etwa seit der Mitte des 1. Jahrhunderts importierte man kleine olivgrün glasierte Reliefkrüge aus Töpfereien in Saint-Remy-en-Rollat (Allier), Vichy und Gannat. Seit dem 2. Jahrhundert, wohl wieder etwa seit der Mitte dieses Jahrhunderts, produzierte man auch in der CCAA Gefäße mit grüner Glasur, deren Reliefs in Barbotine-Technik aufgebracht waren. Ein fast 19 cm hoher Becher dieser Kölner Werkstatt mit bacchischen Szenen wurde neuerdings in einem vermutlichen Grab des Vicus des Auxiliarkastells Novaesium gefunden (Taf. 9) [200]. Den wirtschaftlichen Aufschwung des Töpfergewerbes im Rheinland während des 2. Jahrhunderts, das außer Gefäßen auch Devotionalien, Lampen und Kultgerät produzierte, können wir hier nicht schildern. Wir hoffen, daß die ausführliche Bearbeitung der bisher rund 600 000 Gefäßscherben der Ausgrabung in Neuß unsere Kenntnisse auf diesem Gebiet fördern wird. Vom Ende des 2. Jahrhunderts bis zum Beginn des 4. Jahr-

[199] Wann die Terra-sigillata-Produktion von Rheinzabern einsetzt, steht noch nicht fest. Ein sicherer Terminus post quem ist das Erdkastell Saalburg. *F. Oswald* und *T. D. Pryce*, An Introduction to the Study of Terra Sigillata (London 1920) 29 setzen den Beginn der Erzeugung um 120 an, *P. Karnitsch*, Die Reliefsigillata von Ovilava (Linz 1959) 41 dagegen, wohl mit Recht, etwa um 140 n. Chr. Die früheste Gruppe von Trier ist im Kastell Niederbieber gerade noch vertreten (*E. Fölzer*, Die Bilderschüsseln der ostgallischen Sigillata-Manufakturen [Bonn 1913] 55 ff.). Zur Terra-sigillata-Töpferei bei Sinzig: *J. Hagen*. Bonner Jahrb. 124, 1917, 170 ff. Die Terra-sigillata-Töpferei in Aachen-Schönforst wird wohl auch erst im 2. Viertel des 2. Jahrhunderts ihre Produktion begonnen haben: O. *E. Mayer*, Germania 18, 1934, 108.

[200] Die Keramik von Saint-Remy-en-Rollat, Vichy und Gannat: *J. Déchelette*, Les Vases céramiques ornés de la Gaule romaine 1 (Paris 1904) 41 ff., besonders über den Export 54 ff. Die Liste kann stark ergänzt werden. *A. Morlet*. Vichy Gallo-Romain (Macon 1957) 41 ff. – Die Kölner grünglasierte Keramik: AuhV 5 (Mainz 1911) 295 ff. und Taf. 52. Bonner Jahrb. 142, 1937, 195 und Taf. 51,2. Das Neußer Gefäß: *Verf.*, Novaesium 104 ff. – Ein Handwerksbetrieb, der diese Keramik herstellte, wurde beim alten Opernhaus in Köln gefunden: *Fremersdorf*, Topographie 60 Nr. 3.

hunderts stagnierte das Töpfergewerbe in Niedergermanien, sowohl was die Erfindung neuer Formen als auch was den Geschmack derselben betrifft. Das Wirtschaftswunder, die Folge des für unsere Zeit unvorstellbar lange währenden Friedens, brachte keine schöpferischen Kräfte des Rheinländers jener Tage ans Licht. Die Germaneneinfälle des 3. Jahrhunderts und andere Gründe führten zu einer schweren Wirtschaftskrise, die sich von der Mitte des Jahrhunderts ab bemerkbar macht. Die militärischen, organisatorischen und wirtschaftlichen Maßnahmen der ersten Tetrarchie und Konstantins I. führten eine neue Wirtschaftsblüte in der 1. Hälfte des 4. Jahrhunderts herbei. Das Rheinland importierte nun wieder Terra sigillata aus Ostgallien, aber auch aus dem Mittelmeergebiet. Die damals in Pannonien, Noricum, Raetien und Obergermanien verbreitete braungrün glasierte Ware kam nicht ins Rheinland. Dagegen tritt in den 4. Jahrhundert-Gräbern von Krefeld-Gellep eine dunkelbraun glasierte Keramik auf, zu der es kaum anderswo Parallelen gibt[201]. Das Rheinland zeigt in der 1. Hälfte des 4. Jahrhunderts Keramikgruppen, die nicht oder nicht weit an den Oberrhein vordrangen. Dazu gehören Krüge und Kannen mit braunroten umlaufenden Streifen oder auch mit Malerei in dieser Farbe und ähnliche Gefäße mit braunem, oft wie gewickelt oder marmoriert aussehendem Dekor. Es ist nicht ausgeschlossen, daß die erste und vielleicht auch die zweite Gruppe im Rheinland (in Köln?) hergestellt wurde. Im Laufe des 4. Jahrhunderts nahmen schließlich die Töpfereien von Mayen eine dominierende Stellung als Lieferanten groben Geschirrs für das Rheinland ein[202].

Die Erzeugung von Glasgefäßen war zweifellos ein wichtiger Aktivposten für die Wirtschaft der CCAA. Um die Mitte des 2. Jahrhunderts blühte wie vieles andere auch die Produktion von Gläsern mit bunten Fadenauflagen oder bunten Klecksen auf. Im 4. Jahrhundert wurden geschliffene Gefäße mit mannigfachen heidnischen und christlichen Darstel-

[201] Es ist nicht erwiesen, daß die Stempel-Terra sigillata des 4. Jahrhunderts aus Nordafrika stammt. Man sollte sie deshalb nicht ‚afrikanische', sondern spätrömische Stempel- oder Mittelmeer-Terra sigillata nennen. *F. Fremersdorf*, Kölner Jahrb. 3, 1958, 11 ff. – Zu Krefeld–Gellep s. Anm. 143.

[202] Die Keramik mit umlaufenden roten Streifen: *Verf.*, Fortleben 70 Anm. 22. *R. Pirling* Germania 38, 1960, 86. Diese Keramikgruppe ist nach Süden bis zum Maintal nachzuweisen. Zur braun getupften oder marmorierten Ware: *F. Oelmann*, Die Keramik des Kastells Niederbieber (Frankfurt/M. 1914) 45 ff. *Verf.*, Novaesium 79 Nr. 35 und Abb. 25. – Mayener Töpfereien: *Hagen*, Römerstraßen 287. *W. Unverzagt*, Die Keramik des Kastells Alzei (Frankfurt/M. 1916) 31 ff. Zur Ausbreitung ihrer Erzeugnisse in die Schweiz: *R. Fellmann*, Jahrb. d. SGU 43, 1952, 161 ff. *K. Stehlin* und *V. von Gonzenbach*, Die spätrömischen Wachttürme am Rhein usw. (Basel 1957) 119 ff.

lungen hergestellt. Um die Kölner Glaserzeugung hat sich vor allem F. Fremersdorf in mehreren Arbeiten bemüht[203]. Leider fehlen entsprechende eingehende Studien für andere Gewerbe wie das Steinmetzhandwerk oder die Weberei.

Wahrscheinlich erzeugte die Landwirtschaft der Provinz Niedergermanien und der Belgica genug, um die Einwohner der Provinzen und zum Teil die Truppen am Rhein mit Lebensmitteln und anderen Bedarfsgütern zu versorgen. Man importierte zwar Öl und Wein und außerdem Delikatessen wie Fischsaucen aus dem Süden, hatte aber alle anderen Nahrungsmittel selbst in genügender Menge[204]. Die Truppen hatten eigene Domänen, im Hinterland lagen die Farmen und Höfe dicht beieinander. Vor allem die Lößböden waren ein gutes Getreideland, deshalb waren die Villae rusticae hier zahlreich, wie die archäologische Landesaufnahme im Kreis Bergheim erwies. Die Weiden des unteren Niederrheins waren für Rinderzucht besonders günstig. Das zeigten die Funde in der Xantener Zivilsiedlung des 1. Jahrhunderts (S. 105). Selbst die Eifel, ein Teil der Arduinna silva, war von Villae rusticae übersät (S. 109 f.). Nach unseren Untersuchungen südlich Berg vor Nideggen und nach den Ergebnissen der archäologischen Landesaufnahme im Kreis Bergheim muß um die Mitte des 2. Jahrhunderts die Landwirtschaft zumindest hier besonders aufgeblüht sein. In der Eifel setzte ein großzügiger Ausbau mit umfangreicher Rodetätigkeit ein. Vielleicht sind viele der zahlreichen Ackerterrassen, die noch heute in der Eifel zu sehen sind, von römischen Landwirten angelegt worden. Darauf weist die enge Verbindung solcher Ackerterrassen mit römischen Ruinenstätten, ihr Vorkommen in solchen Teilen der Eifel, die im Mittelalter und später Waldgebiet waren, und schließlich der Vergleich mit anderen Teilen des römischen

[203] *F. Fremersdorf*, Figürlich geschliffene Gläser (Berlin 1951). *Ders.* in: Festschrift f. R. Egger 1, 66 ff. *Ders.*, Römisches Buntglas in Köln (Köln 1958). *Ders.*, Kölner Jahrb. 2, 1956, 7 ff. und 27 ff. *W. Haberey*, Bonner Jahrb. 148, 1948, 442 ff. und 149, 1949, 94 ff. *M. J. Vermaseren*, Kölner Jahrb. 2, 1956, 41 ff. Ein neuerdings gefundener Glasnapf mit vier eingeschliffenen Porträtmedaillons aus einem Grab einer Villa rustica bei Rondorf, Landkreis Köln (S. 96), wurde vom Rheinischen Landesmuseum erworben. Eine Glasschale mit der Darstellung des Bacchus, der unter einem Baldachin thront, wurde 1959 in einem Grab in Krefeld-Gellep gefunden. *R. Pirling*, Germania 38, 1960, 80 ff.

[204] Für die Landwirtschaft der Germania inferior fehlt eine so eingehende Studie wie *R. de Maeyer*, De Romeinsche Villa's in België (Antwerpen 1937 und 1940) 2 Bände. Für die Nordeifel vgl. *Verf.*, Nordeifel 99 ff. – Zur Weineinfuhr *S. Loeschcke*, Denkmäler vom Weinbau aus der Zeit der Römerherrschaft (Trier 1933) und die Stempel der Weinamphoren im Instrumentum domesticum des CIL 13. Vgl. *Rostovtzeff*, Gesellschaft und Wirtschaft 1, 18 f., 137 f., 243 f., 307. Ein Negotiator vinarius ist auf CIL 13, 8105 (Bonn) bezeugt.

Reiches hin. Gelänge es, einen Teil der Ackerterrassen der Rheinzone als römisch zu erweisen, dann müßte man wohl die mittelalterlichen Ackerterrassen Deutschlands rechts des Rheines auf jene zurückführen[205]. Das Rheinische Landesmuseum Bonn bemüht sich, die Ackerterrassen der Eifel, die immer mehr der Mechanisierung der Landwirtschaft zum Opfer fallen, durch Luftbildaufnahmen zu kartieren.

Über manche Einzelheiten des Landwirtschaftsbetriebes und der erzeugten Produkte haben wir in den letzten zwei Jahrzehnten Neues erfahren. Es war schon durch antike Autoren bekannt, daß die Ubier Löß als eine Art von Kalkdünger verwendet haben. Am Niederrhein wandte man dagegen Plaggendüngung zur Verbesserung von sich erschöpfenden Böden an. A. Steeger führte für die Gegend bei Gelduba den Nachweis, daß schon im 3. Jahrhundert n. Chr. Plaggendüngung angewandt wurde[206]. Diese Äcker können nach ihrer Lage nur zum Territorium des Auxiliarkastells Gelduba gehört haben. Wenn sich die schon behandelten Ackerterrassen der Eifel als römisch erweisen sollten, dann hätten wir in unserem Land gute Beispiele für die langrechteckige Felderform, die auch in Britannien römische von älteren Äckern unterscheidet. Die englische und skandinavische Forschung suchte zu erweisen, daß diese Felderform von den schweren Pflügen der Belgae abhängig ist, die auch in römischer Zeit noch verwendet wurden. Es bedarf wohl noch der Überprüfung aller Pflugreste römischer Zeit in den Museen der Rheinzone und Galliens, ehe man dieser Erklärung folgt. Es sei in diesem Zusammenhang darauf hingewiesen, daß im Rheinland eine bestimmte Gruppe von Grabbeigaben, die chthonische Vorstellungen widerspiegelt (S. 134), landwirtschaftliche Geräte darstellt; auch ein Pflug

[205] Römische Ackerterrassen in Algerien: *J. Baradez*, Fossatum Africae. Vue aérienne de l'organisation romaine dans le Sud-Algérien (Paris 1949) 179 und 185 f. In Syrien bis in die Wüste Sin zwischen Sinai und Totem Meer legte man seit biblischer Zeit Ackerterrassen an. *A. Reifenberg*, The Struggle between the Desert and the Sown (Jerusalem 1955) 37 und 92. *F. Altheim*, Gesicht vom Abend und Morgen (Frankfurt/M. 1955) 145 f. Auch in Israel sind antike Ackerterrassen nicht selten. Für Literaturangaben über diese und für andere Auskünfte danke ich Herrn Lt. Colonel Dr. M. Gichon aus Tel-Aviv. Leider war mir die mitgeteilte Literatur noch nicht zugänglich. – Zu der Frage der Ackerterrassen (Stufenraine) findet man Überblick und Literatur bei: *H. Jäger*, Erdkunde 8, 1954, 302 ff. *K. Scharlau*, Zeitschr. d. Vereins f. Hessische Gesch. u. Landeskunde 65/66, 1954/55, 72 ff. *Ders.*, Hessisches Jahrb. f. Landesgesch. 6, 1956, 260 f. *M. Born*, Siedlungsentwicklung am Osthang des Westerwaldes (Marburg 1957).

[206] Varro de re rust. 1, 7, 8. Plin. n. h. 17, 42 und 47. *C. Jullian*, Histoire de la Gaule 2 (Paris 1909) 275. *A. Baron de Loë*, Belgique Ancienne. Catalogue 3 (Brüssel 1937) 22 f. Über Plaggendüngung: *A. Steeger*, Die Heimat (Krefeld) 18, 1939, 224 ff. *Ders.*, Bonner Jahrb. 146, 1941, 343. *G. Niemeyer*, Geographischer Anzeiger (Gotha) 40, 1939, 237 ff.

ist einmal darunter. Entscheidend ist wohl die Frage, inwieweit sich bei uns die Carruca der Belgae an Stelle oder neben dem römischen Aratrum in tatsächlichen Fundstücken oder Pflugabbildungen nachweisen läßt[207]. Unsere Kenntnis der Produkte römischer Landwirtschaft erweitert sich laufend, je mehr paläobotanische Untersuchungen angestellt werden.

Sowohl für das römische Gewerbe, den Bergbau und das Hüttenwesen als auch für die Landwirtschaft im Rheinland waren Kleinbetriebe einzelner Freier kennzeichnend, die als selbständige Unternehmer oder Landbesitzer oder auch als Landpächter arbeiteten. Die Sklavenwirtschaft großen Stils, die im Süden große wirtschaftliche Bedeutung hatte, ist weder in der rheinischen Landwirtschaft noch im Bergbau noch im Gewerbe nachzuweisen. In Gallien ist das freie Kleingewerbe, das sich allerdings vielfach zu Produzentengenossenschaften zusammengeschlossen zu haben scheint, wohl ein La Tène-Erbe[208].

Der Handel brachte auch damals schon mehr ein als das Gewerbe. Das zeigen z. B. die Urkunden der großen Stiftungen in Gallien. Begünstigt wurde der Handel durch den Rhein mit seinen Zuflüssen und durch ein gutes Straßennetz. Am Rhein gab es gewiß viele gute Häfen, die vornehmlich an toten Armen des Stromes lagen. Die Kaianlage der CVT mit ihren Festmachevorrichtungen (S. 99) und die Spuren einer solchen bei der CCAA (S. 93) zeigen, wie solche Häfen aussahen. Selbstverständlich besaß das Kastell der Classis Germanica pia fidelis in Köln-Alteburg (Anm. 19) gleichfalls einen Hafen. Es wird auch kein Zufall sein, daß das Auxiliarkastell Asciburgium an einem Altarm des Rheines lag (S. 50 ff.). Schließlich wird die Lage der Horrea in den Legionsfestungen Bonna (S. 55 ff.) und Novaesium auf

[207] *H. Behlen,* Der Pflug und das Pflügen bei den Römern und in Mitteleuropa in vorgeschichtlicher Zeit (Dillenburg 1904). *P. Leser,* Entstehung und Verbreitung des Pfluges (Anthropos-Bibl. 3, Münster 1931). *A. S. F. Gow,* Journ. of Hellen. Stud. 34, 1914, 249 ff. *R. G. Collingwood* und *J. N. L. Myres,* Roman Britain and the English Settlements (Oxford 1936) 211 f. *A. G. Drachmann,* RE. 19, 1461 ff. ‚Pflug'. *F. G. Payne,* The Arch. Journ. 104, 1947, 82 ff. *E. C. Curven* und *G. Hatt,* Plough and Pasture (New York 1953). *B. Brentjes,* Wiss. Zeitschr. d. Universität Halle–Wittenberg, Gesellschaft. R. 2, 1952/53, 441 ff. 3, 1953/54, 75 ff. und 391 ff. Dazu *W. La Baume,* Germania 33, 1955, 236 ff. *E. Werth,* Grabstock, Hacke und Pflug (Ludwigsburg 1954). Dazu *W. La Baume,* Germania 33, 1955, 94 ff. – Zu den kleinen Nachbildungen landwirtschaftlicher Geräte und Pflüge s. S. 134 und Anm. 228. – Carruca: Thes. l. Lat. 3, 498, 15 ff. *A. Walde – J. B. Hofmann,* Lateinisches etymologisches Wörterbuch[3] (Heidelberg 1938) s. v. carracutium. Zum Sachlichen vgl. die zitierte Pflugliteratur.

[208] *A. Grenier* in: Oxé-Festschrift 84 ff. *Verf.,* Zeitschr. f. Erzbergbau u. Metallhüttenwesen 11, 1958, 599.

die Nähe des Rheines zurückgehen[209]. Für die Benutzung kleinerer Gewässer, so selbstverständlich sie ist, haben wir keine neuen Nachweise gefunden. Über das römische Straßennetz im Rheinland, eine der bedeutendsten zivilisatorischen Schöpfungen der Römer, besitzen wir die Arbeit von J. Hagen. Obwohl hier bewundernswert viel Material verarbeitet ist, wird die archäologische Forschung auch auf diesem Gebiet nicht bei dem Erreichten verharren dürfen. Nicht nur der Verlauf der Straßen bedarf noch mancher Überprüfung, vor allem am Niederrhein, es muß auch die Chronologie der Straßenanlagen erarbeitet werden. Wir wiesen schon darauf hin, daß nach unseren jetzigen Kenntnissen die Limesstraße hart an der Niederterrassenkante verlief und deren Windungen nicht abschnitt (S. 54). Überdies haben wir auf Grund des Vorkommens militärischer Ziegel und einer Militärinschrift (CIL 13, 8598) einen Straßenzug von der Maas an den Rhein über Wankum und Aldekerk wahrscheinlich machen können (Taf. 4 und S. 74).

Etwa bis zur Mitte des 2. Jahrhunderts n. Chr. war das Rheinland sehr stark von Einfuhren aus Italien und wohl noch mehr aus der Narbonensis und den benachbarten gallischen Provinzen abhängig. Auch Spanien beteiligte sich am Import in das Rheinland. Die geschilderte Entstehung einer eigenen Manufaktur im 2. Jahrhundert machte es jedoch selbständig. Von da ab war der Import nach dem Rheinland geringer, selbst der aus der Belgica und aus der Lugudunensis. Niedergermanien konnte nun sogar exportieren, sowohl zu den unabhängigen Germanen als auch in die Donauprovinzen[210]. Am Ein- und Ausfuhrhandel hatten Handelsgesellschaften hier wie auch anderwärts im römischen Reich ihren bedeutenden Anteil. Den Handel zwischen der Germania inferior und Britannien, der noch im 4. Jahrhundert eine wichtige Rolle spielte, besorgten die Negotiatores Britanniciani. Obwohl von ihnen kein Collegium ausdrücklich überliefert ist,

[209] Dies vermutet E. Gersbach. Zum ganzen Thema sei nochmals auf *H. Aubin*, Bonner Jahrb. 130, 1925, 1 ff. hingewiesen.

[210] *H. J. Eggers*, Der römische Import im freien Germanien (Hamburg 1951). *Ders.*, Jahrb. d. RGZM 2, 1955, 196 ff. Widersprüche ebenda 4, 1957, 108 ff. und 119 ff. *M. Wheeler*, Rome beyond the Imperial Frontiers (London 1954) 7 ff. *J. Werner*, Bonner Jahrb. 153, 1953, 126 ff. Über rheinischen Export nach den Donauprovinzen: *F. Fremersdorf*, Laureae Aquincenses (= Diss. Pann. 2/10, Budapest 1938) 168 ff. – Import aus Spanien ist durch Amphorenstempel nachgewiesen. Drei Amphorenstempel, die nach dem Krieg im Bereich der CVT gefunden wurden, und einer aus der CCAA stammen aus Spanien. Es sind die Namenstempel IICAMILI / MELISSI (Xanten), LMVE (Xanten), ST.PPL (Köln) und der Ortsstempel SAXO FERREO (Xanten). Diese Stücke sind noch nicht veröffentlicht. – Stiftungen von Händlern z. B.: CIL 13, 6366 = Dessau 7587, CIL 13, 6677 = Dessau 2472, CIL 13, 7587.

dürfen wir vermuten, daß sie eine ähnliche Stellung einnahmen wie die Negotiatores Cisalpini et Transalpini von Raetien über die Ostalpen hinweg bis nach Pannonien. Durch eine Inschrift, die in Köln gefunden wurde, sind wir wohl berechtigt, ein Kontor der Gesellschaft in der CCAA anzunehmen. Als Handelsgüter sind Keramik und eine Ware, deren lateinische Bezeichnung noch unverständlich ist, bezeugt. Tatsächlich zeigt die Zusammensetzung keramischer Fundbestände am NL große Ähnlichkeit mit solchen britannischer Grabungsplätze [211].

Die wirtschaftliche Gesamtentwicklung des römischen Rheinlandes wird erst erkennbar werden, wenn systematische Einzeluntersuchungen ausgeführt sind – dazu gehört vor allem auch das Studium der Geldgeschichte. Schon jetzt läßt sich einiges erkennen: die selbstverständliche wirtschaftliche Bedeutung des Militärs und der Reichsgrenze und der Beginn einer Blütezeit etwa um die Mitte des 2. Jahrhunderts n. Chr.

Neben gesellschaftsgeschichtlichen Fragen müßte nun noch die Entwicklung der römischen Zivilisation des Rheinlandes dargelegt werden. Hierin wird die großartige kolonisatorische Leistung des römischen Reiches besonders deutlich. Wenn auch die gegenwärtige Tendenz zur sentimentalen Gleichmacherei in kolonialen Fragen unseren Blick zu trüben droht, so sollte der Historiker die Bedeutung der kolonisatorischen Leistungen großer Reiche nicht geringschätzen. Was das Rheinland dem Imperium verdankt, war der Bau fester Häuser, die Anlage von Städten und Straßen, die Zunahme von Sauberkeit und Hygiene, die zunehmende Differenziertheit des Lebens, des höheren technischen Könnens und das Wachsen des Volksvermögens. Dabei war die Freiheit des einzelnen in der frühen und mittleren Kaiserzeit groß genug, um ein menschenwürdiges Leben führen zu können. Wir verzichten aber darauf, im einzelnen darzulegen, welche neuen Einsichten wir für dies alles nach dem zweiten Weltkrieg gewonnen haben.

[211] Die negotiatores Britanniciani: CIL 13, 8164 a (Köln) = Dessau 7522 und CIL 13, 8793 (Middelburg) = Dessau 4751 = *A. Hondius-Crone*, The Temple of Nehalennia (Amsterdam 1955) 70 Nr. 23. Der negotiator cretarius von CIL 13, 8350 (Köln) wird auch hierher gehören. Was ‚moritex' der ersten Inschrift bedeutet, ist noch immer unbekannt. Auf den interprovinziellen Handel weist auch der negotiator vestiarius importator von CIL 13, 8568 (Stockum, wohl Novaesium) hin. Er wird mit den Textilkaufleuten an Mosel und Rhone in Verbindung stehen.

V. Religionsgeschichte

Die Antike war tolerant. Ihre religiösen Auffassungen ermöglichten auf zweierlei Weise die Aneignung fremder Religionsvorstellungen. Man konnte entweder Götter der anderen in sein eigenes Pantheon aufnehmen oder man betrachtete die fremden Götternamen bloß als eine sprachliche Fremdheit, die man wieder rückübersetzen konnte. So blieben der Antike ausgedehnte Glaubenskriege bis an die Schwelle der Spätantike erspart.

Die Verehrung der obersten Götter des römischen Staates, des Iuppiter optimus maximus, der Iuno und der Minerva, also der Trias vom Kapitol, ferner der konsekrierten Kaiser oder des Herrscherhauses und der dea Roma, war mehr ein Akt staatsbürgerlicher Loyalität als ein religiöses Postulat. Wenn O. Doppelfelds Erklärung der dreiräumigen Fundamente unter Maria im Kapitol zu Köln zutrifft, dann haben wir hier ein bedeutendes Heiligtum dieser kapitolinischen Trias gefunden (S. 88). In der Stadt, auf dem Lande, in den Lagervorstädten und in kleineren Siedlungen errichtete man Säulen mit dem Bildnis des thronenden Iuppiter in Nachahmung des monumentalen Iuppiterkultbildes, das 69–70 n. Chr. im Haupttempel auf dem Kapitol in Rom aufgestellt wurde. Im Heiligen Bezirk, der zur Festungsvorstadt von Novaesium gehörte, standen mindestens zwei solche ‚Iuppitersäulen' (Taf. 10). Eine weitere wurde an anderer Stelle im Bereich von Novaesium gefunden. Schließlich haben wir Reste einer mit Reliefs reich verzierten derartigen Kultsäule in Iuliacum-Jülich entdeckt, die nach Angabe ihrer Inschrift von den Vicani Iuliacenses errichtet worden ist[212].

Einige neue Fakten wurden über einheimische Kulte bekannt. Ein Heiliger Bezirk von demselben Typus, der aus der Eifel, von der Mosel und aus dem Hunsrück mehrfach bekannt wurde, nämlich der von Kornelimünster bei Aachen, wurde schon zu Beginn dieses Jahrhunderts ausgegraben, aber erst vor kurzer Zeit von E. Gose veröffentlicht (Abb. 40). Es wurden drei Tempel vom gallo-römischen Quadrattyp mit mehreren Nebengebäuden festgestellt. Da nur dürftige Grabungsaufzeichnungen erhalten und die Funde durch Kriegseinwirkungen verlorengegangen sind, kann nicht mehr ermittelt werden, wann der Tempelbezirk erbaut wurde, – jedenfalls aber schon im 1. Jahrhundert. Es fällt auf, daß spätrömische Kleinfunde fehlen.

[212] *Verf.*, Novaesium 60 und 112 f. Ein weiteres Iuppiterbildnis vom gleichen Typus wurde auf dem Hackenberg bei Neuss gefunden (*Verf.*, Der Niederrhein 25, 1958, 4). *E. Neuffer*, Bonner Jahrb. 151, 1951, 307 ff. = Année épigr. 1955 Nr. 35. Mit einem schon vor längerer Zeit gefundenen Iuppiterpfeiler aus der CCAA beschäftigte sich *J. Klinkenberg*, Jahrb. d. kölnischen Gesch.-Vereins 31/32, 1957, 1 ff. und 357.

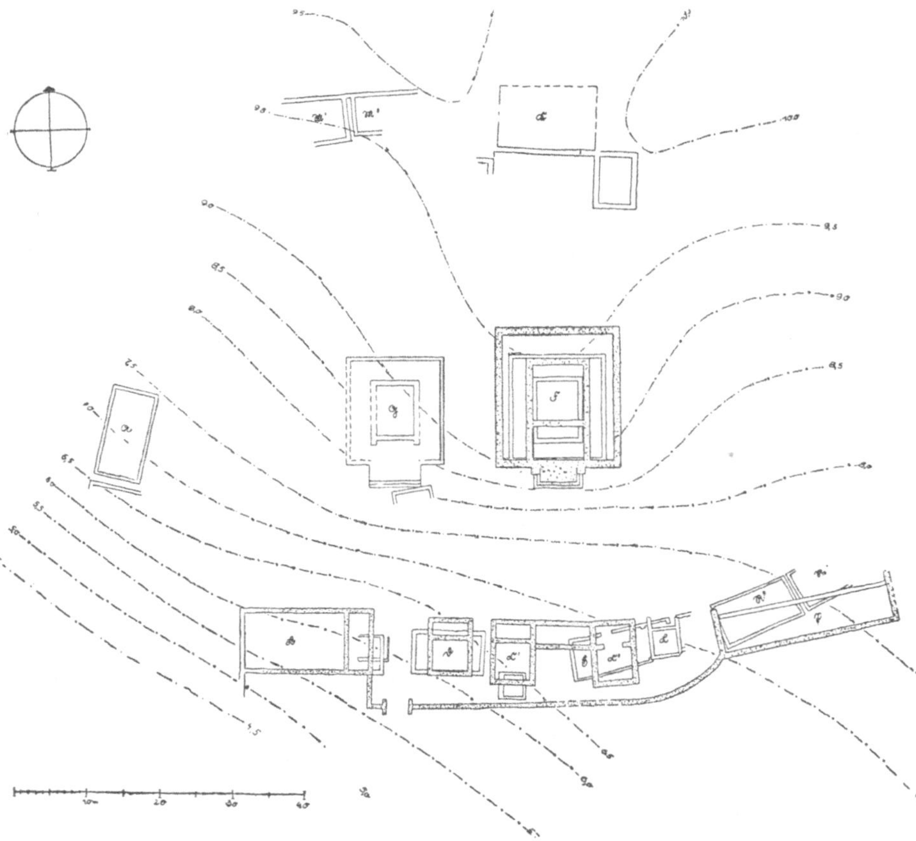

Abb. 40: Heiliger Bezirk bei Varnenum-Kornelimünster, Ldkr. Aachen. Etwa 1 : 1000

Zu den Weihegaben gehören Weihetäfelchen aus Kupferlegierungen für den deus Varneno und die dea Sunuxsal [213]. – Mehrfach wurden neue Belege für die Matronenverehrung im Rheinland gefunden. Bei Morken (Kr. Bergheim) wurden zahlreiche Weihesteine und Architekturreste aus einem wohl benachbarten Heiligtum oder Heiligen Bezirk aufgedeckt, unter denen 155 Weiheinschriften sind. Einige nennen die bisher unbekannten Matronae Austriahenae. Die Ergänzung eines anderen, bis dahin unbekannten Matronennamens aus Derichsweiler (Kr. Düren) ist etwas umstritten: matronis [..]rstvahenis [214]. Zu diesen Matroneninschriften kommt der Nachweis von

[213] *E. Gose*, Bonner Jahrb. 155/156, 1955/56, 169 ff.

[214] Die von *H.-G. Kolbe* verfaßte Veröffentlichung der Steine von Morken soll in Bonner Jahrb. 159, 1959 erscheinen. – Zu den Matronae [...]rstvahenae: *S. Gutenbrunner*, Bonner Jahrb. 152, 1952, 162 ff. *W. Kaspers*, Beiträge zur Gesch. d. deutschen Sprache u.

Matronenverehrung in der mittelkaiserzeitlichen Festungsvorstadt von Novaesium. Hier, am Südrand des westlichen Auxiliarvicus, am heutigen Gepaplatz, wurden ein größerer Kultbau, mehrere Fundamente für Kultpfeiler und vielleicht eine kleine Kapelle gefunden (Abb. 41). In spätrömischer Zeit baute man hier auch einen Taufkeller der Kybelereligion (S. 129 ff.). Wir dürfen also von einem Heiligen Bezirk sprechen, obwohl wir seine Umfassung nicht fanden. Leider konnten wir nicht den gesamten Grundriß des großen Kultbaues aufdecken. Er könnte ursprünglich ein gallo-römischer Quadrattempel gewesen sein. Es wurden aber zu wenige Pfosten festgestellt, die von einer hölzernen Umgangslaube herrühren könnten, als daß man dies mit Sicherheit behaupten dürfte. Südwestlich des Kultbaues befand sich eine sehr große Grube, die Devotionalien und Kultgerät in zerbrochenem Zustand enthielt (S. 140). Noch weiter südlich fanden wir einen Matronenweihestein aus Muschelkalk, der sehr schlecht erhalten war, aber doch den Typus der Bonner Vettius-Weihung noch erkennen ließ. In der erwähnten Grube lag auch eine Terrakotta aus einem braun gebranntem Ton, also nicht Kölner Herkunft, die eine Muttergöttin darstellt (Taf. 10). Die Göttin trägt ein strampelndes kleines Kind auf dem Arm, das ein Ärmchen nach der Brust der Mutter ausstreckt. Auch diese Devotionalie weist auf den Matronenkult im Heiligen Bezirk hin. Man könnte sogar die in der gleichen Grube wie die ‚Nutrix' gefundene Terrakotta der Venus in die gleiche Gruppe stellen. Schließlich ist hier auch ein Aufsatz eines Kultszepters aus einer Kupferlegierung, der in Gelduba-(Krefeld-) Gellep gefunden wurde, zu erwähnen. Er stellt gleichfalls eine Matrone dar[215].

Während die bisher angeführten einheimischen Gottheiten ihren alten Namen behalten haben, tritt anderwärts eine Interpretatio Romana auf. So wird der keltische Heilgott Grannus mit Apollo gleichgesetzt. Ein wichtiges Heiligtum des Gottes befand sich in Aachen (S. 108 f.). Ein neu gefundener Weihestein aus Aachen-Burtscheid zeigt uns vielleicht zum ersten Mal die Gestalt des Aachener Kultbildes: Apollo, auf einem Thron sitzend, auf dem Rücken Bogen und Köcher tragend, hält die Leier mit der Linken und ein

Lit. (Halle) 78, 1956, 470 ff. Ob der Name der neu in der Nieder-Betuwe bekannt gewordenen Göttin Hurstrga für unseren Matronennamen etwas ausgibt, kann ich nicht beurteilen: *H. J. H. van Buchem:* Rijksmuseum G. M. Kam. Verslag van de Directeur 1956 (den Haag 1958) 209.

[215] Über den Heiligen Bezirk von Novaesium und seine Funde: *Verf.*, Novaesium 36 ff., 60 ff., 89 ff. – Der Aufsatz eines Kultszepters ist noch nicht veröffentlicht. Eine Parallele zu ihm aus Köln hat *H. Klumbach,* Germania 23, 1939, Taf. 13,2 abgebildet.

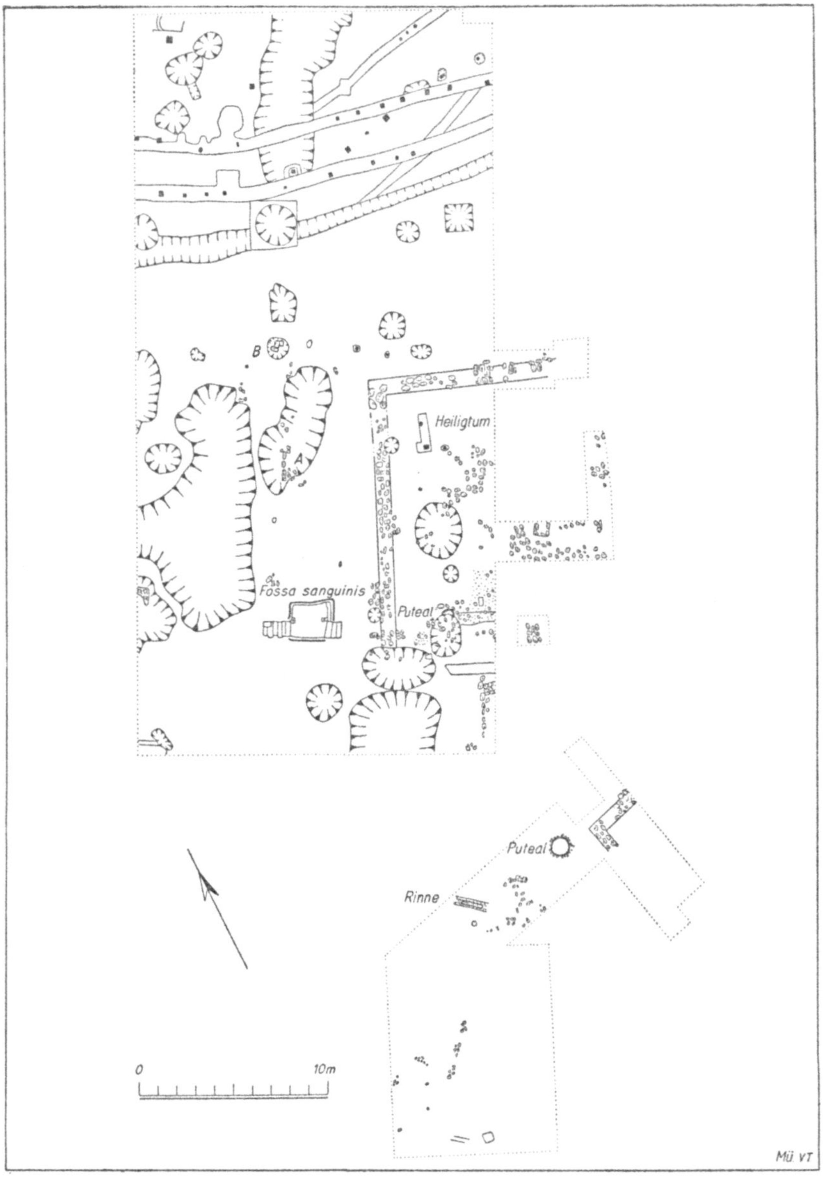

Abb. 41: Heiliger Bezirk des Auxiliarvicus Novaesium-Neuß. 1 : 400

Plektron in der Rechten. Dieser statuarische Typus ist selten und könnte auf ein gallisches Kultbild zurückgehen[216].

Namenlos sind für uns zwei Gottheiten, deren Bildnis die Vorderseite eines in der Fossa sanguinis von Novaesium gefundenen Weihealtars einnimmt (Taf. 11). Leider ist der Stein (Muschelkalk) durch Bodensäuren sehr stark zerstört. Es sind in ganz primitiver Darstellungsweise zwei Gottheiten stehend dargestellt, die eine ithyphallisch, das Geschlecht der anderen ist nicht mehr zu erkennen. Es ist nicht zu entscheiden, ob ein Gott und eine Göttin oder zwei männliche Götter, etwa eine Zwillingsgottheit gemeint sind[217].

Die meisten neuen Erkenntnisse haben wir über Mysterienreligionen orientalischen Ursprungs im Rheinland gewonnen, besonders über die Verehrung der Großen Göttermutter vom Idagebirge, der Kybele. In der CCAA hatten alle großen Mysteriengottheiten ihre Anhänger. Nach dem Kriege wurde in St. Gereon (S. 140 f.) eine Weihung an die Isis myrionymos aufgefunden. Ferner wurde nahe, aber außerhalb der Nordmauer der CCAA ein Kultgefäß mit bunten Reliefs entdeckt, das Mithras mit Kautes und Kautopates zeigt[218].

Unmittelbar westlich des schon erwähnten großen Kultbaues am Gepaplatz von Neuß (S. 127) fanden wir eine Fossa sanguinis, einen Taufkeller, des Kultes der Großen Göttermutter (Taf. 12 und Abb. 41). Es ist ein mindestens 1,4 m tiefer Keller von quadratischem Grundriß (1,8 m lichte Seitenlänge). Auf zwei einander gegenüberliegenden Seiten befinden sich zwei unbequem steile Treppen mit wenigstens je 6 Stufen. Auch die Tritte der Stufen sind unangenehm schmal. Zwischen einer Treppe und dem Ostwinkel des Kellers war ein Steintisch angebaut, ein 0,55 m hoher massiver Block aus Bruchsteinen, mit 1 × 0,3 m Tischfläche. Der Fußboden bestand aus gestampftem Lehm und war mit Dielen ausgelegt, die parallel zu den Treppenstufen strichen. Neben den beiden inneren Kellerwangen war je eine steinerne Unterlage für Holzständer gesetzt, die beide einen Deckenunterzug getragen haben müssen. Die schlecht gemauerten Steinwände des Kellers waren aus Altmaterial gebaut, das aus den Ruinen älterer Kultanlagen stammte. Hier fanden wir die schon behandelten beiden Iuppiter-

[216] Der Aachener Stein ist noch nicht veröffentlicht. Zum Bildtypus: *A. Héron de Villefosse*, Gazette archéologique 2, 1876, 5 ff. *S. Reinach*, Répertoire de la statuaire grecque et romaine 2 (Paris 1897), 106, 6.

[217] *Verf.*, Novaesium 114 f.

[218] W. Binsfeld bereitet die Veröffentlichung des Kultgefäßes vor.

plastiken eingemauert, den Weihealtar mit den beiden primitiven Gottheiten, eine Weiheinschrift für Iuppiter und noch einige Weihesteine, deren Inschriften nicht mehr erhalten sind. Im unteren Teil der Kellerfüllung, nahe dem Fußboden, wurde eine Zymbel gefunden, die aus einer Kupferlegierung gefertigt ist (Taf. 13). Ferner wurden ein flacher, doppelhenkeliger kleiner Krug (Taf. 13) und mindestens 37 Münzen gefunden, deren späteste unter Konstantin d. Gr. geprägt wurde. Außerdem wurde Keramik, die gleichfalls der 1. Hälfte des 4. Jahrhunderts angehört, geborgen. Dieser Befund wird aus antiken Nachrichten und einer Parallele in Ostia verständlich. Der christliche Dichter Prudentius (geboren 348 n. Chr.) schildert nämlich das Taurobolium, die Bluttaufe im Kybelekult, wohl aus eigener Anschauung. Danach und nach anderen Quellen stieg der Myste, der ein seidenes priesterliches Gewand trug, in eine Grube wie in ein Grab hinab. Die Grube war mit Bohlen überdeckt, die durchlöchert waren. Dort oben schächtete ein Priester unter Flöten- und Zymbelmusik einen Stier oder einen Widder. Das Blut troff nach Prudentius wie Tau durch die Löcher und Ritzen des Bodens auf den Mysten herab, benetzte sein Gewand und ihn selbst. Dieser bot sein Antlitz dem Opferregen dar und schlürfte sogar das warme Blut. Danach stieg er ‚in aeternum renatus' aus der Grube wieder empor und wurde von der Menge der Gläubigen verehrt als der Gottheit inne. Das muß der Vorgang gewesen sein, der unseren Keller in Novaesium erklärt, die beiden allzu steilen Treppen, die Kellerwände, die eine bloße Grubenverschalung sind, aber nicht eine aufgehende Wand getragen haben können, die beiden Stützen für einen Unterzug, der bei einer Spannweite der Decke von 2 m nur dann notwendig war, wenn diese einer besonderen Belastung ausgesetzt war, die Zymbel und den kleinen flachen Krug (Taf. 13). Wir kennen nämlich diese Gefäßform aus frühchristlichem Gebrauch, wo man in solchen Gefäßen etwa Jordanwasser von einer Pilgerreise mit nach Hause nahm. Wahrscheinlich diente ein solches Gefäß auch dazu, Stierblut vom Taurobolium aufzubewahren. Vermutlich stellt eine Terrakotta, die in einer Grube unweit der Fossa sanguinis gefunden wurde, einen zusammengebrochenen Stier dar, dessen Blut in einen solchen Krug fließt (Taf. 13)[219].

[219] Zum Taurobolium: Prudent. peri steph. 10, 1011 ff. *H. Graillot*, Le culte de Cybèle, Mère des dieux, à Rome et dans l'empire romain (= Bibl. écoles franç. d'Athènes et de Rome 107, Paris 1912) 150 ff. *F. Cumont*, Die orientalischen Religionen im römischen Heidentum. Deutsch von A. Burckhardt-Brandenberg[4] (Darmstadt 1959) 61 ff. mit Literatur 222 ff., besonders 232. – in aeternum renatus: CIL 6, 510 = Dessau 4152. *Cumont* a. O. 63. – Der Befund von Novaesium: *Verf.*, Novaesium 38 ff. *Ders.* in: Neue Ausgr. 298. – Der

Die einzige uns bekannte archäologische Parallele zu der Fossa sanguinis von Novaesium befindet sich in Ostia. Nahe dem Südtor der Stadt ist ein Heiliger Bezirk der Magna Mater-Religion angelegt worden, in den auch eine Hälfte eines Stadttors einbezogen wurde. Diese wurde sekundär als Fossa sanguinis eingerichtet. Sie hat die gleiche Größe und etwa den gleichen Tisch wie der Taufkeller von Neuß[220].

Der Befund von Novaesium läßt noch mehr Schlüsse auf den Kybelekult zu, wie in der von uns vorbereiteten Veröffentlichung darzulegen sein wird. Obwohl die Fossa sanguinis von Neuß erst in der 1. Hälfte des 4. Jahrhunderts n. Chr. gebaut und benutzt wurde, muß Kybele schon in der 2. Hälfte des 2. Jahrhunderts in Novaesium verehrt worden sein, weil eine Tondevotionalie, die die Göttin darstellt, in einem Grab dieser Zeit am Nordrande des gleichen Auxiliarvicus aufgefunden wurde (Taf. 14 und 15) und weil die behandelte Stierterrakotta der gleichen Zeit angehört[221]. Der geschilderte Befund legt die Erklärung nahe, daß im Heiligen Bezirk von Novaesium die Verehrung der einheimischen Matronen von der der Kybele abgelöst wurde. Ein entsprechender Vorgang ist vielerorts im römischen Reich zu beobachten. Er entspricht dem allgemeinen Vordringen orientalischer und griechischer Mysterienreligionen und dem Zug zum Henotheismus im 2. Jahrhundert n. Chr. Etwa aus derselben Zeit stammt ein Bruchstück einer Kybele-Devotionalie aus dem Kleinkastell Rheinhausen-Werthausen (S. 53), die einer Kölner Terrakottentöpferei der 2. Hälfte des 2. Jahrhunderts entstammt (Taf. 16). Diese Devotionalie zeigt die Göttin auf einem Löwen im Damensitz reitend – ein Bildtypus, der in der Plastik jünger ist als derjenige der Neußer Terrakotta. Während dieser in letzter Filiation auf ein berühmtes Kultbild in Athen zurückgeht, das Agorakritos schuf, ist die auf dem Löwen reitende Kybele als Plastik erst seit hellenistischer Zeit nachgewiesen. Das Terrakottenbruchstück von

flache Krug: *Verf.*, Novaesium 92 Nr. 71. Dazu *C. M. Kaufmann*, Zur Ikonographie der Menasampullen (Kairo 1910) 57 ff. *R. Noll*, Vom Altertum zum Mittelalter (Katalog Wien 1958) 28 ff. Vgl. *F. E. Day*, Berytus 2, 1935, 5 ff. über islamische Pilgerflaschen, die wohl von den spätrömischen abhängen. – Die Stierterrakotte: *Verf.*, Novaesium 92, Nr. 70.

[220] *G. Calza*, Il santuario della Magna Mater a Ostia: Memorie della Pontificia Accademia Ser. 3, 6, 1947, 197. Scavi di Ostia, hrg. G. Calza 1 (Rom 1953) 86 und 145. Dagegen ist der Schacht im Mithraeum der Caracallathermen, in den man durch einen verdeckten Gang gelangt, keine Fossa sanguinis. Vielmehr diente er wie ähnliche Schächte in anderen Mithraeen für eine besondere Zeremonie, bei der der Myste als Toter wiederauferstand. *M. J. Vermaseren*, Corpus inscriptionum et monumentorum religionis Mithriacae (den Haag 1956) 188 f. *A. D. Nock*, Gnomon 30, 1958, 293.

[221] Die Magna Mater-Terrakotta aus Novaesium: *Verf.*, Novaesium 64 ff. Eine der vielen Parallelen zu dieser Terrakotta ist eine des Servandus in Köln (ebenda 65).

Rheinhausen-Werthausen zeigt aber wieder, daß die Verehrung der Großen Göttermutter auch unter den Soldaten des NL verbreitet war [222].

Bevor wir berichten, inwiefern die Geschichte des Christentums im Rheinland durch neuere archäologische Forschungen erhellt wurde, sei einiges Wenige zu den Jenseitsvorstellungen angemerkt, die wir durch das Studium römischer Gräber erkennen. F. Oelmann beschäftigte sich in einer Reihe von Arbeiten mit Herkunft und Bedeutung von Formen römischer Grabdenkmäler. Er zeigte, daß manche Grabmaltypen nichts anderes sind als die Übertragung von Behälterformen des Alltags auf den Behälter für den Toten [223].

Es ist zu bedauern, daß die Gräber der römischen Rheinzone noch nicht zusammenhängend behandelt wurden. Aus einer solchen Arbeit würde der Religionshistoriker viel gewinnen. Eine besonders gut erhaltene Grabkammer ist in Weiden bei Köln zwar schon seit langem bekannt, aber erst neuerdings von F. Fremersdorf genauer bearbeitet worden. Sie gehört der 2. Hälfte des 2. Jahrhunderts an, wurde aber noch im 3. Jahrhundert weiterverwendet. Die steinernen Totenklinen für die Männer und die steinernen Korbsessel für die Frauen entsprechen einer allgemeinen römischen Tradition, die auch in einer langen Inschrift, dem sogenannten Testament des Lingonen, für Gallien bezeugt ist, ebenfalls durch zahlreiche Stelenbilder. Man glaubte daran, daß die Toten im Triclinium tatsächlich Platz nahmen, wenn die Lebenden ihnen an Totengedenktagen Speisen vorsetzten. Dies

[222] Die Terrakotta von Rheinhausen-Werthausen ist erwähnt: *Verf.*, Rhein. Vierteljahrsblätter 17, 1952, 435. – Die Göttermutter des Agorakritos: *A. v. Salis*, Jahrb. d. Inst. 28, 1913, 1 ff. *G. Lippold*, Handbuch der Archäologie, 5. Lfg. (München 1950) 187. – Kybele auf dem Löwen reitend scheint im Bereich der griechischen Kunst zuerst im Umkreis des Meidiasmalers aufzutreten: *M. P. Nilsson*, Geschichte der griechischen Religion 1 (München 1941) 802 zu S. 688 (in der 2. Aufl., München 1955, fehlt diese Notiz allerdings). In der Plastik nicht vor dem Pergamonaltar nachgewiesen: *A. v. Salis*, Der Altar von Pergamon (Berlin 1912) 60 ff., allerdings nimmt A. Ippel, Der Bronzefund von Galjûb (Berlin 1922) 24 f. für die Nadelfiguren mit Kybele auf dem Löwen reitend (a. O. Taf. 1 Nr. 1 und 2) ein frühhellenistisches Vorbild aus dem Ende des 4. Jahrh. an. Der Bronzefund, zu dem die Kybelefiguren gehören, wird in das frühe 2. Jahrh. v. Chr. datiert. Zu Terrakotten, die den Typus der auf dem Löwen reitenden Kybele wiedergeben, s. *F. Winter*, Die Typen der figürlichen Terrakotten, 2. Teil (Berlin–Stuttgart 1903) 175, 5 und 6 (Hinweise A. Bruckner).

[223] *F. Oelmann*, Niederrhein. Jahrb. 3, 1951, 30 ff. *Ders.*, in: Studi Aquileiesi offerti a G. Brusin (Aquileia 1953) 169 ff. *Ders.*, Bonner Jahrb. 154, 1954, 162 ff. *Ders.*, Vjesnik za arheologiju i historiju Dalmatinsku 56/59, 1954/57, 48 ff. *E. Will* in: Actes du colloque sur les influences helléniques en Gaule (Dijon 1958) 123 ff. Vgl. auch *F. Oelmann*, Germania 30, 1952, 217 ff.

entspricht der eigentlich antiken Jenseitsvorstellung, daß die Seelen der Abgeschiedenen kraft- und freudelos seien und durch bestimmte Nahrung vorübergehend das Glück des vollen Lebens erlangen könnten. Deshalb gab man den Toten Speise und Trank in das Grab mit und erneuerte die Gaben auf vielerlei Weise – in einfacher Form durch ‚Spenderöhren', etwas reicher, indem man die Toten in eigenen Triklinien zum Mahl einlud. Das geschah, indem man regelrechte Triclinia nach etruskisch-altrömischer Tradition baute -- so tat man es auch in Weiden –, oder in effigie, indem man das Totenmahl darstellte – so auf Stelen oder im Innern des Grabbehälters von Simpelveld. Auch die Klinensarkophage sowohl des griechischen Ostens als auch Roms gehen neben Vorstellungen des Bildzaubers auf die genannten Jenseitsvorstellungen zurück[224].

Der Tote wurde auch auf einer Kline ruhend verbrannt. Schweizer Forscher haben gezeigt, daß in Busta – Grabgruben, über denen der Scheiterhaufen verbrannt wurde, so daß die Asche in die Grube fiel – sich auch Reste von Holzklinen befanden, die manchmal mit Knochenschnitzereien verziert waren. Auch im Rheinland wurden öfters Busta gefunden, neuerdings mehrmals in Novaesium (sowohl im militärischen als auch im zivilen Bereich). Allerdings fehlt hier bisher noch der Nachweis, daß der Tote auf einer Kline und nicht etwa bloß auf dem Scheiterhaufen liegend verbrannt wurde[225].

Die Antike hatte die Vorstellung, daß der Tote während seiner Wanderung in der Unterwelt durch eine heiße Zone oder einen Flammenstrom, den Pyriphlegethon, gefährdet ist. Zum Schutz gab man manchmal Kühlkugeln aus Stein oder auch Totenringe aus Bergkristall mit. Bergkristall galt als eine Form festen Wassers und sollte darum besonders zu kühlen vermögen. In zwei rheinischen Gräbern, einem in Neuß und einem in Anstel (Kr. Grevenbroich) fanden wir nach dem letzten Krieg Totenringe aus Bergkristall (Taf. 16). Die Schmuckplatte des Neußer Ringes zeigt, wie es scheint, einen norischen Gott, den Mars Latobius, dessen Haupttempel auf dem

[224] *F. Fremersdorf,* Das Römergrab in Weiden bei Köln (Köln 1957). Das Testament des Lingonen: CIL 13, 5708 = Dessau 8379. *J.-J. Hatt,* La tombe gallo-romaine (Paris 1951) 65 ff. Daß in Weiden drei Klinen gebildet sind, ist nicht so sehr neu, wie *F. Fremersdorf* a. O. Anm. 8 schreibt: Vgl. *G. Rodenwaldt,* Jahrb. d. Inst. 45, 1930, 147 Anm. 1 und *Verf.,* Gnomon 24, 1952, 477. – Sarkophag von Simpelveld: *J. H. Holwerda,* Oudh. Meded. N. R. 12, 1931, Suppl. 27 ff. Antike Totenklinen: *A. Greifenhagen,* Röm. Mitt. 45, 1930, 137 ff., besonders 147.

[225] *Th. Eckinger,* Anz. Schw. Alt. 31, 1929, 241 ff. *R. Fellmann,* Jahresber. Pro Vindonissa 1955/56 (1956) 28 ff. *Verf.,* Novaesium 42. *A. Greifenhagen* a. O. (Anm. 224). *R. Nierhaus* (vgl. Anm. 227) 24 f.

Magdalensberg in Kärnten stand. Auf der Schmuckplatte des Ringes von Anstel war ein einfacher Zweig eingeritzt[226].

Etwa um die Mitte des 2. Jahrhunderts n. Chr. begann man von der Totenverbrennung zur Körperbestattung überzugehen. Es wurden schon viele Gründe dafür vermutet. Auch wir meinen, daß das Aufkommen neuer Jenseitsvorstellungen die unversehrte Bestattung des Körpers erforderte. In einem Teil des Gräberfeldes von St. Severin in Köln beobachtete F. Fremersdorf, daß ein Brandgrab der 2. Hälfte des 2. Jahrhunderts jünger als ein Körpergrab war. Das zeigt hier wie auch andernorts im römischen Reich, etwa im Gräberfeld der Isola Sacra bei Ostia, daß sich die Sitte der Körperbestattung erst allmählich und nicht gleichmäßig bei allen Leuten durchsetzte. Man braucht darum die frühen Körpergräber noch lange nicht Christen zuzuweisen[227].

In der Spätzeit des Heidentums muß in Köln und in nächster Umgebung der Stadt eine besondere Sekte bestanden haben. Wir finden hier nämlich in der 2. Hälfte des 3. und in der 1. Hälfte des 4. Jahrhunderts Gräber, in denen Miniaturnachbildungen landwirtschaftlicher Geräte (S. 121 f.) und chthonischer Tiere (Kröte, Eidechse und Schlange) als Beigaben liegen. Man wollte diese als Auswirkung thrakischer Religionsvorstellungen erklären. Das ist ganz unwahrscheinlich, weil man zwar die Kette von Szilágy-Somlyó als Parallele anführen kann, aber dann thrakische Soldaten als Träger dieses Glaubens annehmen müßte. Diese werden aber ihre Religionsvorstellungen nicht gerade in Köln so stark haben verbreiten können. Überdies sind auch andere Geräte als Anhänger an römischen Halsketten bekannt. Man meinte ferner, daß diese Beigaben Gläubigen der Mithrasreligion mitgegeben wor-

[226] Zum Neußer Ring vgl. *Verf.*, Novaesium 110 f. mit weiterer Literatur. Der Ring von Anstel ist noch nicht veröffentlicht.

[227] S. S. 135. Brand- zu Körperbestattung wechselte nicht ewa plötzlich zu einem bestimmten Zeitpunkt. So ist es nicht merkwürdig, wenn in der Übergangszeit gelegentlich Brandgräber jünger sind als Körpergräber. So ist es auf der Isola sacra: *G. Calza*, La necropoli del Porto di Roma nell' Isola Sacra (Rom 1940) 52. Eine reiche Zusammenstellung ähnlicher Fälle gibt *R. Nierhaus*, Das römische Brand- und Körpergräberfeld ‚Auf der Steig' in Stuttgart-Bad Canstatt (Stuttgart 1959) 28 ff. Nierhaus lehnt gleichfalls die Folgerungen Fremersdorfs ab (vgl. Anm. 230). Weitere Beispiele, auf die mich E. Ettlinger freundlicherweise hinwies, sind das Gräberfeld von Unterseen (bei Interlaken): O. *Tschumi*, Jahrb. d. Bernischen Histor. Museums 3, 1923, 67 ff. und von Bern-Rossfeld: *J. Wiedmer* Anz. Schw. Alt. 11, 1909, 17 ff. – Zum Wechsel von Brand- zu Körperbestattungen in der mittleren Kaiserzeit: Literatur bei *Staehelin*, Schweiz 420 f. *F. Cumont*, Die orientalischen Religionen im römischen Heidentum[4] (Darmstadt 1959) 312 Anm. 33. *Ders.*, Lux Perpetua (Paris 1949) 389 f. *K. Schefold*, Pompejanische Malerei (Basel 1952) 115. *A. W. Byvanck*, Bulletin van de vereeniging tot bevordering der kennis van de antieke Beschaving 31, 1956, 31 ff. *R. Turcan*, Revue des Études Anciennes 60, 1958, 323 ff. *R. Nierhaus* a. O.

den seien. Auch das ist unwahrscheinlich, da man dann nicht verstehen könnte, weshalb der Brauch nur auf die Mithrasgemeinden von Köln und Umgebung beschränkt gewesen sein sollte. Es bleibt wohl nichts anderes übrig, als sich damit abzufinden, daß eine Sekte in Köln besondere chthonisch-religiöse Gedankengänge entwickelt hat, die zu enträtseln die wenigen Reste nicht gestatten. Die Sekte wirkte in der Zeit, die überall im römischen Reich die verschiedensten gnostischen, neuplatonischen und christlichen Sekten hervorbrachte [228].

Das 4. Jahrhundert ist die Zeit des Sieges des Christentums. Der seelische Aufschwung, den dies mit sich brachte, gab wohl vielen überhaupt erst die Kraft, die schweren Zeiten durchzustehen. Zum rheinländischen Anteil am Orbis Christianus im Altertum hat die Archäologie seit 1945 einiges beigetragen. Wir können an einen Bericht W. Baders anknüpfen, der 1947 erschien [229].

F. Fremersdorf hat neuerdings versucht darzulegen, daß in der CCAA schon während des 2. Jahrhunderts Christen archäologisch nachzuweisen seien (S. 134). Die Ausgräber fanden unter und bei St. Severin in Köln ein römisches Gräberfeld, das im 1. Jahrhundert n. Chr. begann (Abb. 42). Um die Mitte des 2. Jahrhunderts herum begannen Körperbestattungen, wie das im römischen Reich allgemein ist. In einem Fall glaubt Fremersdorf beweisen zu können, daß ein Brandgrab jünger sei als eines der Körpergräber. Selbst wenn der archäologische Befund eindeutig wäre – aus der Zeichnung, die Fremersdorf bringt, geht dies nicht hervor –, dann wäre es nicht verwunderlich, weil sich ja die Körperbestattung erst allmählich durchsetzte. Es braucht nicht erst belegt zu werden, daß es fast ein Jahrhundert in der Rheinzone wie auch anderwärts dauerte (von der 2. Hälfte des 2. bis zur Mitte des 3. Jahrhunderts), bis sich die Körperbestattung allgemein durchgesetzt hatte.

[228] *H. Lehner*, Bonner Jahrb. 129, 1924, 63 f. *W. Haberey*, Bonner Jahrb. 149, 1949, 94 ff. (mit weiterer Literatur) kommt unserer Meinung nahe. Zu den chthonischen Tieren sei daran erinnert, daß in einem Sarkophag des römischen Gutshofes Köln-Müngersdorf eine Flasche mit mehreren Mäuseschädeln gefunden wurde: *F. Fremersdorf*, Der römische Gutshof Köln-Müngersdorf (Berlin–Leipzig 1933) 100. Die landwirtschaftlichen Geräte der Kette von Szilágy Somlyó (jetzt Simleul Silvaniei im nordöstlichen Siebenbürgen): *A. Haberlandt*, Österr. Jahresh. 41, 1954, 97 ff. *R. Noll*, Vom Altertum zum Mittelalter (Wien 1958) 64 Nr. 15. Eine römische Halskette aus Jerusalem hat als Anhänger eine Lampe, einen Korb, eine Amphore und einen rechten Winkel: *A. de Ridder*, Syria 1, 1920, 99 f. – Noch unwahrscheinlicher ist etruskischer Zusammenhang, den *F. Fremersdorf*, Das Römergrab in Weiden bei Köln (Köln 1957) 34 annimmt, weil der Zeitabstand zu groß ist und außer dem Pflug nichts Vergleichbares in etruskischen Gräbern bekannt ist.

[229] Annalen d. hist. Vereins f. d. Niederrhein 144/145, 1947, 5 ff. Grundlage ist noch immer: *W. Neuß*, Die Anfänge des Christentums im Rheinlande[2] (Bonn 1933).

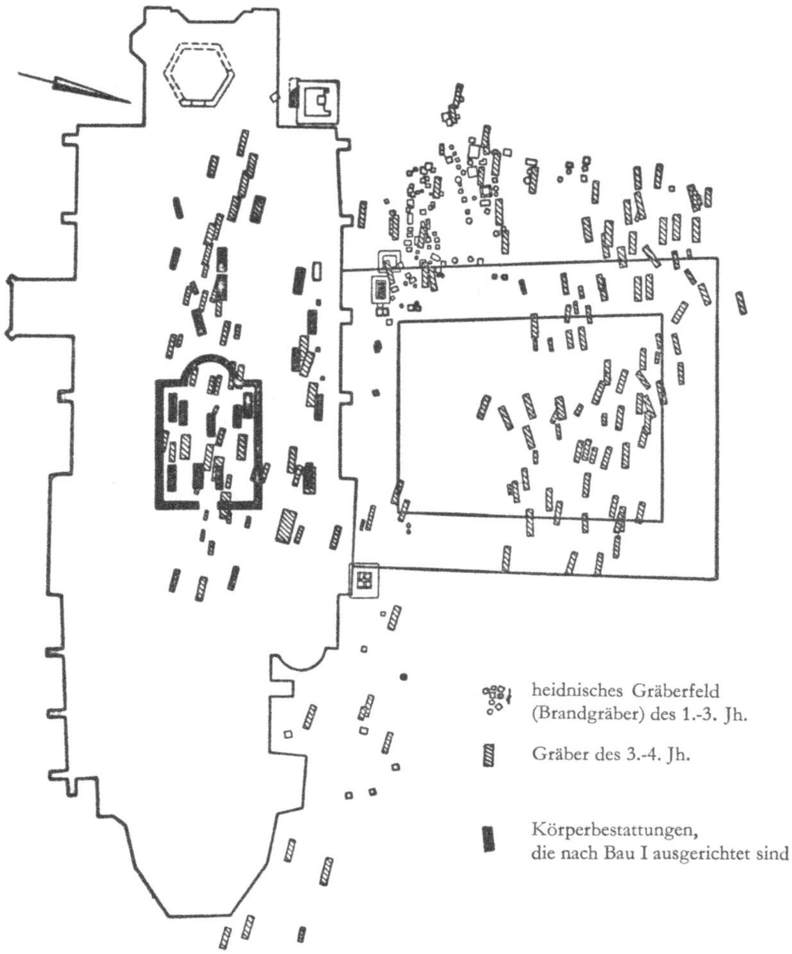

Abb. 42: Gräber und frühchristlicher Bau unter St. Severin in Köln. Etwa 1 : 650

Fremersdorf argumentiert weiter damit, daß einige Gräber beigabenlos waren und deshalb christlich seien. Er widerspricht sich aber selbst, denn in dem Sarg 19, der älter sein soll als das Brandgrab VI/VII, lagen vier Münzen. Anderseits sind doch viele Gräber mit zweifelsfrei christlichen Beigaben allerorts im römischen Reich bekannt. Schließlich betont Fremersdorf, daß die seiner Meinung nach christlichen Gräber des 2. Jahrhunderts sehr genau ostwestlich orientiert seien. Auch das ist kein Beweis für den christlichen

Glauben der Bestatteten. Die Toten von St. Severin, die nach der Anlage der ersten Cella memoriae bestattet wurden, die also eher als Christen angesehen werden können als jene, wurden nämlich nicht in Ost-West-Richtung begraben. Aber auch die sicher christlichen Gräber unter dem Xantener Dom sind, römischer Sitte folgend, nach der Straße, aber nicht nach Himmelsrichtungen orientiert angelegt[230].

Wenn der Bischof von Lugudunum Irenaeus schon in der 2. Hälfte des 2. Jahrhunderts berichtet, daß es christliche Gemeinden auch am Rhein gab, so haben wir keinen Grund, diese Angabe zu bezweifeln. Aber eine archäologische Bestätigung dieser Nachricht ist weder der Befund von St. Severin noch eine Talglampe aus dem Ende des 1. Jahrhunderts aus Köln, in die ein Fisch eingekratzt ist. Fischdarstellungen auf römischen Lampen der ersten beiden Jahrhunderte n. Chr. sind nicht selten und haben nichts mit dem christlichen Symbol zu tun, wie man seit F. J. Dölger genügend weiß[231]. Schließlich kann auch der aus einem Knochen geschnitzte Messergriff aus Bonn, der einen Lammträger darstellt, nicht mehr als christlich angesehen werden, seitdem ein Gegenstück zu ihm in Abfallmaterial aus der 2. Hälfte des 2. Jahrhunderts im Kanton Zug (Schweiz) gefunden wurde[232].

Diese Kritik an einigen Versuchen, Spuren des Christentums schon im 1. und 2. Jahrhundert im Rheinland archäologisch nachzuweisen, soll nicht die Freude an den seit dem 2. Weltkrieg gewonnenen sicheren Erkenntnissen mindern. Zwar ist es noch immer nicht gelungen, eine frühchristliche Gemeindekirche im Rheinland oder gar die älteste Kölner Bischofskirche aufzufinden, aber an zahlreichen Coemeterialkirchen und Cellae memoriae wurden erfolgreiche Untersuchungen angestellt, die nicht nur die Geschichte dieser Kirchen in der spätrömischen Epoche, sondern auch im Mittelalter erhellten. Wir zählen von Süden nach Norden auf. – Einige ergänzende Untersuchungen wurden im und beim Bonner Münster ausgeführt, deren Ergebnisse mittelalterliche Bauten betrafen. Es wurden dabei auch weitere Teile des spätrömischen Gräberfeldes, innerhalb dessen die vor dem Krieg entdeckte Cella memoriae lag, aufgedeckt[233].

[230] *F. Fremersdorf* in: Carnuntina, hrg. E. Swoboda (Graz–Köln 1956) 45 ff. *Ders.*, Kölner Jahrb. 2, 1956, 7 ff. *Ders.* in: Neue Ausgr. 329 ff. – Zu den christlichen Gräbern im Xantener Dom: *W. Bader*, Germania 18, 1934, 112 ff.

[231] Irenaeus, adv. haereses 1, 10. – *F. Fremersdorf* wollte die Kölner Lampe als christlich ansehen: Kölner Jahrb. 2, 1956, 8. Dazu vgl. *R. Nierhaus*, Fundberichte aus Schwaben N. F. 15, 1959, 65 ff. (hier auch die Zitate aus *Dölgers* Ichthys).

[232] *Th. Klauser*, Jahrb. f. Antike und Christentum 1, 1958, 34.

[233] *F. Oelmann*, Bonner Jahrb. 149, 1949, 356 ff. *W. Neuß* in: Rheinische Kirchen im Wiederaufbau (Mönchen-Gladbach 1951) 75 ff. – Über die Cella memoriae unter dem

In Köln wurden mehrere Kirchengrabungen durchgeführt. O. Doppelfeld grub und gräbt im Dom und klärte dabei die Baugeschichte bis zurück zur karolingischen Anlage. Einen frühchristlichen Vorgängerbau fand er bisher weder hier noch unter St. Cäcilia, obwohl es nach einigen merowingischen Grabfunden nicht ausgeschlossen ist, daß der karolingischen Kirche ein merowingischer Bau voranging[234]. Bei diesen Grabungen wurde aber festgestellt, daß in der Nordostecke der CCAA Wohnbauten lagen, die schräg an das Peristylhaus mit dem Bacchusmosaik (S. 91 f.) anstießen. In einem Raum, dessen Gestalt mehrfach verändert wurde, befand sich seit einer nicht genauer datierbaren Bauperiode II/III, die mittelkaiserzeitlich sein dürfte, ein achteckiges Becken mit Stufen auf zwei Seiten. O. Doppelfeld ist geneigt, es als Baptisterium anzusehen[235]. Wenn diese Erklärung zutrifft, dann liegt hier ein Fund von Bedeutung vor, weil er auf die christliche Gemeindetätigkeit innerhalb der Stadt hinweisen würde.

Während und nach dem letzten Krieg wurden Grabungen in St. Ursula und St. Gereon, ferner Nachuntersuchungen unter St. Severin durchgeführt. Die ältesten beiden Bauzustände von St. Ursula gehören der spätrömischen Epoche an (Abb. 43). St. Gereon ist der bedeutendste spätrömische Kirchenbau, den wir bisher im Rheinland kennengelernt haben (Abb. 44). Diese Coemeterialkirche ist als Zentralbau mit einer Mittelapsis und je vier kleineren Apsiden beiderseits und einem Narthex nach der Mitte des 4. Jahrhunderts erbaut. Gleichfalls dem 4. Jahrhundert scheint die älteste Kapelle unter St. Severin anzugehören (Abb. 42). Vorläufig ist noch manches an der Datierung und Baugeschichte dieser frühchristlichen Bauten unklar, solange nicht überprüfbare ausführliche Grabungsberichte vorliegen[236].

Bonner Münster entspann sich eine Polemik: *Th. Klauser* in: Bonn und sein Münster. Festschrift für J. Hinsenkamp (Bonn 1947) 35 ff. *W. Bader*, Bonner Jahrb. 148, 1948, 452 f.

[234] O. *Doppelfeld*, Berichte über die Domgrabung im Kölner Domblatt 1, 1948/50 bis 3, 1956/58. *Ders.*, Der unterirdische Dom (Köln–Krefeld 1948). *Ders.* in: Kölner Dom, Festschrift (Köln 1948). *Ders.* in: Der Kölner Dom (Ausstellungskatalog des Historischen Museums Köln 1956) 13 ff. Hier (S. 19) auch ein neugefundener Dreilagenkamm des 4. Jahrhunderts, dessen Vorderseite ein Kreuz, dessen Rückseite vermutlich eine Rune zeigt. *Ders.* in: Neue Ausgr. 322 ff. – Zur Frage eines merowingischen Vorgängerbaues: O. *Doppelfeld*, Kölner Domblatt 12/13, 1957, 66 und Germania 38, 1960, 89 ff.

[235] O. *Doppelfeld*, Der unterirdische Dom (Köln–Krefeld 1948) 29 f. *Ders.*, Kölner Domblatt 12/13, 1957, 62 und 66 (mit Literatur).

[236] Zu allen drei Kirchen: *P. La Baume*, Colonia Agrippinensis 39 ff. mit Literatur. Ferner verschiedene Autoren in: Rheinische Kirchen im Wiederaufbau, hrsg. W. Neuß (Mönchen-Gladbach 1951) 55 ff. *A. Verbeek* in: Deutsche Kunst und Denkmalpflege. Sonderheft: Tagung der Landesdenkmalpfleger im Rheinland 1957 (München–Berlin 1959) 92 ff. Zu St. Gereon noch *M. Stettler*, Jahrb. d. RGZM 4, 1957, 123 ff. – *F. Fremersdorf* hat versucht, auch für das römische Haus, dessen Reste unter St. Pantaleon festgestellt

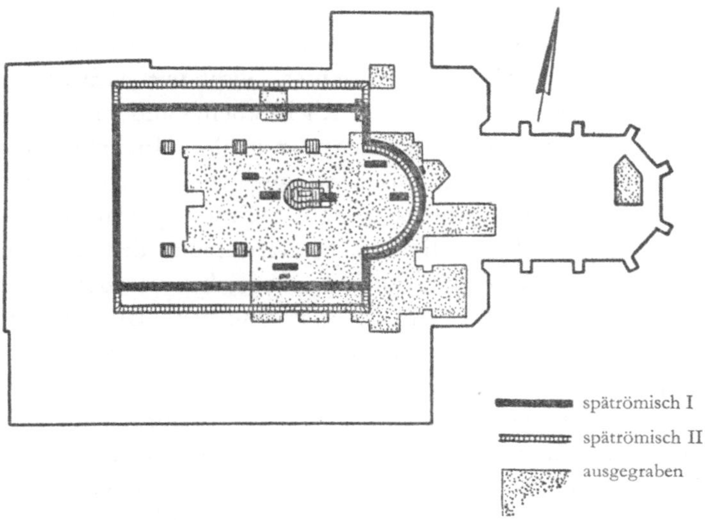

Abb. 43: Frühchristliche Bauten unter St. Ursula in Köln. Etwa 1 : 700

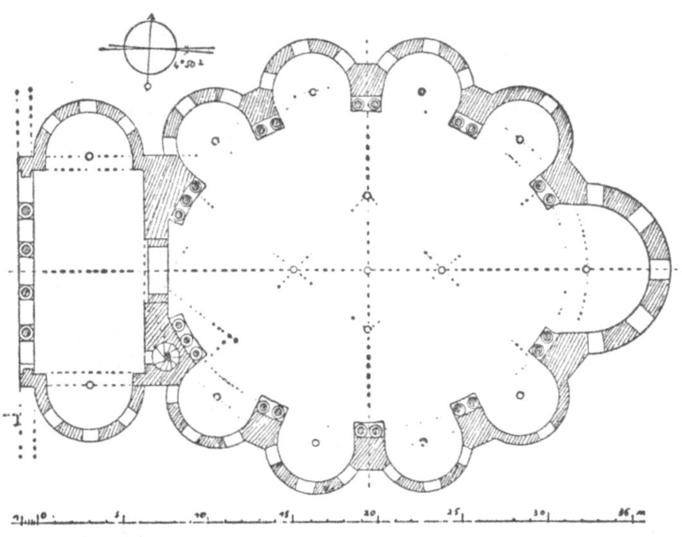

Abb. 44: Die spätrömische Grundrißgestalt von St. Gereon in Köln. 1 : 440

Daß das Münster St. Quirin in Neuß wie das Münster von Bonn, der Dom zu Xanten und St. Severin in Köln auf eine frühchristliche Cella memoriae zurückgeht, hat W. Bader vermutet. Nicht nur nach älteren Funden, sondern auch nach Grabungen des Rheinischen Landesmuseums und nach den jüngsten Beobachtungen der Kunstdenkmäleraufnahme Rheinland steht es fest, daß St. Quirin auf einem spätrömischen Gräberfeld steht (Abb. 28). Wir hoffen sehr, daß die Fortsetzung der Grabungen mehr als diese Feststellung erbringt[237]. Schließlich sei die Fortsetzung der Ausgrabung unter dem Xantener Dom erwähnt, durch die, abgesehen von den Ergebnissen für spätere Epochen, weitere Teile des spätrömischen, das Märtyrergrab bergenden Gräberfeldes aufgedeckt wurden[238]. Die frühchristlichen Märtyrerstätten in Bonn, Köln und Xanten sind in der Legende mit der sogenannten thebaischen Legion verbunden. Wenn sich auch oft durch die neuesten archäologischen Forschungen ein historischer Kern frühchristlicher Legenden – vor allem örtlich gebundener – erweisen ließ, so entbehrt diese Verknüpfung mit einer thebaischen Legion, die nie existiert hat, jedes historischen Gehaltes[239].

Das Christentum hatte auch im Rheinland starke Gegenkräfte zu überwinden, ehe es sich durchsetzte. Die Fossa sanguinis der Religion der Großen Göttermutter in Novaesium war noch unter Konstantin d. Gr. gebaut worden und der Altar für die ‚Isis mit den zehntausend Beinamen' an Stelle der späteren Friedhofskirche St. Gereon in Köln ist noch nach 345 n. Chr. für Opfer benutzt worden. Vielleicht stammt auch die schon S. 127 erwähnte Grube in der Nähe der Fossa sanguinis am Gepaplatz in Neuß aus dieser Zeit der Auseinandersetzung – die Köpfe der in ihr aufgefundenen Terrakotten sind abgeschlagen, auch das übrige heidnische Sakralgerät ist zerschlagen –, vielleicht ist sie aber auch nur eine Favissa (Abb. 41, Taf. 10

wurden, einen frühchristlichen Versammlungsraum zu erweisen, aus dem später die Kirche entstanden sei. Er stützt seine Annahme auf die Tatsache, daß St. Pantaleon nicht geostet ist, sondern die gleiche Orientierung wie das römische Haus (nach Fremersdorf eine Villa suburbana) aufweist. Das Haus ist nach der gleichzeitigen Straße ausgerichtet. Da jede Spur der christlichen Gemeinde und auch der zeitliche Anschluß von der spätrömischen Zeit zu dem nachweislichen Vorläufer des ottonischen Baues Brunos fehlt, scheint uns diese Annahme nicht mehr als eine bloße Vermutung zu sein. *F. Fremersdorf*, Niederrheinisches Jahrb. 3, 1951, 24 ff. *Ders.*, Kölner Jahrb. 2, 1956, 18 f.

[237] *W. Bader*, St. Quirinus zu Neuß (Ratingen 1955). *Verf.*, Novaesium 49 ff. und 66 f.

[238] *H. Borger* in: Neue Ausgr. 380 ff. *W. Bader* in: Deutsche Kunst und Denkmalpflege. Sonderheft: Tagung der Landesdenkmalpfleger im Rheinland 1957 (München–Berlin 1959) 9 ff. Beide mit weiterer Literatur. *W. Bader*, Der Dom zu Xanten[2] (Kevelaer 1957).

[239] *D. van Berchem*, Le martyre de la légion Thébaine (Basel 1956).

und 13)[240]. Aber auch im Rheinland wie anderwärts ist zu beobachten, daß in der 2. Hälfte des 4. Jahrhunderts das Christentum sich in den Städten vollständig durchsetzte, während das Heidentum in abgelegenen Berggegenden der Eifel noch bis an das Ende des 4. Jahrhunderts seine alten Opferstätten bewahrte.

Die archäologische Erforschung des Christentums des 4. und 5. Jahrhunderts im Rheinland hat nicht nur religionsgeschichtlichen Wert, sondern vermittelt auch bessere Kenntnisse über eine der engsten Kulturverbindungen zwischen Altertum und Mittelalter.

[240] Isisaltar: *A. v. Gerkan,* Germania 29, 1951, 215. *F. Fremersdorf* in: Mémorial d'un voyage d'études de la Société Nationale des Antiquaires de France en Rhénanie (Paris 1953) 114 Abb. 38 c. Grube in Neuß: *Verf.,* Novaesium 67. Dazu *R. Noll,* Frühes Christentum in Österreich (Wien 1954) 49 ff. mit Literatur 137 f. *Staehelin,* Schweiz 580.

Summary

The present book systematically discusses the results of the archaeological excavation and research projects carried out in the Rhineland since World War II. It describes the present state of research in the history and civilization of the Rhineland during the Roman period, with regard to military affairs, phases of settlement ('Siedlungsgeschichte') as well as questions of economics and religion. Military history is discussed in three separate phases. The predominant problem within the occupation phase is the question *when* the military camps which had been established in the interior of Gaul during the second triumvirate and during the earlier part of Augustus' reign, were advanced to the Rhine. Archaeological finds prove that this cannot have come about prior to the second decennium B. C. Of the legionary camps of the Lower Rhine army which played an important part in the offensive of Drusus against the Germanic tribes, Novaesium and Vetera were investigated archaeologically. Our book contains a description of the fortifications and buildings of the eight chronologically superimposed camps of Novaesium. At Bonn one of "Drusus' forts", numbering more than fifty, was in part discovered.

After Germanicus had been recalled, the defensive and supply line which Drusus had established along the left bank of the Rhine was maintained. It was from this line that the Lower Germanic Limes (NL = Niedergermanischer Limes) developed. The excavations of the last few years have led to new conclusions as to the appearance and history of the legionary camps at Vetera (I and II), Novaesium and Bonna. Furthermore, it has also been possible to identify additional auxiliaries' forts which had hitherto been unknown, and to excavate some in part. Special attention was paid to the CANABAE LEGIONIS, the "Auxiliarvici" and all types of military areas. At all legionary fortresses, the CANABAE LEGIONIS situated on the TERRITORIUM LEGIONIS must be clearly distinguished from the adjacent civil settlements, as far as their property status as well as their functions are concerned. On the various TERRITORIA LEGIONUM rural settlements have been found which allow us to conclude that it was their purpose to supply the troops with agricultural products and mineral materials. A military area situated on the right bank of the Rhine, and another in the northern part of the Eifel mountains appear to have had the same functions. In order to solve these questions as well as those of the locations of the beneficiaries' stations, the distribution of military tile stamps and inscriptions were analyzed.

Constantine the Great built a new Rhenish Limes after the Germanic invasions of the 3rd century had dealt severe blows to the defences of Gaul. The fortresses at Köln-Deutz (Cologne) and Haus Bürgel are part of this Constantinian Rhenish Limes whose existence excludes a "Belgian Limes" for the defence of the Cologne-Bavai road.

In both the Roman cities in the Rhineland – COLONIA CLAUDIA ARA AGRIPPINENSIUM (CCAA) = Cologne, and COLONIA ULPIA TRAIANA (CVT) near Xanten –, excavations have been carried out since the end of World War II. In order to locate the OPPIDUM UBIORUM which preceded CCAA, archaeological data are critically appraised in the book. Of the buildings of CCAA, the legate's palace and a peristyle house are described in detail. The question of the extent and appearance of the territories attributed to these two cities is also discussed. Among the buildings of CVT, only an amphitheatre and bath were completely, and a temple and some residential houses partially, excavated. Both cities were still inhabited in the 4th century. The question of the transition of Cologne's civic and municipal life into the Middle Ages is briefly discussed. CVT was abandoned in the late Roman or post-Roman period, – perhaps about the middle of the 5th century.

Research on medium-size and small communities is still in its early stages. The rural or hamlet-type settlement, from which CVT ultimately developed, and the civil settlement of Novaesium (both of these were clearly distinguished from the adjacent CANABAE LEGIONIS) have some aspects in common with the settlements on artificial mounds ('Wurten') of northwestern Europe. The house types of these and other minor settlements (Bonna, Iuliacum, Tolbiacum and Aquae Granni) differ from those of the legionary CANABAE. The Iuliacum finds prove that contrary to previous assumptions, the communities having the "-acum" suffix did not originate from VILLAE. – Rural settlement of the Rhineland has been studied in several places, especially south of Berg near Nideggen (in the Kreis Düren). Some discussion is devoted to the question where the agricultural manpower for seasonal peak requirements may have come from. – Attention is finally drawn to the importance of Leo Weisgerber's onomastic researches for the comprehension of the linguistic map of the Rhineland.

Although important mineral resources existed in the Rhineland (iron, lead, zinc ore, coal, limestone, other stone, quartz sand, and clay), the Rhenish manufacturing industry was dependent on imports from Italy and Gaul, up to the 2nd century. – After a chapter on the extraction of local raw materials the most important industries of the Rhineland (metals, ceramics and glass) are described. Just as industry, agriculture also appears to have particularly flourished in the second century. New conclusions regarding field shape (long fields with lynchets), fertilization with grass sods and the shape of ploughs are presented. – Commerce was dependent on waterways and artificial highways. While its main function during the first 150 years of the Christian Era consisted in supplying the Rhineland with merchandise coming from Italy and Gaul, Rhenish commerce in the second half of the 2nd century was able to export goods from the Rhineland to the independent Germanic tribes and to the Danube provinces. The NEGOTIATORES BRITANNICIANI, a commercial association, probably played an important part.

Finally, recent finds connected with the ancient creeds as well as with the early Christian history of the Rhineland are discussed. Evidence has been found in several places (recent finds at Cologne, Neuss and Jülich) that JUPPITER OPTIMUS MAXIMUS and the Capitoline Trias were worshipped in this area. Our knowledge of indigenous cults has been enriched even more by new material. Particularly numerous were the finds discovered near Morken (Kreis Bergheim) which prove the existence of *matrona* worship (over 150 votive inscriptions). In the marginal part of the "Auxiliarvicus" of Novaesium, evidence of *matrona* worship was also found. In a sacred area near Kornelimünster (Kreis Aachen), two deities – the god Varneno and the goddes Sunuxal – were worshiped. Most of our newly acquired knowledge is connected with the mystery religions of oriental origin which were present in the Rhineland. The most important find was that of a FOSSA SANGUINIS of the cult of Cybele at Novaesium, in which some of the ritual objects (cymbal, "pilgrim's flask") have been preserved. The passages dealing with the tombs offer new insight into various concepts of the other world (tombs with funeral couches, transition from cremation to burial, amulets to protect the dead against the fiery zone of the nether world).

Recent attempts to prove the existence of archaeological traces of 1st and 2nd century Christianity in the Rhineland are refuted. The book closes with an account of the results of excavations carried out in some Rhenish churches (Bonn, Cologne, Neuss and Xanten).

Résumé

La présente étude traite dans un ordre systématique des résultats obtenus par les fouilles et les recherches archéologiques faites en Rhénanie depuis la fin de la deuxième guerre mondiale. Il s'agit d'une mise au point des recherches consacrées à l'histoire et à la civilisation rhénanes à l'époque romaine: histoire militaire, histoire d'habitat, histoire économique et histoire religieuse. L'histoire militaire y est présentée en trois périodes distinctes. La question primordiale qui se pose pour la période de l'occupation est de savoir à quel moment les camps militaires qui se trouvaient, à l'époque du second triumvirat et aux premiers temps du règne d'Auguste, dans l'intérieur de la Gaule ont été avancés jusque sur le Rhin. Les découvertes faites au cours de ces fouilles permettent d'affirmer que cette époque ne saurait être antérieure à la seconde décade avant J.C. Parmi les camps de légions de l'armée du Rhin inférieur qui jouèrent un certain rôle lors de l'offensive de Drusus contre les Germains, Novaesium et Vetera ont fait l'objet d'une étude archéologique. Nous décrivons les fortifications et les constructions intérieures des 8 camps successifs de Novaesium. L'un des nombreux «castella» de Drusus – ils y en avait au moins une cinquantaine – a été partiellement mis à jour à Bonn.

Après le rappel de Germanicus, la ligne d'arrêt et d'approvisionnement que Drusus avait constituée sur la rive gauche du Rhin, fut conservée. C'est à partir d'elle que se constitua le «Limes» de la Basse Germanie (NL = Niedergermanische Limes). Les fouilles de ces dernières années ont permis de mieux connaître l'aspect et l'histoire des camps de légions de Vetera (I et II), de Novaesium et de Bonna. On a réussi en outre à constater l'existence de nouveaux camps permanents de troupes auxiliaires, jusqu'alors inconnus et à procéder à des fouilles dans quelques-uns d'entre eux. Une attention particulière s'est attachée aux canabae legionis, aux ‚Auxiliarvici' et à toutes les variétés de territoires militaires. Dans toutes les forteresses de légions, les canabae legionis situées sur le territorium legionis, sont radicalement distinctes des cités civiles avoisinantes, tant au point de vue fonctionnel qu'au point de vue du droit de la propriété. On a constaté sur les territoria legionum un habitat rural qui servait, suppose-t-on, à l'approvisionnement de la troupe en produits agricoles et en ressources minières. Il semble qu'un territoire militaire situé sur la rive droite du Rhin et un autre dans le Nord de l'Eifel aient été exploités à cette même fin. On a eu recours pour l'étude de cette question et de celle des emplacements des garnisons de beneficiarii à un relevé géographique des estampilles sur tuiles et des inscriptions à caractère militaire.

Constantin le Grand édifia un nouveau limes rhénan après que les incursions des Germains eurent porté, au troisième siècle, de rudes coups à la défense des frontières de la Gaule. Les camps permanents de Cologne-Deutz et de Haus Bürgel appartiennent à ce limes rhénan constantinien, dont l'existence exclut celle d'un « limes belge » comme défense frontalière sur la route Cologne-Bavai.

Dans les deux villes romaines de Rhénanie, la Colonia Claudia Ara Agrippinensium (CCAA) – Cologne et la Colonia Ulpia Traiana (CVT) – près de Xanten, des fouilles ont été entreprises après la guerre. En ce qui concerne la localisation de la ville qui précéda la CCAA, l'oppidum Ubiorum, les données archéologiques font l'objet d'un examen critique. Le palais du gouvernement et une maison à péristlyle de la CCAA sont décrits en détail. La question de l'étendue et de la configuration des territoires attribués à ces deux villes s'y trouve traitée. De l'ensemble des bâtiments de la CVT, à l'heure actuelle seuls un amphithéâtre et des thermes ont été complètement dégagés, un temple et des maisons d'habitation le sont en partie. Les deux villes étaient encore habitées au quatrième siècle. La question se pose donc de savoir comment la vie citadine de Cologne se conserva jusqu'au Moyen-Age et elle est évoquée brièvement. La CVT a été abandonnée à l'époque romaine tardive voire à l'époque postromaine, peut-être au milieu du cinquième siècle. L'étude des agglomérations de moyenne importance et des petites cités n'est qu'à ses débuts. L'habitat en village ou en hameau d'où sortit ultérieurement la CVT d'une part, et la cité civile de Novaesium d'autre part, l'une et l'autre rigoureusement distinctes des canabae legionis avoisinantes, ont quelques traits communs avec les villages bâties sur des monticules artificiels (Wurtensiedlung) du Nord-Ouest de l'Europe. Les types de maisons que présentent ces petites cités et quelques autres de moindre envergure (Bonna, Iuliacum, Tolbiacum et Aquae Granni) s'écartent de ceux des canabae. Les découvertes de Iuliacum indiquent que les lieux dont les noms se terminent en -acum ne sont pas issus, comme on le supposait précédemment, de noms de fermes. L'habitat rural de la Rhénanie a été étudié en plusieurs endroits, en particulier au sud de Berg vor Nideggen (Kreis Düren). La question de l'origine des travailleurs agricoles engagés pour les pointes saisonnières de travail se trouve soulevée. – Enfin on attire l'attention sur l'importance des recherches onomastiques de Leo Weisgerber pour la connaissance de la carte linguistique de la Rhénanie.

Bien que la Rhénanie possédât de nombreuses richesses naturelles (fer, plomb, calamine, houille, pierres, mais aussi chaux, sable quartzeux, argile), l'industrie dépendait jusqu'au deuxième siècle des importations d'Italie et de Gaule. Après un chapitre sur l'exploitation des matières premières locales, nous traitons des principales industries de cette région (métal, argile et verre). Tout comme l'industrie, l'agriculture semble s'être épanouie surtout au deuxième siècle. On fait part de nouveaux points de vue sur la disposition des champs (bandes longitudinales en terrasses) sur l'amendement des sols par l'emploi du gazon retourné et sur la forme des charrues. Le commerce suivait les voies navigables et les routes empierrées. Alors que sa tâche principale fut, au cours des premiers 150 ans après J.-C., d'approvisionner la Rhénanie en marchandises provenant de la Gaule et du Sud, il put, à partir du milieu du deuxième siècle environ, exporter des produits rhénans chez les Germains indépendants et dans les provinces danubiennes. Les negotiatores Britanniciani jouèrent sans doute le rôle d'une importante société commerciale.

Enfin on traite aussi des nouvelles découvertes relatives à l'histoire religieuse dans l'antiquité et aux premiers temps du christianisme. Le culte de Jupiter optimus maxismus et de la triade capitoline est attesté à plusieurs reprises (nouvelles découvertes à Cologne, Neuss et Jülich). La moisson fut plus riche encore pour la connaissance des cultes autochtones. Des témoignages particulièrement nombreux du culte de déesses locales (plus de 150 inscriptions votives) ont été relevés près de Morken (Kreis Bergheim). Aux confins du Auxiliarvicus Novaesium on a pu prouver également l'existence d'un culte de déesses locales (« culte des matrones »). Dans un lieu sacré près de Kornelimünster (Landkreis Aachen–Aix la Chapelle) on vénerait la déesse Sunuxal et le dieu Varneno. Mais la majorité des nouvelles découvertes ont porté sur le culte des mystères d'origine orientale en Rhénanie. La découverte la plus importante fut celle d'une fossa sanguinis de la religion de Cybèle à Novaesium; cette fosse contenait encore quelques objets du culte (cymbales, gourde de pêlerin). L'étude des tombes révèle quelques nouvelles données relatives aux conceptions de l'au-delà (caveaux à lit funèbre, passage de la crémation à l'inhumation des corps, amulettes destinées à préserver de la zone ignée des enfers).

Les tentatives récentes pour mettre en lumière des vestiges archéologiques du christianisme rhénan datant du premier et du deuxième siècle après J.-C. sont soumises à un examen critique qui aboutit à leur réfutation. Ce travail s'achève sur un compte rendu des résultats de fouilles pratiquées dans des églises rhénanes (Bonn, Cologne, Neuss et Xanten).

Abkürzungsverzeichnis

Geläufige Abkürzungen wie CIL, PIR, RE sind nicht in das Verzeichnis aufgenommen. Die Titel der Zeitschriften werden im allgemeinen so abgekürzt, wie es in den Veröffentlichungen der Römisch-Germanischen Kommission üblich ist.

Birley, Roman Army	E. Birley, Roman Britain and the Roman Army, Kendal 1953
Bruce, Handbook	J. Collingwood Bruce, Handbook to the Roman Wall,[11] Newcastle 1957
CCAA	Colonia Claudia Ara Agrippinensium
CVT	Colonia Ulpia Traiana
Dessau	H. Dessau, Inscriptiones Latinae selectae, Berlin 1892–1916
Egger, Territorium pannonischer Festungen	R. Egger, Bemerkungen zum Territorium pannonischer Festungen, Anz. d. Österr. Akad. d. Wiss., phil.-hist. Kl., 1951 Nr. 18, 215 ff.
Fellmann, Principia	R. Fellmann, Die Principia des Legionslagers Vindonissa und das Zentralgebäude der römischen Lager und Kastelle (Zusammendruck aus Jahresber. d. Ges. Pro Vindonissa 1956/57 und 1957/58) Brugg 1958
Fremersdorf, Topographie	F. Fremersdorf, Neue Beiträge zur Topographie des römischen Köln (Röm.-Germ. Forschungen 18), Berlin 1950
Hagen, Römerstraßen	J. Hagen, Römerstraßen der Rheinprovinz,[2] Bonn 1931
Klinkenberg, Köln	J. Klinkenberg, Das römische Köln (Die Kunstdenkmäler der Rheinprovinz 6. Bd., 2. Abt.), Düsseldorf 1906
Lehner, Steindenkmäler	H. Lehner, Die antiken Steindenkmäler des Provinzialmuseums in Bonn, Bonn 1918
Lehner, Führer	H. Lehner, Führer durch das Provinzialmuseum in Bonn,[2] Bonn 1924
Mócsy, Territorium legionis	A. Mócsy, Das Territorium legionis und die Canabae in Pannonien, Acta Arch. Acad. Scientiarum Hungaricae 3, 1953, 179 ff.
Nesselhauf	H. Nesselhauf, Neue Inschriften aus dem römischen Germanien und den angrenzenden Gebieten, 27. Ber. RGK, 1937, 51 ff.
Neue Ausgr.	Neue Ausgrabungen in Deutschland, Berlin 1958
NL	Niedergermanischer Limes
OL	Obergermanischer Limes

ORL	Obergermanischer-Rätischer Limes
Oxé-Festschrift	Festschrift für A. Oxé, Darmstadt 1938
Parlasca, Bemerkungen	K. Parlasca, Bemerkungen zum römischen Peristylhaus beim Kölner Dom und seinem Mosaik, Germania 37, 1959, 155 ff.
Ritterling-Stein, Beamte und Truppen	E. Ritterling–E. Stein, Die kaiserlichen Beamten und Truppenkörper im römischen Deutschland unter dem Prinzipat, Wien 1932
Rostovtzeff, Gesellschaft und Wirtschaft	M. Rostovtzeff, Gesellschaft und Wirtschaft im römischen Kaiserreich (übersetzt von L. Wickert), Leipzig 1929
Salway, Civilians	P. Salway, Civilians in the Roman Frontier Region, Arch. Ael. 4. Ser. 36, 1958, 227 ff.
Schmitz, Stadt und Imperium	H. Schmitz, Stadt und Imperium. Köln in römischer Zeit. I. Die Anfänge der Stadt Köln und die Ubier, Köln 1948
Schmitz, CCAA	H. Schmitz, Colonia Claudia Ara Agrippinensium, Köln 1956
Staehelin, Schweiz	F. Staehelin, Die Schweiz in römischer Zeit,[3] Basel 1948
Verf., Colonia Traiana	H. v. Petrikovits, Die Ausgrabungen in der Colonia Traiana bei Xanten, Bonner Jahrb. 152, 1952, 41 ff.
Verf., Beobachtungen am NL	H. v. Petrikovits, Beobachtungen am niedergermanischen Limes seit dem 2. Weltkrieg, Saalburg-Jahrb. 14, 1955, 7 ff.
Verf., Nordeifel	H. v. Petrikovits, Neue Forschungen zur römerzeitlichen Besiedlung der Nordeifel, Germania 34, 1956, 99 ff.
Verf., Novaesium	H. v. Petrikovits, Novaesium. Das römische Neuß, Köln–Graz 1957
Verf., Fortleben	H. v. Petrikovits, Das Fortleben römischer Städte an Rhein und Donau, in: Vorträge und Forschungen, hrsg. von Th. Mayer, Bd. 4, Konstanz 1958.
Verf., Vetera	H. v. Petrikovits, RE 8 A, 1801 ff. 'Vetera'

Textabbildungen

Tafeln

Taf. 8: Zwei Silberkasserolen aus dem Rhein bei Oberkassel, Siegkreis. Silber. H. 6 cm, Grifflänge 9,5 cm. Zu S. 117 (aus E. Neuffer, Bonner Jahrb. 151, 1951, Taf. 11).

Taf. 9: Grün glasierter Becher mit bacchischen Reliefdarstellungen aus Novaesium-Neuß. H. 18,8 cm. Zu S. 118 (aus Verf., Novaesium Abb. 46).

Taf. 10: Links: Statuette des thronenden Juppiter aus Novaesium-Neuß. Sandstein. H. 37 cm. Zu S. 125 (aus Verf., Novaesium Abb. 52). Rechts: Terrakotta einer Nutrix aus Novaesium-Neuß. H. 10 cm. Zu S. 127 (aus Verf., Novaesium Abb. 30).

Taf. 11: Weihestein mit zwei Gottheiten aus Novaesium-Neuß. Muschelkalk. H. 40,5 cm. Zu S. 129 (aus Verf., Novaesium Abb. 53).

Taf. 12: Fossa sanguinis (Taufkeller) der Kybelereligion aus Novaesium-Neuß. Zu S. 129 ff. (aus Verf., Novaesium Abb. 14).

Taf. 13: Oben: Terrakottastatuette eines Stieres aus Novaesium-Neuß. L. 9,3 cm. Zu S. 130 (aus Verf., Novaesium Abb. 33). Unten links: Flacher Tonkrug aus der Fossa sanguinis von Novaesium-Neuß. H. 9,8 cm. Zu S. 130 (aus Verf., Novaesium Abb. 34). Unten rechts: Zymbel aus der Fossa sanguinis von Novaesium-Neuß. Kupferlegierung. Dm. etwa 18 cm. Zu S. 130 (aus Verf., Novaesium Abb. 32).

Taf. 14: Terrakottastatuette der Großen Göttermutter aus Novaesium-Neuß. H. 14,2 cm. Zu S. 131 (aus Verf., Novaesium Abb. 17).

Taf. 15: Terrakottastatuette der Großen Göttermutter aus Köln. H. 17,2 cm. Zu S. 131 (aus Verf., Novaesium Abb. 18).

Taf. 16: Oben: Terrakottastatuette der Großen Göttermutter, die auf einem Löwen reitet, aus Köln. H. 16,5 cm. Zu S. 131 (Foto: Römisch-Germanisches Museum der Stadt Köln). Unten: Bergkristallring aus Novaesium-Neuß. Größter Dm. 4,6 cm. Zu S. 133 (aus Verf., Novaesium Abb. 51).

Taf. 17: Lage der in dieser Schrift erwähnten modernen rheinischen Orte. 1 : 1 000 000 (Zeichnung Rheinisches Landesmuseum Bonn).

Beilage: Die augustisch-tiberischen Lager von Novaesium-Neuß. Grabungsplan nach dem Stand vom Herbst 1959. 1 : 1000 (Zeichnung Rheinisches Landesmuseum Bonn).

Sachregister*

* Die Register wurden zusammengestellt von Martin Friedenthal.

Geographisches Register

Personenregister

antik

modern

Verzeichnis der behandelten Autorenstellen und Inschriften

Autoren

Inschriften

TAFELN 1—17

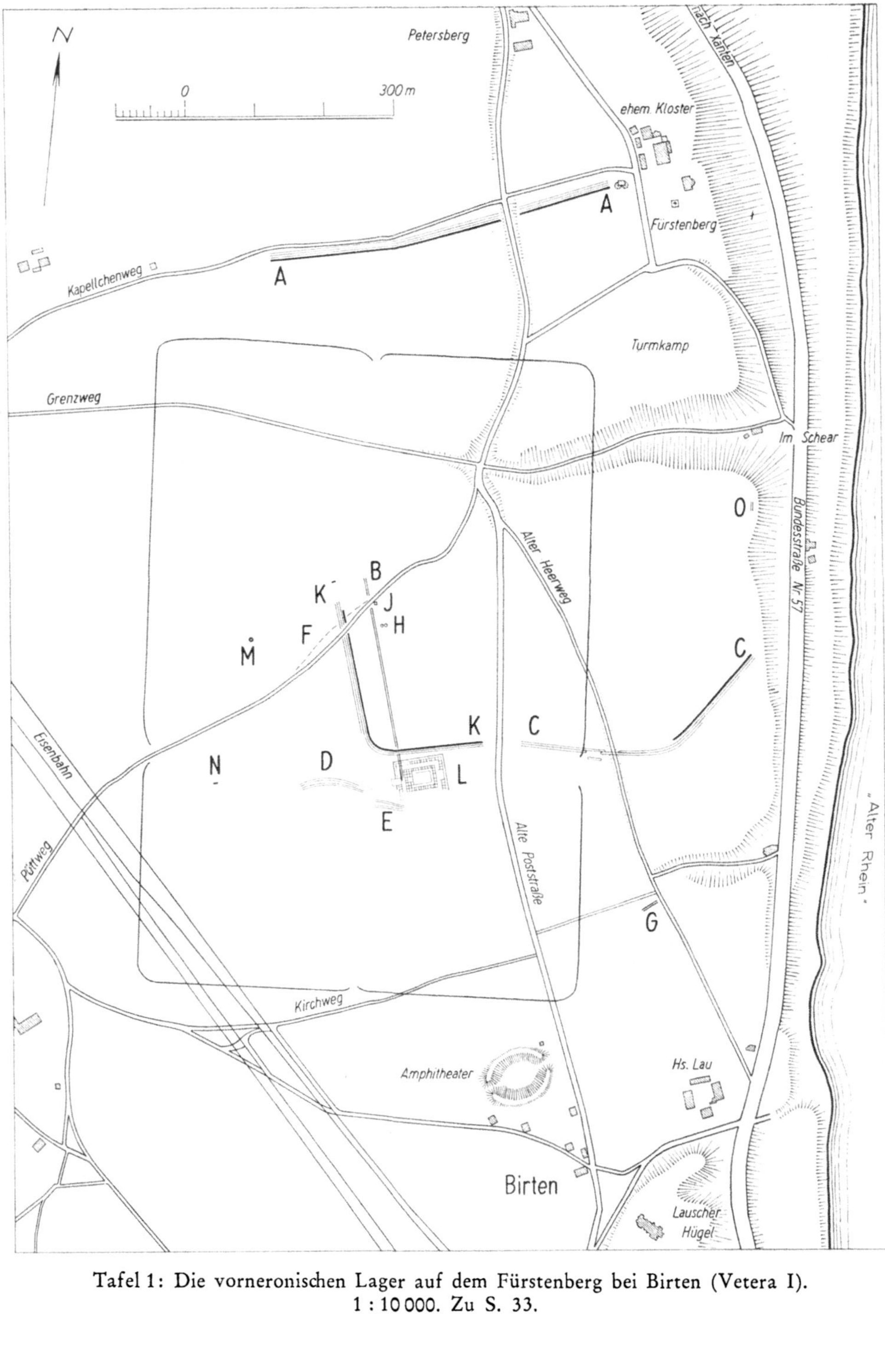

Tafel 1: Die vorneronischen Lager auf dem Fürstenberg bei Birten (Vetera I). 1 : 10 000. Zu S. 33.

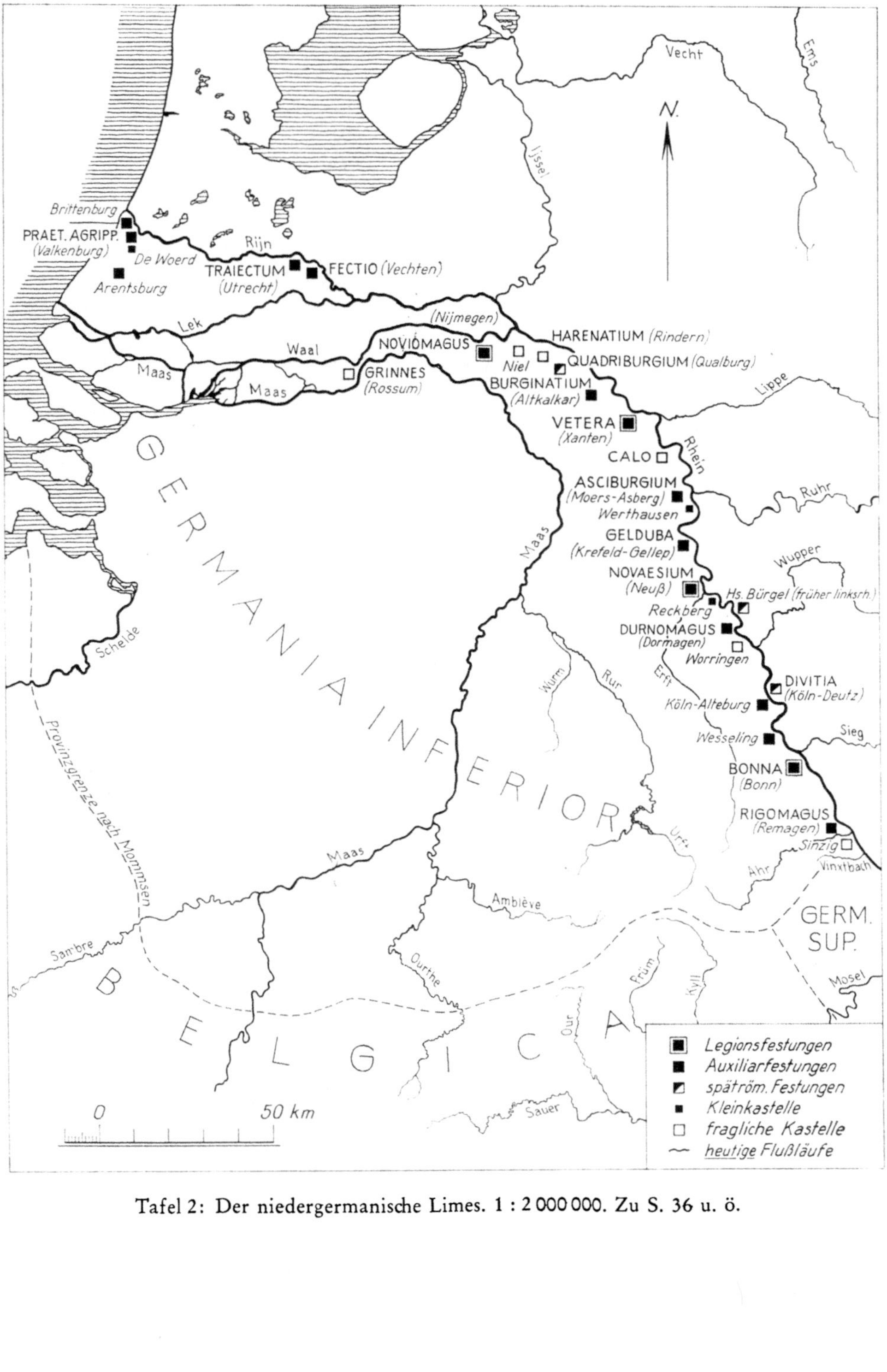

Tafel 2: Der niedergermanische Limes. 1 : 2 000 000. Zu S. 36 u. ö.

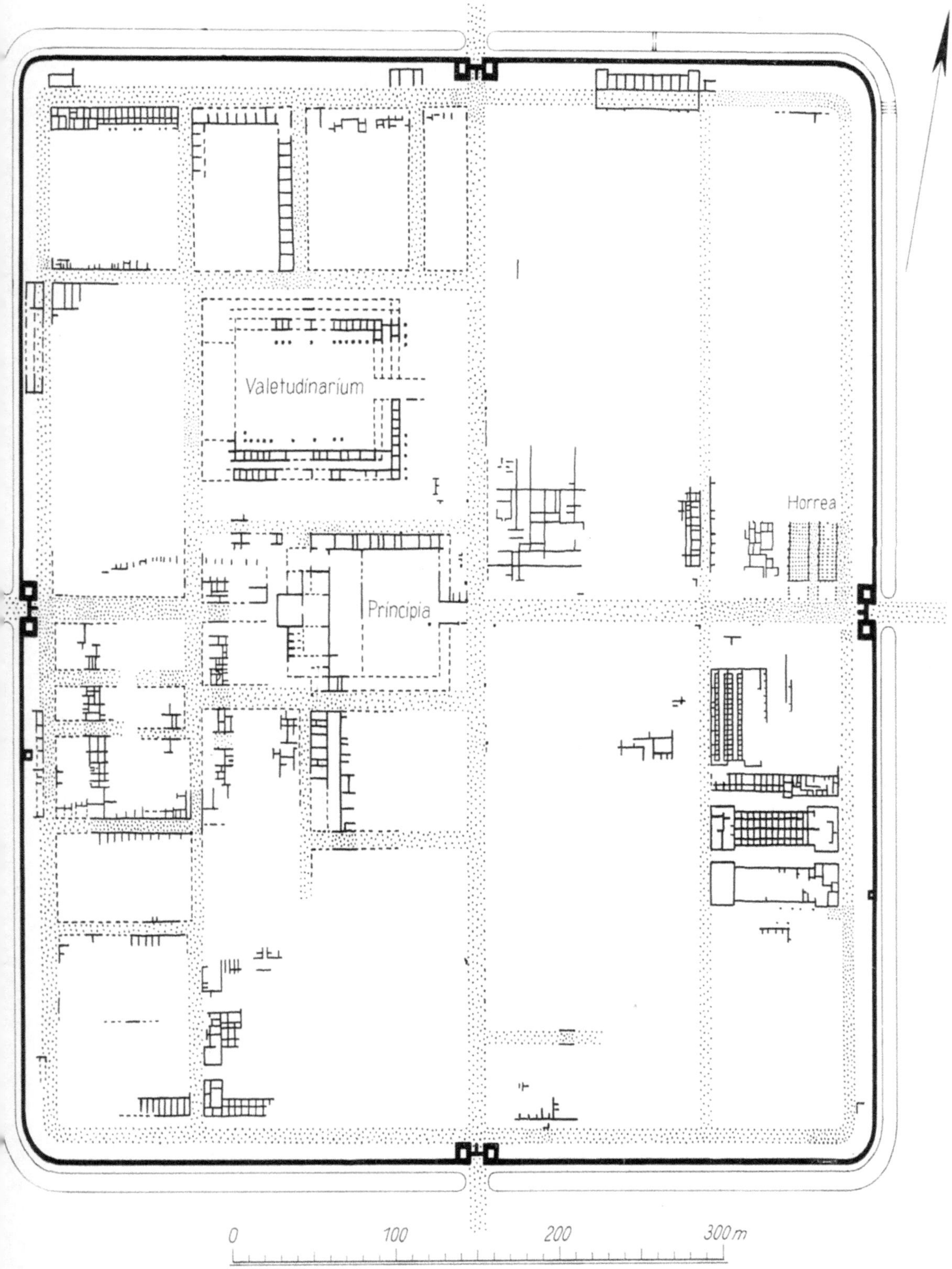

Tafel 3: Die Legionsfestung Bonna-Bonn. 1 : 3000. Zu S. 43 ff.

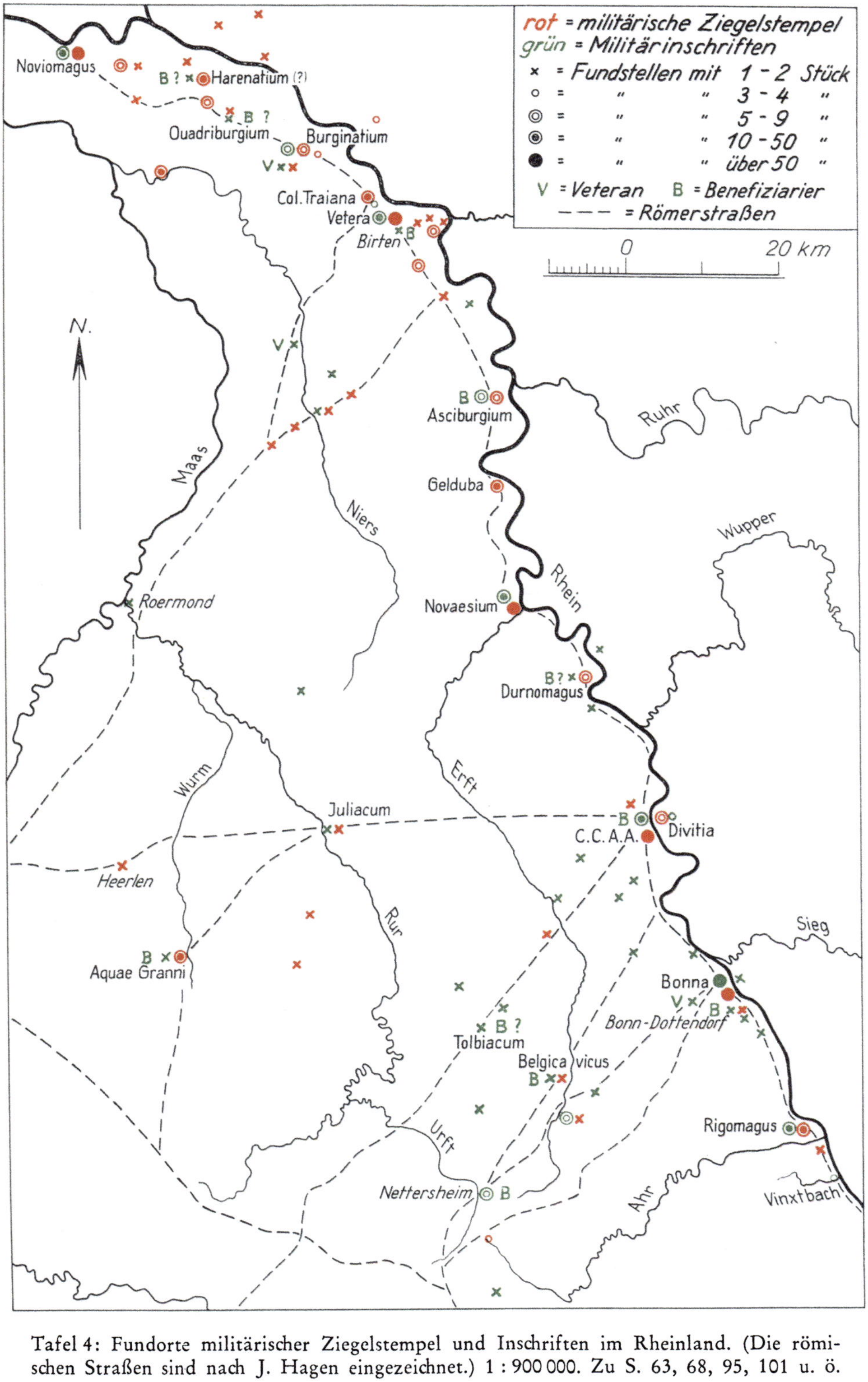

Tafel 4: Fundorte militärischer Ziegelstempel und Inschriften im Rheinland. (Die römischen Straßen sind nach J. Hagen eingezeichnet.) 1 : 900 000. Zu S. 63, 68, 95, 101 u. ö.

Tafel 5: Oben: Vorderseite eines Statuettensockels von der Bislicher Insel südostwärts von Xanten (Vetera II). Kupferlegierung. H. 10,3 cm. Zu S. 40. – Unten: Wasserspeier aus einer Kupferlegierung. Fundort wie oben. H. 10,5 cm. Zu S. 40.

Tafel 6: Holzkai der Colonia Ulpia Traiana (bei Xanten). Zu S. 99 und 105.

Tafel 7: Balkenkopfbeschlag eines Schiffes aus dem Rhein bei Lüttingen, nordwestlich von Xanten. Kupferlegierung. H. 15 cm. Zu S. 99 f.

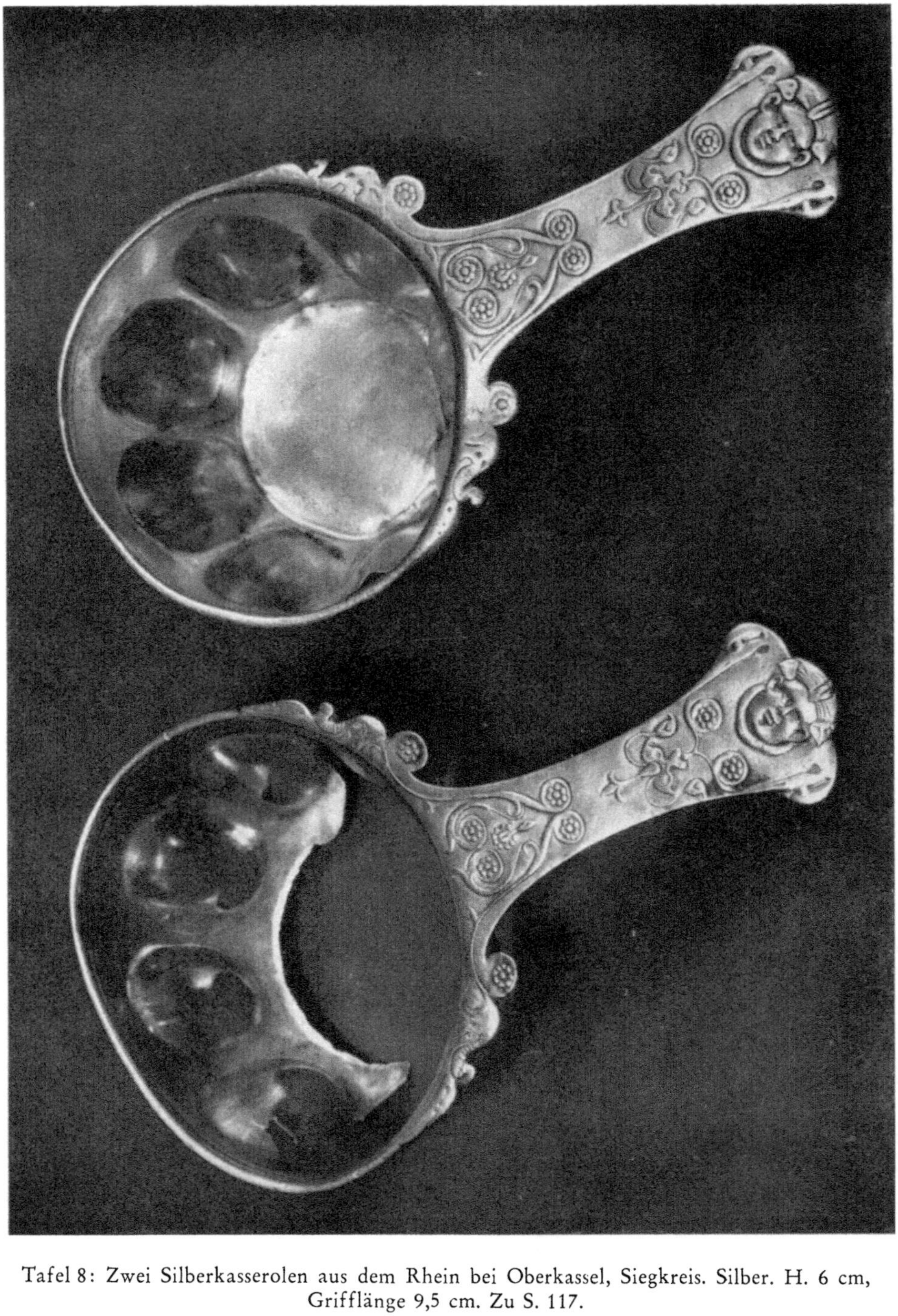

Tafel 8: Zwei Silberkasserolen aus dem Rhein bei Oberkassel, Siegkreis. Silber. H. 6 cm, Grifflänge 9,5 cm. Zu S. 117.

Tafel 9: Grün glasierter Becher mit bacchischen Reliefdarstellungen aus Novaesium-Neuß.
H. 18,8 cm. Zu S. 118.

Tafel 10: Links: Statuette des thronenden Juppiter aus Novaesium-Neuß. Sandstein. H. 37 cm. Zu S. 125. – Rechts: Terrakotta einer Nutrix aus Novaesium-Neuß. H. 10 cm. Zu S. 127.

Tafel 11: Weihestein mit zwei Gottheiten aus Novaesium-Neuß. Muschelkalk. H. 40,5 cm.
Zu S. 129.

Tafel 12: Fossa sanguinis (Taufkeller) der Kybelereligion aus Novaesium-Neuß. Zu S. 129 ff.

Tafel 13: Oben: Terrakottastatuette eines Stieres aus Novaesium-Neuß. L. 9,3 cm. Zu S. 130. – Unten links: Flacher Tonkrug aus der Fossa sanguinis von Novaesium-Neuß. H. 9,8 cm. Zu S. 130. – Unten rechts: Zymbel aus der Fossa sanguinis von Novaesium-Neuß. Kupferlegierung. Dm. etwa 18 cm. Zu S. 130.

Tafel 14: Terrakottastatuette der Großen Göttermutter aus Novaesium-Neuß.
H. 14,2 cm. Zu S. 131.

Tafel 15: Terrakottastatuette der Großen Göttermutter aus Köln. H. 17,2 cm. Zu S. 131.

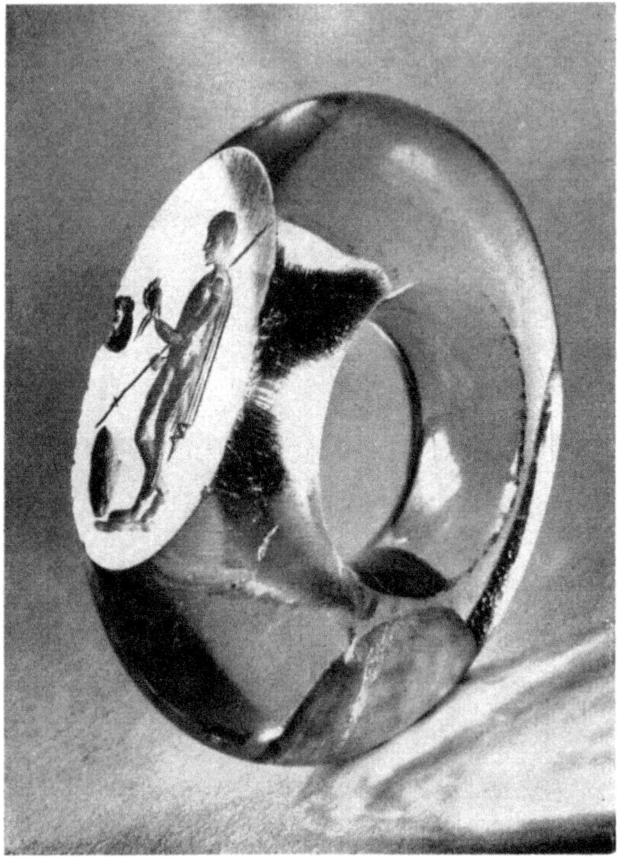

Tafel 16: Oben: Terrakottostatuette der Großen Göttermutter, die auf einem Löwen reitet, aus Köln. H. 16,5 cm. Zu S. 131. – Links: Bergkristallring aus Novaesium-Neuß. Größter Dm. 4,6 cm. Zu S. 133.

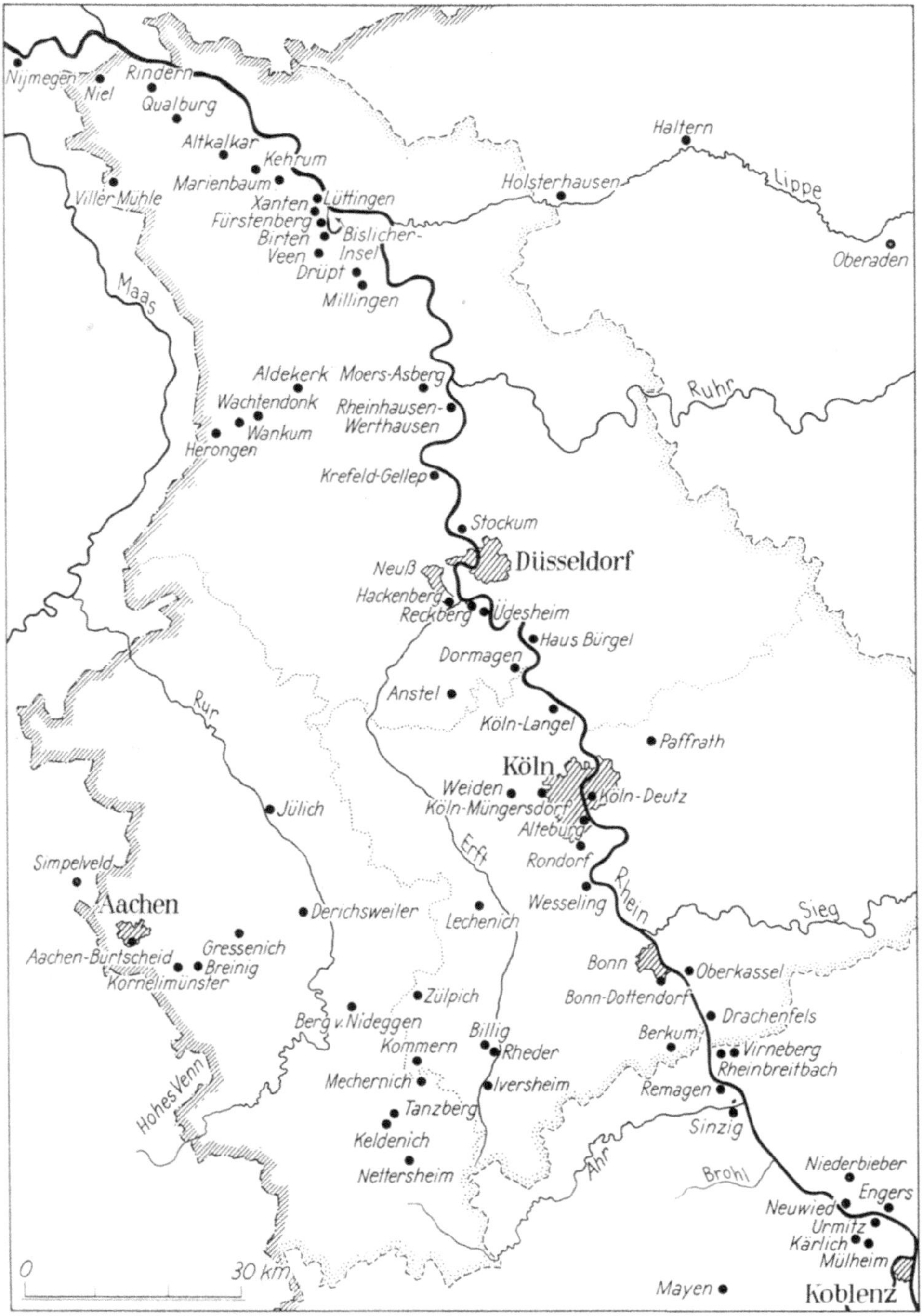

Tafel 17: Lage der in dieser Schrift erwähnten modernen rheinischen Orte. 1 : 1 000 000

VERÖFFENTLICHUNGEN
DER ARBEITSGEMEINSCHAFT FÜR FORSCHUNG
DES LANDES NORDRHEIN-WESTFALEN

NATURWISSENSCHAFTEN

Friedrich Seewald, Aachen	Neue Entwicklungen auf dem Gebiet der Antriebsmaschinen
Friedrich A. F. Schmidt, Aachen	Technischer Stand und Zukunftsaussichten der Verbrennungsmaschinen, insbesondere der Gasturbinen
Rudolf Friedrich, Mülheim (Ruhr)	Möglichkeiten und Voraussetzungen der industriellen Verwertung der Gasturbine
Wolfgang Riezler, Bonn	Probleme der Kernphysik
Fritz Micheel, Münster	Isotope als Forschungsmittel in der Chemie und Biochemie
Emil Lehnartz, Münster	Der Chemismus der Muskelmaschine
Gunther Lehmann, Dortmund	Physiologische Forschung als Voraussetzung der Bestgestaltung der menschlichen Arbeit
Heinrich Kraut, Dortmund	Ernährung und Leistungsfähigkeit
Franz Wever, Düsseldorf	Aufgaben der Eisenforschung
Hermann Schenck, Aachen	Entwicklungslinien des deutschen Eisenhüttenwesens
Max Haas, Aachen	Die wirtschaftliche und technische Bedeutung der Leichtmetalle und ihre Entwicklungsmöglichkeiten
Walter Kikuth, Düsseldorf	Virusforschung
Rolf Danneel, Bonn	Fortschritte der Krebsforschung
Werner Schulemann, Bonn	Wirtschaftliche und organisatorische Gesichtspunkte für die Verbesserung unserer Hochschulforschung
Walter Weizel, Bonn	Die gegenwärtige Situation der Grundlagenforschung in der Physik
Siegfried Strugger, Münster	Das Duplikantenproblem in der Biologie
Fritz Gummert, Essen	Überlegungen zu den Faktoren Raum und Zeit im biologischen Geschehen und Möglichkeiten einer Nutzanwendung
August Götte, Aachen	Steinkohle als Rohstoff und Energiequelle
Karl Ziegler, Mülheim (Ruhr)	Über Arbeiten des Max-Planck-Institutes für Kohlenforschung
Wilhelm Fucks, Aachen	Die Naturwissenschaft, die Technik und der Mensch
Walther Hoffmann, Münster	Wirtschaftliche und soziologische Probleme des technischen Fortschritts
Franz Bollenrath, Aachen	Zur Entwicklung warmfester Werkstoffe
Heinrich Kaiser, Dortmund	Stand spektralanalytischer Prüfverfahren und Folgerung für deutsche Verhältnisse
Hans Braun, Bonn	Möglichkeiten und Grenzen der Resistenzzüchtung
Carl Heinrich Dencker, Bonn	Der Weg der Landwirtschaft von der Energieautarkie zur Fremdenergie
Herwart Opitz, Aachen	Entwicklungslinien der Fertigungstechnik in der Metallbearbeitung
Karl Krekeler, Aachen	Stand und Aussichten der schweißtechnischen Fertigungsverfahren
Hermann Rathert, Wuppertal-Elberfeld	Entwicklung auf dem Gebiet der Chemiefaser-Herstellung
Wilhelm Weltzien, Krefeld	Rohstoff und Veredelung in der Textilwirtschaft
Karl Herz, Frankfurt a. M.	Die technischen Entwicklungstendenzen im elektrischen Nachrichtenwesen
Leo Brandt, Düsseldorf	Navigation und Luftsicherung
Burckhardt Helferich, Bonn	Stand der Enzymchemie und ihre Bedeutung
Hugo Wilhelm Knipping, Köln	Ausschnitt aus der klinischen Carcinomforschung am Beispiel des Lungenkrebses
Abraham Esau †, Aachen	Ortung mit elektrischen und Ultraschallwellen in Technik und Natur
Eugen Flegler, Aachen	Die ferromagnetischen Werkstoffe der Elektrotechnik und ihre neueste Entwicklung
Rudolf Seyffert, Köln	Die Problematik der Distribution
Theodor Beste, Köln	Der Leistungslohn
Friedrich Seewald, Aachen	Die Flugtechnik und ihre Bedeutung für den allgemeinen technischen Fortschritt

Edouard Houdremont †, Essen	Art und Organisation der Forschung in einem Industriekonzern
Werner Schulemann, Bonn	Theorie und Praxis pharmakologischer Forschung
Wilhelm Groth, Bonn	Technische Verfahren zur Isotopentrennung
Kurt Traenckner †, Essen	Entwicklungstendenzen der Gaserzeugung
M. Zvegintzov, London	Wissenschaftliche Forschung und die Auswertung ihrer Ergebnisse Ziel und Tätigkeit der National Research Development Corporation
Alexander King, London	Wissenschaft und internationale Beziehungen
Robert Schwarz, Aachen	Wesen und Bedeutung der Siliciumchemie
Kurt Alder †, Köln	Fortschritte in der Synthese der Kohlenstoffverbindungen
Otto Hahn, Göttingen	Die Bedeutung der Grundlagenforschung für die Wirtschaft
Siegfried Strugger, Münster	Die Erforschung des Wasser- und Nährsalztransportes im Pflanzenkörper mit Hilfe der fluoreszenzmikroskopischen Kinematographie
Johannes von Allesch, Göttingen	Die Bedeutung der Psychologie im öffentlichen Leben
Otto Graf, Dortmund	Triebfedern menschlicher Leistung
Bruno Kuske, Köln	Zur Problematik der wirtschaftswissenschaftlichen Raumforschung
Stephan Prager, Düsseldorf	Städtebau und Landesplanung
Rolf Danneel, Bonn	Über die Wirkungsweise der Erbfaktoren
Kurt Herzog, Krefeld	Der Bewegungsbedarf der menschlichen Gliedmaßengelenke bei der Arbeit
Otto Haxel, Heidelberg	Energiegewinnung aus Kernprozessen
Max Wolf, Düsseldorf	Gegenwartsprobleme der energiewirtschaftlichen Forschung
Friedrich Becker, Bonn	Ultrakurzwellenstrahlung aus dem Weltraum
Hans Straßl, Bonn	Bemerkenswerte Doppelsterne und das Problem der Sternentwicklung
Heinrich Behnke, Münster	Der Strukturwandel der Mathematik in der ersten Hälfte des 20. Jahrhunderts
Emanuel Sperner, Hamburg	Eine mathematische Analyse der Luftdruckverteilungen in großen Gebieten
Oskar Niemczyk, Aachen	Die Problematik gebirgsmechanischer Vorgänge im Steinkohlenbergbau
Wilhelm Ahrens, Krefeld	Die Bedeutung geologischer Forschung für die Wirtschaft, besonders in Nordrhein-Westfalen
Bernhard Rensch, Münster	Das Problem der Residuen bei Lernvorgängen
Hermann Fink, Köln	Über Leberschäden bei der Bestimmung des biologischen Wertes verschiedener Eiweiße von Mikroorganismen
Friedrich Seewald, Aachen	Forschungen auf dem Gebiete der Aerodynamik
Karl Leist, Aachen	Einige Forschungsarbeiten aus der Gasturbinentechnik
Fritz Mietzsch †, Wuppertal	Chemie und wirtschaftliche Bedeutung der Sulfonamide
Gerhard Domagk, Wuppertal	Die experimentellen Grundlagen der bakteriellen Infektionen
Hans Braun, Bonn	Die Verschleppung von Pflanzenkrankheiten und Schädlingen über die Welt
Wilhelm Rudorf, Voldagsen	Der Beitrag von Genetik und Züchtung zur Bekämpfung von Viruskrankheiten der Nutzpflanzen
Volker Aschoff, Aachen	Probleme der elektroakustischen Einkanalübertragung
Herbert Döring, Aachen	Die Erzeugung und Verstärkung von Mikrowellen
Rudolf Schenck, Aachen	Bedingungen und Gang der Kohlenhydratsynthese im Licht
Emil Lehnartz, Münster	Die Endstufen des Stoffabbaues im Organismus
Wilhelm Fucks, Aachen	Mathematische Analyse von Sprachelementen, Sprachstil und Sprachen
Hermann Schenck, Aachen	Gegenwartsprobleme der Eisenindustrie in Deutschland
Eugen Piwowarsky †, Aachen	Gelöste und ungelöste Probleme im Gießereiwesen
Wolfgang Riezler, Bonn	Teilchenbeschleuniger
Gerhard Schubert, Hamburg	Anwendung neuer Strahlenquellen in der Krebstherapie
Franz Lotze, Münster	Probleme der Gebirgsbildung
Colin Cherry, London	Kybernetik. Die Beziehung zwischen Mensch und Maschine
Erich Pietsch, Clausthal-Zellerfeld	Dokumentation und mechanisches Gedächtnis — zur Frage der Ökonomie der geistigen Arbeit
Heinz Haase, Hamburg	Infrarot und seine technischen Anwendungen
Abraham Esau †, Aachen	Der Ultraschall und seine technischen Anwendungen
Fritz Lange, Bochum-Hordel	Die wirtschaftliche und soziale Bedeutung der Silikose im Bergbau
Walter Kikuth und Werner Schliepköter, Düsseldorf	Die Entstehung der Silikose und ihre Verhütungsmaßnahmen
Eberhard Gross, Bonn	Berufskrebs und Krebsforschung
Hugo Wilhelm Knipping, Köln	Die Situation der Krebsforschung vom Standpunkt der Klinik

Gustav-Victor Lachmann, London	An einer neuen Entwicklungsschwelle im Flugzeugbau
A. Gerber, Zürich-Oerlikon	Stand der Entwicklung der Raketen- und Lenktechnik
Theodor Kraus, Köln	Über Lokalisationsphänomene und Ordnungen im Raume
Fritz Gummert, Essen	Vom Ernährungsversuchsfeld der Kohlenstoffbiologischen Forschungsstation Essen
Gerhard Domagk, Wuppertal	Fortschritte auf dem Gebiet der experimentellen Krebsforschung
Giovanni Lampariello, Rom	Das Leben und das Werk von Heinrich Hertz
Walter Weizel, Bonn	Das Problem der Kausalität in der Physik
José Ma Albareda, Madrid	Die Entwicklung der Forschung in Spanien
Burckhardt Helferich, Bonn	Über Glykoside
Fritz Micheel, Münster	Kohlenhydrat-Eiweißverbindungen und ihre biochemische Bedeutung
John von Neumann †, Princeton, USA	Entwicklung und Ausnutzung neuerer mathematischer Maschinen
Eduard Stiefel, Zürich	Rechenautomaten im Dienste der Technik
Wilhelm Weltzien, Krefeld	Ausblick auf die Entwicklung synthetischer Fasern
Walther Hoffmann, Münster	Wachstumsprobleme der Wirtschaft
Leo Brandt, Düsseldorf	Die praktische Förderung der Forschung in Nordrhein-Westfalen
Ludwig Raiser, Bad Godesberg	Die Förderung der angewandten Forschung durch die Deutsche Forschungsgemeinschaft
Hermann Tromp, Rom	Die Bestandsaufnahme der Wälder der Welt als internationale und wissenschaftliche Aufgabe
Franz Heske, Schloß Reinbek	Die Wohlfahrtswirkungen des Waldes als internationales Problem
Günther Bohnecke, Hamburg	Zeitfragen der Ozeanographie
Heinz Gabler, Hamburg	Nautische Technik und Schiffssicherheit
Fritz A. F. Schmidt, Aachen	Probleme der Selbstzündung und Verbrennung bei der Entwicklung der Hochleistungskraftmaschinen
August-Wilhelm Quick, Aachen	Ein Verfahren zur Untersuchung des Austauschvorganges in verwirbelten Strömungen hinter Körpern mit abgelöster Strömung
Johannes Pätzold, Erlangen	Therapeutische Anwendung mechanischer und elektrischer Energie
F. A. W. Patmore, London	Der Air Registration Board und seine Aufgaben im Dienst der britischen Flugzeugindustrie
A. D. Young, London	Gestaltung der Lehrtätigkeit in der Luftfahrttechnik in Großbritannien
D. C. Martin, London	Geschichte und Organisation der Royal Society
A. J. A. Roux, Südafrika	Probleme der wissenschaftlichen Forschung in der Südafrikanischen Union
Georg Schnadel, Hamburg	Forschungsaufgaben zur Untersuchung der Festigkeitsprobleme im Schiffsbau
Wilhelm Sturtzel, Duisburg	Forschungsaufgaben zur Untersuchung der Widerstandsprobleme im See- und Binnenschiffbau
Giovanni Lampariello, Rom	Von Galilei zu Einstein
Walter Dieminger, Lindau/Harz	Ionosphäre und drahtloser Weitverkehr
Sir John Cockcroft, London	Die friedliche Anwendung der Atomenergie
Fritz Schultz-Grunow, Aachen	Das Kriechen und Fließen hochzäher und plastischer Stoffe
Hans Ebner, Aachen	Wege und Ziele der Festigkeitsforschung, besonders im Hinblick auf den Leichtbau
Ernst Derra, Düsseldorf	Der Entwicklungsstand der Herzchirurgie
Gunther Lehmann, Dortmund	Muskelarbeit und Muskelermüdung in Theorie und Praxis
Theodor von Kármán, Pasadena	Freiheit und Organisation in der Luftfahrtforschung
Leo Brandt, Düsseldorf	Bericht über den Wiederbeginn deutscher Luftfahrtforschung
Fritz Schröter, Ulm	Neue Forschungs- und Entwicklungsrichtungen im Fernsehen
Albert Narath, Berlin	Der gegenwärtige Stand der Filmtechnik
Richard Courant, New York	Die Bedeutung der modernen mathematischen Rechenmaschinen für mathematische Probleme der Hydrodynamik und Reaktortechnik
Ernst Peschl, Bonn	Die Rolle der komplexen Zahlen in der Mathematik und die Bedeutung der komplexen Analysis
Wolfgang Flaig, Braunschweig	Zur Grundlagenforschung auf dem Gebiet des Humus und der Bodenfruchtbarkeit
Eduard Mückenhausen, Bonn	Typologische Bodenentwicklung und Bodenfruchtbarkeit
Walter Georgii, München	Aerophysikalische Flugforschung

Klaus Oswatitsch, Aachen	Gelöste und ungelöste Probleme der Gasdynamik
A. Butenandt, Tübingen	Über die Analyse der Erbfaktorenwirkung und ihre Bedeutung für biochemische Fragestellungen
J. Straub, Köln	Quantitative Genwirkung bei Polyploiden
Oskar Morgenstern, Princeton, USA	Der theoretische Unterbau der Wirtschaftspolitik
Bernhard Rensch, Münster	Die stammesgeschichtliche Sonderstellung des Menschen
Wilhelm Tönnis, Köln	Die neuzeitliche Behandlung frischer Schädelhirnverletzungen
Siegfried Strugger, Münster	Die elektronenmikroskopische Darstellung der Feinstruktur des Protoplasmas mit Hilfe der Uranylmethode und die zukünftige Bedeutung für die Erforschung der Strahlenwirkung
Wilhelm Fucks, Aachen	Bildliche Darstellung der Verteilung und der Bewegung von radioaktiven Substanzen im Raum, insbesondere von biologischen Objekten (Physikalischer Teil)
Hugo Wilhelm Knipping und Erich Liese, Köln	Bildgebung von Radioisotopenelementen im Raum bei bewegten Objekten (Herz, Lungen etc.) (Medizinischer Teil)
Friedrich Paneth †, Mainz	Die Bedeutung der Isotopenforschung für geochemische und kosmochemische Probleme
J. Hans D. Jensen und H. A. Weidenmüller, Heidelberg	Die Nichterhaltung der Parität
Francis Perrin, Paris	Die Verwendung der Atomenergie für industrielle Zwecke
Hans Lorenz, Berlin	Forschungsergebnisse auf dem Gebiete der Bodenmechanik als Wegbereiter für Gründungsverfahren
Georg Garbotz, Aachen	Die Bedeutung der Baumaschinen- und Baubetriebsforschung für die Praxis
Maurice Roy, Chatillon	Luftfahrtforschung in Frankreich und ihre Perspektiven im Rahmen Europas
Alexander Naumann, Aachen	Methoden und Ergebnisse der Windkanalforschung
Sir Harry Melville, K.C.B., F.R.S., London	Die Anwendung von radioaktiven Isotopen und hoher Energiestrahlung in der polymeren Chemie
Eduard Justi, Braunschweig	Elektrothermische Kühlung und Heizung. Grundlagen und Möglichkeiten
Richard Vieweg, Braunschweig	Maß und Messen in Geschichte und Gegenwart
Fritz Baade, Kiel	Gesamtdeutschland und die Integration Europas
Günther Schmölders, Köln	Ökonomische Verhaltensforschung
Rudolf Wille, Berlin	Modellvorstellungen zur Behandlung des Übergangs laminar — turbulent, hergeleitet aus Versuchen an Freistrahlen und Flachwasserströmungen
Josef Meixner, Aachen	Neuere Entwicklung der Thermodynamik
A. Gustafsson, Diter von Wettstein und Lars Ehrenberg, Stockholm	Mutationsforschung und Züchtung
Josef Straub, Köln	Mutationsauslösung durch ionisierende Strahlung
Martin Kersten, Aachen	Neuere Versuche zur physikalischen Deutung technischer Magnetisierungsvorgänge
Günther Leibfried, Aachen	Zur Theorie idealer Kristalle
W. Klemm, Münster	Neue Wertigkeitsstufen bei den Übergangselementen
H. Zahn, Aachen	Die Wollforschung in Chemie und Physik von heute
Henri Cartan, Paris	Nicolas Bourbaki und die heutige Mathematik
Harald Cramér, Stockholm	Aus der neueren mathematischen Wahrscheinlichkeitslehre
Georg Melchers, Tübingen	Die Bedeutung der Virusforschung für die moderne Genetik
Alfred Kühn, Tübingen	Über die Wirkungsweise von Erbfaktoren
Fréderic Ludwig, Paris	Experimentelle Studien über die Distanzeffekte in bestrahlten vielzelligen Organismen
A. H. W. Aten jr., Amsterdam	Die Anwendung radioaktiver Isotope in der chemischen Forschung
Hans Herloff Inhoffen, Braunschweig	Chemische Übergänge von Gallensäuren in cancerogene Stoffe und ihre möglichen Beziehungen zum Krebsproblem
Rolf Danneel, Bonn	Entstehung, Funktion und Feinbau der Mitochondrien
Max Born, Bad Pyrmont	Der Realitätsbegriff in der Physik
Joachim Wüstenberg	Der gegenwärtige ärztliche Standpunkt zum Problem der Beeinflussung der Gesundheit durch Luftverunreinigungen
Paul Schmidt, München	Periodisch wiederholte Zündungen durch Stoßwellen

Walter Kikuth, Düsseldorf	Die Infektionskrankheiten im Spiegel historischer und neuzeitlicher Betrachtungen
R. Jung, Aachen	Die geodätische Erschließung Kanadas mit Hilfe der elektronischen Entfernungsmessung
H. E. Schwiete, Aachen	Ein zweites Steinzeitalter? — Gesteinshüttenkunde früher und heute
Horst Rothe, Karlsruhe	Der Molekular-Verstärker und seine Anwendung
Roland Lindner, Göteborg	Atomkernforschung und Chemie, aktuelle Probleme
Paul Denzel, Aachen	Technische Probleme der Energieumwandlung und -fortleitung
J. Capelle	Der Stand der Ingenieurausbildung in Frankreich
Friedrich Panse, Düsseldorf	Klinische Psychologie, ein psychiatrisches Bedürfnis
Heinrich Kraut, Dortmund	Die Deckung des Bedarfs an Vitaminen und Mineralstoffen in der Bundesrepublik
Max Haas, Aachen	Neuzeitliche Erkenntnisse aus der Geschichte der Leichtmetalle
Wilhelm Bischof, Dortmund	Materialprüfung — Praxis und Wissenschaft

VERÖFFENTLICHUNGEN DER ARBEITSGEMEINSCHAFT FÜR FORSCHUNG DES LANDES NORDRHEIN-WESTFALEN

GEISTESWISSENSCHAFTEN

Werner Richter, Bonn	Von der Bedeutung der Geisteswissenschaften für die Bildung unserer Zeit
Joachim Ritter, Münster	Die Lehre vom Ursprung und Sinn der Theorie bei Aristoteles
Josef Kroll, Köln	Elysium
Günther Jachmann, Köln	Die vierte Ekloge Vergils
Hans Erich Stier, Münster	Die klassische Demokratie
Werner Caskel, Köln	Lihyan und Lihyanisch. Sprache und Kultur eines früharabischen Königreiches
Thomas Ohm, Münster	Stammesreligionen im südlichen Tanganyika-Territorium
Georg Schreiber, Münster	Deutsche Wissenschaftspolitik von Bismarck bis zum Atomwissenschaftler Otto Hahn
Walter Holtzmann, Bonn	Das mittelalterliche Imperium und die werdenden Nationen
Werner Caskel, Köln	Die Bedeutung der Beduinen in der Geschichte der Araber
Georg Schreiber, Münster	Irland im deutschen und abendländischen Sakralraum
Peter Rassow, Köln	Forschungen zur Reichs-Idee im 16. und 17. Jahrhundert
Hans Erich Stier, Münster	Roms Aufstieg zur Weltmacht und die griechische Welt
Karl Heinrich Rengstorf, Münster	Mann und Frau im Urchristentum
Hermann Conrad, Bonn	Grundprobleme einer Reform des Familienrechtes
Max Braubach, Bonn	Der Weg zum 20. Juli 1944 — Ein Forschungsbericht
Paul Hübinger, Münster	Das deutsch-französische Verhältnis und seine mittelalterlichen Grundlagen
Franz Steinbach, Bonn	Der geschichtliche Weg des wirtschaftenden Menschen in die soziale Freiheit und politische Verantwortung
Josef Koch, Köln	Die Ars coniecturalis des Nikolaus von Kues
James B. Conant, USA	Staatsbürger und Wissenschaftler
Karl Heinrich Rengstorf, Münster	Antike und Christentum
Richard Alewyn, Köln	Klopstocks Publikum
Fritz Schalk, Köln	Das Lächerliche in der französischen Literatur des Ancien Régime
Ludwig Raiser, Bad Godesberg	Rechtsfragen der Mitbestimmung
Martin Noth, Bonn	Das Geschichtsverständnis der alttestamentlichen Apokalyptik
Walter F. Schirmer, Bonn	Glück und Ende der Könige in Shakespeares Historien
Theodor Klauser, Bonn	Die römische Petrustradition im Lichte der neuen Ausgrabungen unter der Peterskirche
Hans Peters, Köln	Die Gewaltentrennung in moderner Sicht
Fritz Schalk, Köln	Calderon und die Mythologie
Josef Kroll, Köln	Vom Leben geflügelter Worte
Thomas Ohm, Münster	Die Religionen in Asien
Johann Leo Weisgerber, Bonn	Die Ordnung der Sprache im persönlichen und öffentlichen Leben
Werner Caskel, Köln	Entdeckungen in Arabien
Max Braubach, Bonn	Landesgeschichtliche Bestrebungen und historische Vereine im Rheinland
Fritz Schalk, Köln	Somnium und verwandte Wörter in den romanischen Sprachen
Friedrich Dessauer, Frankfurt a. M.	Reflexionen über Erbe und Zukunft des Abendlandes
Thomas Ohm, Münster	Ruhe und Frömmigkeit
Hermann Conrad, Bonn	Die mittelalterliche Besiedlung des deutschen Ostens und das Deutsche Recht
Hans Sckommodau, Köln	Die religiösen Dichtungen Margaretes von Navarra
Herbert von Einem, Bonn	Der Mainzer Kopf mit der Binde
Joseph Höffner, Münster	Statik und Dynamik in der scholastischen Wirtschaftsethik
Fritz Schalk, Köln	Diderots Essai über Claudius und Nero
Gerhard Kegel, Köln	Probleme des internationalen Enteignungs- und Währungsrechts
Johann Leo Weisgerber, Bonn	Die Grenzen der Schrift — Der Kern der Rechtschreibereform
Richard Alewyn, Köln	Von der Empfindsamkeit der Romantik

Theodor Schieder, Köln	Die Probleme des Rapallo-Vertrages. Eine Studie über die deutsch-russischen Beziehungen 1922—1926
Andreas Rumpf, Köln	Stilphasen der spätantiken Kunst
Ulrich Luck, Münster	Kerygma und Tradition in der Hermeneutik Adolf Schlatters
Walther Holtzmann, Rom	Das Deutsche historische Institut in Rom
Graf Wolff Metternich, Rom	Die Bibliotheca Hertziana und der Palazzo Zuccari zu Rom
Harry Westermann, Münster	Person und Persönlichkeit als Wert im Zivilrecht
Johann Leo Weisgerber, Bonn	Die Namen der Ubier
Friedrich Karl Schumann, Münster	Mythos und Technik
Karl Heinrich Rengstorf, Münster	Die Anfänge des Diakonats
Georg Schreiber, Münster	Der Bergbau in Geschichte, Ethos und Sakralkultur
Hans J. Wolff, Münster	Die Rechtsgestalt der Universität
Heinrich Vogt, Bonn	Schadenersatzprobleme im Verhältnis von Haftungsgrund und Schaden
Max Braubach, Bonn	Der Einmarsch deutscher Truppen in die entmilitarisierte Zone am Rhein im März 1936. Ein Beitrag zur Vorgeschichte des zweiten Weltkrieges
Herbert von Einem, Bonn	Die „Menschwerdung Christi" des Isenheimer Altares
Ernst Joseph Cohn, London	Der englische Gerichtstag
Albert Woopen, Aachen	Die Zivilehe und der Grundsatz der Unauflöslichkeit der Ehe in der Entwicklung des italienischen Zivilrechts
Karl Kerényi, Ascona	Die Herkunft der Dionysosreligion nach dem heutigen Stand der Forschung
Herbert Jankuhn, Kiel	Die Ausgrabungen in Haithabu und ihre Bedeutung für die Handelsgeschichte des frühen Mittelalters
Stephan Skalweit, Bonn	Edmund Burke und Frankreich
Ulrich Scheuner, Bonn	Die Neutralität im heutigen Völkerrecht
Anton Moortgat, Berlin	Archäologische Forschungen der Max-Freiherr-von-Oppenheim-Stiftung im nördlichen Mesopotamien 1955
Joachim Ritter, Münster	Hegel und die französische Revolution
Hermann Conrad und Carl Arnold Willemsen, Bonn	Die Konstitutionen von Melfi Friedrichs II. von Hohenstaufen (1231)
Georg Schreiber, Münster	Der Islam und das christliche Abendland
Werner Conze, Münster	Die Strukturgeschichte des technisch-industriellen Zeitalters als Aufgabe für Forschung und Unterricht
Gerhard Hess, Heidelberg	Zur Entstehung der „Maximen" La Rochefoucaulds
Fritz Schalk, Köln	Poetica de Aristoteles traducia de latin. Illustrada y commentado por Juan Pablo Martiz Rizo (Erste kritische Ausgabe des spanischen Textes)
Ernst Langlotz, Bonn	Perseus, Dokumentation der Wiedergewinnung eines Meisterwerkes der griechischen Plastik
Geo Widengren, Uppsala	Iranisch-Semitische Kulturbegegnung in parthischer Zeit
Josef M. Wintrich, Karlsruhe	Zur Problematik der Grundrechte
Josef Pieper, Essen	Über den Begriff der Tradition
Walter F. Schirmer, Bonn	Die frühen Darstellungen des Arthurstoffes
William Lloyd Prosser, Berkeley	Kausalzusammenhang und Fahrlässigkeit
Johann Leo Weisgerber, Bonn	Verschiebung in der sprachlichen Einschätzung von Menschen und Sachen
Walter H. Bruford, Cambridge	Fürstin Gallitzin und Goethe. Das Selbstvervollkommnungsideal und seine Grenze
Hermann Conrad, Bonn	Die geistigen Grundlagen des Allgemeinen Landrechts für die preußischen Staaten von 1794
Herbert von Einem, Bonn	Asmus Jacob Carstens, Die Nacht mit ihren Kindern
Paul Gieseke, Bad Godesberg	Eigentum und Grundwasser
Werner Richter, Bonn	Wissenschaft und Geist in der Weimarer Republik
Johann Leo Weisgerber, Bonn	Sprachenrecht und europäische Einheit
Otto Kirchheimer, New York	Gegenwartsprobleme der Asylgewährung
Alexander Knur, Bad Godesberg	Probleme der Zugewinngemeinschaft
Helmut Coing, Frankfurt a. M.	Die juristischen Auslegungsmethoden und die Lehren der allgemeinen Hermeneutik
André George, Paris	Der Humanismus und die Krise der Welt von heute
Harald von Petrikovits, Bonn	Das römische Rheinland. Archäologische Forschungen seit 1945

VERÖFFENTLICHUNGEN DER ARBEITSGEMEINSCHAFT FÜR FORSCHUNG DES LANDES NORDRHEIN-WESTFALEN

WISSENSCHAFTLICHE ABHANDLUNGEN

Wolfgang Priester, H.-G. Bennewitz und P. Lengrüßer, Bonn	Radiobeobachtungen des ersten künstlichen Erdsatelliten
Johann Leo Weisgerber, Bonn	Verschiebung in der sprachlichen Einschätzung von Menschen und Sachen
Erich Meuthen, Marburg	Die letzten Jahre des Nikolaus von Kues
Hans Georg Kirchhoff, Rommerskirchen	Die staatliche Sozialpolitik im Ruhrbergbau 1871—1914
Günther Jachmann, Köln	Der homerische Schiffskatalog und die Ilias
Peter Hartmann, Münster	Das Wort als Name
Anton Moortgat, Berlin	Archäologische Forschungen der Max-Freiherr-von-Oppenheim-Stiftung im nördlichen Mesopotamien 1956
Wolfgang Priester und Gerhard Hergenhahn, Bonn	Bahnbestimmungen von Erdsatelliten aus Doppler-Effekt-Messungen
Harry Westermann, Münster	Welche gesetzlichen Maßnahmen zur Luftreinhaltung und zur Verbesserung des Nachbarrechts sind erforderlich?
Hermann Conrad und Gerd Kleinheyer, Bonn	Carl Gottlieb Svarez 1746—1796. Vorträge über Recht und Staat
Georg Schreiber, Münster	Die Wochentage im Erlebnis der Ostkirche und des christlichen Abendlandes
Günter Bandmann, Bonn	Melancholie und Musik
W. Goerdt, Münster	Fragen der Philosophie. Ein Materialbeitrag zur Erforschung der Sowjetphilosophie im Spiegel der Zeitschrift „Voprosy Filosofii“ 1947—1956

SONDERHEFTE

Josef Pieper, Münster	Über den Philosophie-Begriff Platons
Walter Weizel, Bonn	Die Mathematik und die physikalische Realität
Gunther Lehmann, Dortmund	Arbeit bei hohen Temperaturen
Hans Kauffmann, Köln	Italienische Frührenaissance
—	18 neue Forschungsstellen im Land Nordrhein-Westfalen
—	Wissenschaft in Not

GPSR Compliance

The European Union's (EU) General Product Safety Regulation (GPSR) is a set of rules that requires consumer products to be safe and our obligations to ensure this.

If you have any concerns about our products, you can contact us on ProductSafety@springernature.com

In case Publisher is established outside the EU, the EU authorized representative is:

Springer Nature Customer Service Center GmbH
Europaplatz 3
69115 Heidelberg, Germany

Batch number: 10584556

Printed by Printforce, the Netherlands